T0255248

CAMBRIDGE LIBRARY COLLECTION

Books of enduring scholarly value

Earth Sciences

In the nineteenth century, geology emerged as a distinct academic discipline. It pointed the way towards the theory of evolution, as scientists including Gideon Mantell, Adam Sedgwick, Charles Lyell and Roderick Murchison began to use the evidence of minerals, rock formations and fossils to demonstrate that the earth was older by millions of years than the conventional, Bible-based wisdom had supposed. They argued convincingly that the climate, flora and fauna of the distant past could be deduced from geological evidence. Volcanic activity, the formation of mountains, and the action of glaciers and rivers, tides and ocean currents also became better understood. This series includes landmark publications by pioneers of the modern earth sciences, who advanced the scientific understanding of our planet and the processes by which it is constantly re-shaped.

Bibliografia del Vesuvio

This Italian work, published in Naples in 1897, provides a comprehensive bibliography of works, published in Europe and the United States prior to the twentieth century, on the subject of Mount Vesuvius. Federigo Furchheim (b. 1844) begins with the famous eruption of 1631, on the ground that ancient accounts are sufficiently well known, and that reports and descriptions before the seventeenth century are not reliable. The bibliography is wide-ranging and includes works on other volcanos (such as Santorini), earthquakes and mineralogy. Nor is it confined to factual observations: travel writing, poetry, and even fiction, including Bulwer Lytton's *The Last Days of Pompeii*, appear alongside scientists such as Sir Humphry Davy and enthusiastic amateurs such as Sir William Hamilton. The book includes a chronological listing of published maps and illustrations, and an appendix, arranged chronologically and by topic, that briefly lists ancient and medieval accounts as well as more modern publications.

Bibliografia del Vesuvio

Compilata e Corredata di Note Critiche
Estratte dai Più Autorevoli Scrittori Vesuviani

EDITED BY FEDERIGO FURCHHEIM

CAMBRIDGE UNIVERSITY PRESS

Cambridge, New York, Melbourne, Madrid, Cape Town,
Singapore, São Paolo, Delhi, Tokyo, Mexico City

Published in the United States of America by Cambridge University Press, New York

www.cambridge.org
Information on this title: www.cambridge.org/9781108028547

This edition first published 1897
This digitally printed version 2011

ISBN 978-1-108-02854-7 Paperback

BIBLIOGRAFIA DELLA CAMPANIA

VOLUME PRIMO

BIBLIOGRAFIA

DEL

VESUVIO

COMPILATA

E CORREDATA DI NOTE CRITICHE
ESTRATTE DAI PIÙ AUTOREVOLI SCRITTORI VESUVIANI

DA

FEDERIGO FURCHHEIM

GIÀ LIBRAIO-EDITORE
AUTORE DELLA BIBLIOGRAFIA DI POMPEI

CON UN COPIOSO INDICE METODICO

NAPOLI
Ditta F. FURCHHEIM di EMILIO PRASS editore
59-60 Piazza dei Martiri, Palazzo Partanna

1897

PREFAZIONE

> „*Von allen Vulkanen ist der Vesuv als der am leichtesten zugängige am genauesten bekannt und am meisten beobachtet. Man darf vielleicht aussprechen, dass die Theorie der Vulkane an ihm geworden sei und dass die Vesuv Litteratur eine Geschichte der Vulkanologie enthalte.*„
>
> (Justus Roth.)

La bibliografia del Vesuvio incomincia con la grande eruzione del 1631: prima di quell'anno non vi ha nessuno scritto speciale sul nostro vulcano. Gli autori antichi, tranne Plinio il Giovane, che descrive l'eruzione del 79 nelle sue ben note due lettere, e Dione Cassio, di cui abbiamo qualche descrizione alquanto distesa, non ci hanno lasciato che scarsi o dubbiosi ricordi del Vesuvio, ed altrettanto può dirsi dei pochissimi autori del Medio Evo che ne hanno parlato *).

Il mio punto di partenza è dunque l'anno 1631. Già nell'anno seguente l'autore vesuviano VINCENZO BOVE aveva raccolto non meno di 56 scritti che si riferiscono a quella formidabile eruzione e li aveva registrati alla fine dell'opuscolo « L'Incendii del Monte Vesvvio » di Gioseffo Mormile, Napoli 1632. Altri saggi di bibliografia vesuviana abbiamo del MAIONE nella sua « Breve Descrizzione della Regia Città di Somma », Napoli 1703; del SAVONAROLA o LASOR A VAREA nell' « Universus terrarum orbis scriptorum calamo delinea-

*) Nella presente opera essi si trovano brevemente catalogati nell'Indice Metodico sotto la rubrica AUTORI ANTICHI E DEL MEDIO EVO.

tus », Patavii 1713, articolo *Vesuvius*; di D. G. Morhof nel secondo volume del « Polyhistor literarius, philosophicus et practicus », Lubecae 1714, due vol.; del Padre Gio. Maria della Torre nella « Storia e Fenomeni del Vesuvio », Napoli 1755, accresciuto di altri articoli nell' edizione francese dell'anno 1771; dell'abate Galiani nel « Catalogo delle materie appartenenti al Vesuvio », Londra (cioè Livorno) 1772 ; del Vetrani nel « Prodromo Vesuviano », Napoli 1780; del Soria nelle « Memorie storico-critiche degli Storici Napolitani », Napoli 1781, articolo *Vesuviani Scrittori*; del Giustiniani nella « Biblioteca storica e topografica del Regno di Napoli », ibid. 1793, articolo *Vesuvio*; dell'autore vesuviano Duca della Torre nel « Gabinetto Vesuviano », Napoli 1796.

Nel secolo decimonono se ne occuparono: Arcangelo Scacchi nella sua *Istoria delle eruzioni del Vesuvio accompagnata dalla Bibliografia delle opere scritte su questo vulcano*, pubblicata nel giornale « Il Pontano », Napoli 1847, data in traduzione tedesca da J. Roth nell'opera « Der Vesuv und die Umgebung von Neapel », Berlin 1857 , e da lui continuata con la scorta delle note manoscritte del Prof. Scacchi fino al 1856; Alexis Perrey nella « Bibliographie Séismique », Dijon 1855-65 ; Luigi Palmieri negli « Annali del Reale Osservatorio Vesuviano », anno I-III, Napoli 1859-65 ; Giuseppe De Blasiis nelle note all' articolo *La seconda congiura di Campanella*, contenuto nel « Giornale napoletano », vol. I, Napoli 1875 ; l' autore della presente opera nell' *Appendice* alla sua « Bibliotheca Pompeiana », Napoli 1879 ; P. Zezi nella « Bibliographie géologique et paléontologique de l' Italie », cap. XII, *Il Vesuvio*, Bologna 1881 ; Arcangelo Scacchi (di nuovo) nella memoria *Della lava vesuviana dell'anno 1631*, contenuta nel IV.° vol. delle « Memorie della Società italiana delle Scienze » (detta dei XL), Napoli 1883; Carlo Lozzi nella sua « Biblioteca istorica della antica e nuova Italia », vol. II.°, Imola 1887 ; Luigi Riccio nella *Bibliografia della eruzione vesuviana dell'anno 1631*, contenuta nell' « Archivio storico per le provincie napoletane », anno XIV, Napoli 1889; il Dr. Johnston-Lavis nell' opera sua » The South Italian Volcanoes », Napoli 1891.

Codesti saggi bibliografici, oltre all'essere limitati a talune epoche e perciò incompleti, difettano per la maggior parte di esattezza bibliografica, in quanto che essi non danno che titoli abbreviati e talvolta scorretti, o divenuti, per le alterazioni, irriconoscibili *); nè possono consultarsi facilmente, essendo alcuni de' libri, ove furono inseriti, molto rari o addirittura introvabili.

Mancava finora una Bibliografia del Vesuvio per quanto fosse possibile completa, la quale registrasse opere, opuscoli, estratti ed articoli di periodici colla massima precisione bibliografica. Il colmare questa lacuna è il compito che mi son proposto col presente lavoro **).

Nella lunga mia dimora a Napoli ho avuto agevolmente l'opportunità di catalogare e di confrontare le ricche collezioni esistenti nella Biblioteca Nazionale, nella Biblioteca Vesuviana della R. Università e nella Biblioteca Sismica, appartenente alla Società Napoletana di Storia Patria, la più copiosa di tutte in libri di questo genere. Nelle mie indagini in queste biblioteche fui assistito egregiamente dal defunto Sig. Prof. Luigi Palmieri e dal Sig. Comm. Luigi Riccio.

*) Eccone un esempio: Nell'edizione di Napoli (1771) dell' « Histoire et Phénomènes du Vésuve » del P. DELLA TORRE trovasi nel catalogo degli autori moderni che parlano del Vesuvio, e precisamente col no. 68 il seguente libro: *Compte D. Alexandre Catani Professeur Royal, à Naples, et Académicien etc. Lettre Critique-Philosophique sur l' Eruption du 1767. A Catanie 1768.* Siccome tutti i titoli di quel catalogo si trovano (non si sa perchè) tradotti in francese, così i bibliografi posteriori pensarono di ritradurli in italiano, per cui troviamo questo libro riportato più tardi nelle bibliografie sotto *Compte A. C., Lettera critica-filosofica*, e perfino colla variante *Catania 1868.* Il vero titolo del libro è: « Lettera critico-filosofica su della Vesuviana Eruttazione accaduta nel 1767 ai 19 Ottobre del Signor CONTE DOTTOR D. ALESSANDRO CATANI, reg. prof. in Napoli » ecc. In Catania 1768.

**) Gli articoli contenuti in questo volume oltrepassano il numero di 1800 ed i nomi degli autori riportati, non compresi quelli sparsi nelle Raccolte, ammontano a più di mille. Divisi per lingue, vi si trovano 944 articoli in italiano, 329 in tedesco, 257 in francese, 180 in inglese, 145 nelle lingue classiche, 15 in spagnuolo, 4 in olandese, 1 in portoghese, 1 in ungherese ed 1 in polacco.

Altro materiale, attinto principalmente dalla stampa periodica, mi è venuto di fuori, per mezzo di amici e corrispondenti ; altro ancora da cataloghi di librai-antiquari raccolti in gran numero. *) Ho avuto occasione di citare, come molto ricchi in libri vesuviani, i cataloghi di Giuseppe Dura (cessato nel 1885), Gennaro Cioffi, Riccardo Marghieri, Emilio Prass (Ditta F. Furchheim), tutti a Napoli; quelli dei Fratelli Bocca e di Basilio Benedetti a Roma; di Ulrico Hoepli a Milano; di Kirchhoff & Wigand, K. F. Koehler e Max Weg a Lipsia; di Jos. Baer & Co. a Francoforte; di R. Friedländer & Sohn a Berlino, e di altri.

Sparso fra questo materiale s' incontrerà qualche trattato di vulcanologia e qualche descrizione di viaggio nell' Italia Meridionale e nel Golfo di Napoli, ammessi perchè contenenti cose relative al Vesuvio, ma senza pretesa di averli dati tutti. Il mio costante pensiero nel compilare questa bibliografia è stato quello di raccogliere e di accrescere quel materiale che potesse servire alla scienza, e perciò non ho sdegnato le più piccole coserelle purchè avessero un qualunque siasi valore scientifico.

I titoli delle opere, quasi tutti copiati da me dagli originali stessi e colla più scrupolosa esattezza, sono stampati in carattere rotondo (corpo 10). L'unica licenza presami è stata quella di aver abbreviato le dediche nei frontespizi quando erano di soverchia lunghezza, come negli opuscoli di poche carte del 17.º secolo, e di avere soppresso l' inevitabile *Con Licenza* ecc., che figura nelle pubblicazioni dei secoli passati a piè dei frontespizi. Solamente per unità di metodo ho mutati in arabici i numeri romani delle date di stampa, non

*) Però è questo un mezzo di cui bisogna servirsi con precauzione. Qualche anno fa, trovai in uno di quei cataloghi un libro sul Vesuvio che non conoscevo affatto. Il titolo era redatto così: *Cesare G. (d. C. d. G.) Avviso dell'incendio del Vesuvio, Napoli 1635.* Si trattava di uno scrittore vesuviano ignoto a tutti i bibliografi. E s' indovini chi era l' autore di codesta rarità: il ben noto P. Gesuita RECUPITO! Siccome nel frontespizio dell' operetta il suo nome (GIULIO CESARE) è stampato più nero del cognome, così l'esperto libraio-antiquario prese l'uno per l'altro. Di simili amenità se ne trovano spesso nei cataloghi.

essendo di nessuna utilità il conservarli, benchè fossero tanto in uso nel 18.º secolo.

La descrizione delle opere (in corpo 8) è mia; talvolta l'ho fatta seguire da giudizi e criteri di autorevoli scrittori vesuviani come Scacchi, Palmieri, Galiani, Roth ed altri. Ciò renderà il catalogo meno arido ed aumenterà il suo valore.

Le opere di ogni singolo autore sono catalogate per ordine cronologico.

I prezzi sono stati aggiunti ogni volta che potevo indicarli con sicurezza, tanto per le opere nuove quanto per le antiche.

In quanto agli autori anonimi e pseudonimi dei quali sono riuscito ad appurare con certezza i veri nomi, ho adottato il sistema di notare i loro scritti nella serie alfabetica sotto i nomi veri, chiusi tra parentesi quadrata [ ], e coi debiti richiami in ogni singolo caso. Anche i pseudonimi rimasti ignoti sono segnati in questo modo.

I cognomi preceduti da particelle (De, Di, Della, ecc.) si trovano sempre registrati nell'ordine alfabetico dei cognomi stessi, seguiti dalla particella tra parentesi, per es. Bottis [De], Monaco [Di], Torre [Della], secondo il sistema adottato oggi in tutte le biblioteche d' Italia. Non pretendo che esso sia migliore dell'altro di mettere la particella innanzi al cognome: tanto vale De Martino quanto Martino [De]; basta che l'ordine scelto resti uniforme per tutta l'opera, acciocchè il lettore sappia dove cercare. Per altro, nell'indice alfabetico dei nomi vi è l'una e l'altra forma.

Spero che il copioso Indice Metodico, il primo che vien compilato sul Vesuvio, tornerà grato a coloro che hanno da fare studi speciali su questo vulcano.

Capri, Villa Cherubini, nel Settembre 1897.

L'Autore

TAVOLA DI ALCUNE ABBREVIATURE

Abhandl.	Abhandlungen
Acad.	Académie
Accad.	Accademia
Akad.	Akademie
Amer.	American
Ann.	Annalen, Annales, Annali
Arch.	Archiv, Archives, Archivio
archeol.	archeologico
archit.	architetto
Assoc.	Association
[B. N.]	Biblioteca Nazionale di Napoli
[B. S.]	Biblioteca Sismica di Napoli
[B. V.]	Biblioteca Vesuviana di Napoli
Bullet.	Bulletin, Bullettino
c.	centesimi
canon.	canonico
cap.	capitolo
car.	carta, *plur.* carte, foglio o foglietto di due pagine.
Confr.	Confronta
cont	contenente
d.	pence
diseg.	disegnato
dott.	dottore
Dr.	Doktor
ediz.	edizione
Ergb.	Ergänzungsband
esempl.	esemplare
fis.	fisica, fisiche
fr.	franc, francs
Ges.	Gesellschaft
Gioen.	Gioenia
gr.	grande
Istit	Istituto
Jahrb.	Jahrbuch
Jahresber.	Jahresbericht
Journ.	Journal
L.	Lira, Lire
M.	Mark
mass.	massimo
mat	matematica, matematiche
Mém.	Mémoires
mens.	mensile
Monatsb.	Monatsbericht
N. F.	Neue Folge
n. n.	non numerato
napol.	napoletano
num.	numerato, numerazione
obl	oblungo
pag	pagine
Pf.	Pfennige
Philos.	Philosophical
picc.	piccolo
Proceed.	Proceedings
prof.	professore
prov.	provincie

Quart.	Quarterly	Soc.	Società, Société, Society
rappres.	rappresentante		
Reichsanst.	Reichsanstalt	Taschenb.	Taschenbuch
Rheinl.	Rheinlande	tav.	tavole
rom.	romana	Transact.	Transactions
Sacerd.	Sacerdote	Univ.	Università
S. d.	Senza data	Verhandl.	Verhandlungen
S. l. n. d.	Senza luogo nè data	vol.	volume, volante
S. J.	Societate Jesu	Wiss.	Wissenschaft
Sitzungsb.	Sitzungsberichte	Zeitsch.	Zeitschrift

BIBLIOGRAFIA

DEL

VESUVIO

A

ABATI Antonio.

Il Forno | Poesie del Signor Antonio Abati | Heroica, Burlesca | e Latina sopra | il Monte Vesuuio. | Ode in lode del vino, e lettera del medesimo | scritta al Signor Caualier | Pier Francesco Paoli. | Roma. | Raccolte da me Andrea Paladino. | In Napoli, Per Francesco Sauio 1632. | Si vendono alla Libraria di Andrea Paladino.

In-16.º di carte otto. Nel frontisp. un' incisione in legno. [B. N.]

Raro, come tutti gli scritti di quel tempo.

« Vi è un'ode ed un epigramma latino sul Vesuvio, ed un' ode sul vino di gusto men che mediocre ». (Scacchi.)

ABICH Dr. Hermann.

Sur la fermentation de l'hydrochlorate d' ammoniaque à la suite des éruptions volcaniques et en particulier de celle du Vésuve en 1834.

Bullet. de la Soc. géol. de France. Paris 1835.

—Sur les phénomènes volcaniques du Vésuve et de l'Etna.

Ibid., nello stesso volume.

—Vues illustratives de quelques phénomènes géologiques prises sur le Vésuve et l'Etna, pendant les années 1833 et 1834, par H. Abich, membre de la société géologique de France. Paris 1836, F. G. Levrault, libr. édit. et à Strasbourg, même maison.

In-fol. oblungo, 4 pag. di testo stampato a due colonne, con 10 tav. litograf., di cui sette riguardanti il Vesuvio, colla indicazione dei soggetti in tedesco ed in francese.

Il testo fu stampato a Parigi da Hippolyte Tilliard; le tavole furono eseguite a Berlino dal Reale Istituto Litografico, mentre che l'autore trovavasi a Parigi.

— Erläuternde Abbildungen geologischer Erscheinungen beobachtet am Vesuv und Aetna, in den Jahren 1833 und 1834. Berlin 1837, in der Kuhr'schen Buchhandlung.— Vues illustratives de phénomènes géologiques observés sur le Vésuve et l'Etna pendant les années 1833 et 1834.

In-fol. oblungo, frontisp. bilingue, 8 pag. di testo stampato a due colonne, in francese ed in tedesco, con le 10 tavole dell' edizione di Parigi. Prezzo 18 M.

La medesima edizione venne nuovamente messa in vendita nel 1841 dalla casa Friedrich Vieweg & Sohn di Braunschweig, colla propria firma sulla copertina. Prezzo attuale 8 M.; in carta di China 12 M.; con tav. color. 18 M.

—Geologische Beobachtungen über die vulkanischen Erscheinungen und Bildungen in Unter - und Mittel - Italien. Ersten Bandes erste Lieferung: Ueber die Natur und den Zusammenhang der vulkanischen Bildungen. Nebst 3 Karten und 2 lithogr. Tafeln. Braunschweig 1841, Fr. Vieweg & Sohn.

In-4.º di pag. 134, con un atlante di 5 tav. in fol. Prezzo 8 M.

Il seguito non è uscito.

« Für die Kenntniss der chemischen Zusammensetzung der vulkanischen Gesteine ist das Buch von grösster Bedeutung und man entbehrt die Fortsetzung sehr ungern ». (Roth.)

R. Friedl. & S. 8 M.

— Ueber Lichterscheinungen auf dem Kraterplateau des Vesuvs im Juli 1857.

Zeitsch. d. geol. Ges. vol. IX. pag. 387-391. Berlin 1857.

—Ueber die Erscheinung brennenden Gases im Krater des Vesuv im Juli 1857 und die periodischen Veränderungen, welche derselbe erleidet.

Mélanges phys. et chim. tirés du Bulletin phys. - mathém. de l' Acad. imp. des sciences de St. Pétersbourg, tom. III. 1858, pag. 284-301.

Academico Apatista.

Lettera 1794.

Riportata dal Roth (Bibliogr. Scacchi) senz'altra indicazione.

Account [An] of the eruption of Mount Vesuvius, May 18. and the following days 1737. By an English gentleman at Naples to his friend in London.

Philos. Transact. of the R. Soc. of London 1739, pag. 352.

Account [An] of the eruption of Mount Vesuvius in October 1751.

Ibid. 1751-52, pag. 409-412. Descrizione esatta, concordante con quella del P. della Torre.

Account [An] of the eruption of Mount Vesuvius in 1767.

Transact. of the Amer. Philos. Soc. of Philadelphia, vol. I. 1771.

Account of a descent into the crater of Mount Vesuvius by eight Frenchmen on the night between the 18. and 19. of July 1801.

Philos. Magaz. vol. XI. pag. 134-140. London 1801.

ACCOUNT of the late eruption of Mount Vesuvius May 31. (from the Moniteur of June 22. 1806).

Nicholson's Journal of Nat. Philos. n.° 58. Aug. 1806, pag. 345-350.

ACERBI P. FRANC. (e Soc. Jes.)

De Vesvviano Incendio anno 1630 (*sic*).

Contenuto nel suo **Polypodivm Apollinevm**, Lib. I. pag. 1-10. Neapoli, Paci 1674, in 16.° Eleganti esametri latini. Il resto del volume, che conta più di 350 pagine, tratta di varj altri argomenti. [B. V.]

ADAMI PIETRO.

Napoli liberata dalle straggi del Vesvvio.

In-16.° di carte trentasei.

Opuscolo di estrema rarità: l'unica copia conosciuta a Napoli trovasi alla B. V., ma è mancante del frontispizio. La dedica *All' illvstr. et eccell. sig. Nicolo Givdice principe di Cellammare* è firmata: *Pietro Adami Lucchese,* colla data: *Di Napoli li 1. di Gennaro 1633.*

Soria, e dopo di lui il Duca della Torre ed il Prof. Scacchi, riportano quest' opuscolo sotto il nome di AGADAMI, altri sotto AGAMI, prova che non lo hanno veduto.

Soria lo chiama « diceria sacra ».

ADAMO [D'] FRANC. MATTEO.

L'Avampante | Ed' | Avampato | Vesvvio | In Ottava Rima. | In Napoli, appresso Gio. Dnico. Roncagliolo. 1632.

In-16.° di carte dodici, preced. da un sonetto del sig. GIOSEPPE DI DOMINICIS in lode dell' autore e di un altro sonetto dell'autore stesso alla fine. Sono 63 strofe in ottava rima [B. N.]

« Poesia mediocre e di niun conto per la storia del Vesuvio » (Scacchi.)

ADDATO NICOLA.

Operetta | Spirituale | Sopra il grande prodigio operato | dal Glorioso S. Gennaro | con averci liberato dall' orrendo incendio | del Vessuvio. | Data alla luce da Nicola Addato. In Napoli, presso Troise.

In-16.° di carte quattro, con una incisione in legno nel front. [B. N.]

S. a. (1632?) In versi.

AGNELLO DI S.ª MARIA (frate.)

Trattato | Scientifico | Delle cause, che concorsero al fuoco, et | Terremoto del Monte Vesuuio | vicino Napoli | Vtilissimo à Theologi, Filosofi, Astrolo- | gi, et ad ogni studio. | Composto dal R. P. F. Agnello di Santa Ma | ria de Scalzi Agostiniani d' Italia. | In Napoli, Per Lazaro Scoriggio. 1632.

In-16.° di pag. 100, compresa la dedica al Padre D. Pio della Marra. Nel frontisp. un' incisione. [B. N.]

« Vi è una lunga discussione, se il fuoco del Vesuvio sia naturale o infernale, concludendosi che è naturale. Si discorre alla maniera dei filosofi e degli astrologhi, del tremuoto, e del fuoco vesuviano; nulla si raccoglie dei particolari dell'incendio del 1631 ». (Scacchi.)

Raro. Hoepli 10 L.

— La medesima edizione.

Non vi è di cambiato che la dedica a Monsignor D. Paolo de Curtis, vescovo di Sernia, datata *Napoli, giorno delle palme 1632*, e firmata da fra Gelasio di S. Croce, priore del convento de' Scalzi Agostiniani [B. V.]

AGRESTA Gio. Domenico.

Il Monte Vesuvio, canzone.

In **Rime d'illustri ingegni napoletani.** Venetia 1633, Ciera, pag. 37-48.

AGRESTI Alberto.

Pochi versi sulla Torre del Greco nel 1861. Napoli 1862, tipogr. del Dante.

In-8.º di pag. 12.

ALEXANDER C.

Practical remarks on the lavas of Vesuvius, Etna, and the Lipari Islands.

Proceed. of the Scientific Soc. of London, vol. I. London 1839.

ALLERS C. W.

Der Vesuv.

Articolo contenuto nell'opera sua **La Bella Napoli.** Stuttgart 1893, in fol., pag. 125-130, con illustr.

ALSARIUS CRUCIUS [o DELLA CROCE] Vincentius.

Vesvvivs | Ardens | siue | Exercitatio | Medico-Physica | Ad Ριγοπύρετον, Idest | Motum et Incendium Vesuuij montis in Campania. | xvi. Mensis Decembris, Anni mdcxxxi. | Libris II comprehensa. | Vincenti Alsarii Crucii | Genven. | In Romana Sapientia Medicinae Practicae Professoris, olim | Gregorij xv. Medici et Cubicularij Secreti; nunc | Urbani Papae viii. Cubicularij ab Honore. | Romae, Ex Typographia Guilelmi Facciotti. 1632.

In-4.º di pag. viii-317 num. e 3 n. n.: *Quae Tibi, Lector* etc. e *Eruptiones flammarum è Monte Vesuuio* etc. Nel frontispizio uno stemma. La prefazione contiene un'iscrizione sul Vesuvio di Felice di Januario. [B. N.]

« Si parla della terra, dell'ecclissi, delle febbri, dei fulmini, dei venti, dei tremuoti e di altre cose svariatissime disordinatamente connesse, tra le quali di tanto in tanto sono sparse le notizie dell'incendio del 1631 ». (Scacchi.)

Galiani dice che non è libro da prezzarsi molto. Soria aggiunge: « L'autore si protesta di non aver che copiato il Naudé. »

Nel Giustiniani quest'opera è riportata due volte: sotto Vincenzo Alsario Crucio o della Croce (no. 3), e sotto Vincenzo Alfario Crucio (no. 39), mentre che Sanfelice nella **Campania**, ediz. di Napoli 1726, pag. 116, chiama l'autore Vincentius Alfanius Clucius.

Marghieri 15 L.

ALVINO Francesco.

Il Vesuvio Cenno brevissimo sugli antichi suoi nomi, sue dimensioni; istoria di tutte l'eruzioni, cagioni fisiche di tal fenomeno, ed uno sguardo sul cratere. Napoli 1841.

In-8.º di pag. 15 e una bianca, con un acquarello dell'eruzione del 1794, incollato in testa al primo capitolo. Riportato dal Roth, ma con un titolo diverso.

Dura 2 L.

AMARO [De] Francesco.

Aervmnae Anni CIƆIƆCCCXXII Epistola Francisci De Amaro. Ad cl. ervditissimvmque virvm Josephvm Castaldivm in magna cvria neapolitana appellationvm jvdicem. Neapoli, Ex Regia Typographia 1823.

In-4.° di pag. 12. Nel frontisp. una vignetta del Vesuvio incisa in rame; a tergo un' epigrafe di Euripide [B. V.].

In esametri latini; da pag. 9-12 le *Notationes*. Senza importanza.

— Ode a Janvario De Amico. S. l. n. d. (Napoli 1824.)

In-4.° di pag. 8, l'ultima bianca. In latino.

AMATO [D'] Gaetano.

Givdizio Filosofico intorno a' Fenomeni del Vesvvio di Gaetano D'Amato, della compagnia di Gesù, prof. di filos. nel mass. colleg. napolet. A Sua Eccell. Monsig. D. Giacomo Filomarini, de' principi della Rocca ecc. In Napoli 1755, presso Giuseppe Raimondi.

In-4.° di pag. 38 con numerazione romana. [B. N.]

Dura 4 L.; Hoepli 2 L.

— Divisamento critico sulle correnti opinioni intorno a fenomeni del Vesuvio, e degli altri Vulcani; e amplificazione del Giudizio filosofico dato già in luce sull'istesso argomento. In Napoli 1756, nella Stamperia Abbaziana. E si vende dal Signor Antonino d'Oria.

In 12.° di pag. XIV - 90, con una tavola: *Veduta del Monte Vesuvio.* [B. N.]

« Enthält noch eine Erweiterung des Giudizio filosofico und eine schlechte Abbildung des Vesuvs; im Style und Geiste der Zeit. » (Roth.)

Dura 4 L.; Hoepli 3 L.

Trad. francese in Della Torre, Hist. et phénom. du Vésuve, ediz. di Parigi 1760.

AMBROSIO [De] Francesco (giudice di Torre del Greco.)

La Torre del Greco. Napoli 1862, stabil. tipogr. di Gaet. Nobile.

In-8.° di pag. 8.

Riguarda l'eruzione del Vesuvio degli 8 Dicembre 1861.

Dura 1 L.

AMITRANO Alessandro.

Encomivm | Sacri Sangvinis Gloriosi | Martyris, Et Pontificis | Ianvarii | Civitatis Hvivs Neapolitanae | Patroni. | Neapoli ex Typographia Matthaei Nucci. 1632.

In-8.° di carte quattro, con una figura di S. Gennaro. Il nome dell'autore appare appiè della dedica al card. Boncompagno. [B. V.]

AMODIO Giulio.

Breve | Trattato | Del Terremoto. | Scritto Da D. Giulio Amodio | Napolitano. | In occasione dell'incendio successo nel Monte Vesuuio | nel giorno 16. di Decembre 1631.| Con vna verissima relatione di quanto è successo da det- |to dì sino à 22. di Gennaro 1632. | Dedicato all' Illustr. Sig. | Alessandro Felice Rovito, | Duca di Castel Saracino. | In Napoli, Per Lazzaro Scoriggio. 1632. Si vende all'insegna del Boue.

In-8.º di pag. 60, seguite da due carte, l'una col *Vesevi Montis Epitaphivm* del P. DE URSO, l'altra con una figura : *Il Vero Ritratto del Christo.* [B. N.]

Quest' operetta contiene inoltre un sonetto per l' incendio del Vesuvio di GIO. BATT. GERARDI ; uno del dott. ANDREA SANTA MARIA e uno (lacrimoso) di G. SALAMONE.

« Si discorre dei tremuoti con dottrine filosofiche ; si espongono brevemente alcuni fenomeni dell'incendio, distesamente i miracoli e le opere divote ; in fine si racconta la meteora di Cattaro. » (Scacchi.)

Raro. Hoepli 8 L.

ANCORA [D'] GAETANO (dell'Accademia Ercolanese.)

Prospetto storico-fisico degli Scavi di Ercolano e di Pompei e dell'antico e presente stato del Vesuvio. Napoli 1803, Stamperia Reale.

In-8.º con 2 tavole.

Contiene : *Sciagrafia Vesuviana,* pag. 85-107, colla cronologia delle eruzioni ed una *Carta topogr. del Cratere di Napoli e de' Campi Flegrei, colla pianta speciale del Vesuvio secondo le ultime osservazioni dell'Abate Breislak. Abbozzo di una classificazione de' Prodotti Volcanici del prof.* GUGLIELMO THOMSON , (secondo Hauy) pag. 109-135.

— Lettera a S. E. il sig. priore Francesco Seratti consigliere e segretario di stato di S. M. Siciliana.

Magazzino di letteratura, scienze, arti ecc. Firenze, Agosto 1805, pag. 29-36. [B. V.]

Considerazioni sul Vesuvio, con citazione di qualche autore antico.

ANDERSON T.

The Volcanoes of the two Sicilies.

Geol. Magaz. vol. V. pag. 493.

— Volcanic vapours of Mount Vesuvius.

Proceed. of the Phil. Soc. of Glasgow, vol. III. no. 2. 1872-73.

ANDREAE JOH. LEONH.

Dissertatio inauguralis de montibus ignivomis sive Vulcanis etc. Altdorpi 1710, Meyer.

In-4.º di pag. 32. [B. S.]

ANDRINI.

La grande éruption du Vésuve du 17 Décembre (1861).

La Presse Scientif. des Deux Mondes, tome I. pag. 114-117. Paris 1862.

ANNALI DI ROMA. Opera periodica. Roma.

Nel vol. II. 1791, pag. 109-113, un articolo sull'eruzione del 1790. [B. V.]

ANNALI DEL REALE OSSERVATORIO METEOROLOGICO VESUVIANO, compilati da Luigi Palmieri. Anno I. II. III. 1859-1865, Napoli, presso Alberto Detken; Anno IV. 1870, Napoli, Detken & Rocholl. Nuova Serie Anno I. Ibid. 1874.

Cinque Volumi o Anni in-4.°, i tre primi con una vignetta del Vesuvio nel frontispizio; il quarto ed il quinto anno sono diversi nel formato e nella carta.

Anno Primo, 1859, di pag. 80, seguíte da pag. XVIII di *Biblioteca Vesuviana,* ossia Catalogo dei libri esistenti nell'Osservatorio Vesuviano, e di pag. 4 per l'Indice e l'Errata.

Anno Secondo, 1862, comprendendo le annate 1860-62; di pag. VIII-88 con altre 2 per l'Indice ed una tabella. (Le pag. 87-88 contengono la continuazione del catalogo cominciato nell'Anno Primo).

Volume Terzo, 1865, comprendendo le annate 1862-64; di pag. VI-76, con 4 tav. (Le pag. 75-76 contengono un' altra continuazione del catalogo).

Volume Quarto, 1865-69; di pag. IV-78 e 2 n. n., con 2 tav.

Con questo volume chiudevasi la Prima Serie degli Annali.

Il prezzo di ogni vol. era di 5 L.

Della Nuova Serie, che riprese quattro anni dopo, si è pubblicato il solo Anno Primo, anche col titolo di:

CRONACA DEL VESUVIO. Sommario della storia de' principali accendimenti del Vesuvio dal 1840 fino al 1871, seguíto da estesa relazione dell'ultimo incendio del 1872. Per Luigi Palmieri, professore nella R. Università di Napoli, direttore del R. Osservatorio Meteorologico Vesuviano. Napoli 1874, Detken & Rocholl.

In-8.° di pag. IV-164, con 5 tavole litogr. Prezzo 7 L. 50 c., ridotto più tardi a 5 L.

Pubblicazione sospesa per iscarsezza di fondi, come scrive il compilatore, il quale a suo dispiacere non poteva che in parte realizzare il voto di MENARD DE LA GROYE, messo come epigrafe nell'antiporta dei primi volumi: « *Il faudrait qu'il se formât dans Naples une société vésuvienne, un observatoire du Vésuve, un journal du Vésuve, comme il y a déjà des bibliothèques et des collections vésuviennes.* »

Gli articoli contenuti nei cinque volumi sono, con poche eccezioni, del Prof. Palmieri; le contribuzioni di altri autori sopra cose vesuviane sono le seguenti: *Osservazioni sugli insetti che rinvengonsi morti nelle fumarole del Vesuvio* per ACHILLE COSTA, Anno II. pag. 21-27.— *Su la presenza di combinazioni del Titanio e del Boro in alcune sublimazioni vesuviane,* nota di G. GUISCARDI, Anno II. pag. 28-30.—*Analisi chimica sopra una importante sublimazione rinvenuta sopra alcune scorie dell' eruzione del Vesuvio del 1867* per SILVESTRO ZINNO, Anno IV. pag. 55-57.— *Notizie preliminari di alcune specie mineralogiche rinvenute nel Vesuvio dopo l'incendio di Aprile 1872*, nota di A. SCACCHI. Nuova Serie, Anno I. pag. 122-128.

ANSTED B. T.

The last eruption and present state of Vesuvius.

Good Words vol. VII. pag. 592-595. London 1866.

— Inactive craters of Vesuvius.

Temple Bar vol. XVIII. pag. 401-409. London 1866.

ANTONIO Fra.

Lettera a Sua Eccellenza il signor D. Francesco Antonio Maringola Duchino di Petrizzi sulla lava eruttata dal fianco, o pendice del Vesuvio ad ore due, e minuti 10, di notte circa, del dì 15. Giugno 1794. Di Fra Antonio da Petrizzi capuccino nella Torre del Greco, spettatore oculare fin dai primi momenti del fenomeno.

S. l. n. d. In-8.º di pag. 12. [B. N.]

APOLLONI Giovanni.

Il Vesvvio | Ardente | di Giovanni Apolloni | All'Illust.Sig. Conte | Mario Carpegna | In Nap. per Egidio Longo 1632.

In-16.º di carte sedici; nel frontespizio un' incisione del Vesuvio in fiamme. [B. N].

« È una lettera povera di notizie, scritta con concetti stucchevoli ». (Scacchi.)

ARACRI canon. Gregorio.

Altra relazione della pioggia di cenere avvenuta in Calabria ulteriore il 27 Marzo 1809.

Memorie d. Società Pontaniana, tomo I. pag. 167-170. Napoli 1810.

La cenere era dell'Etna e non del Vesuvio, come si credeva.

Vedi Cagnazzi e de Riso.

ARAGO F.

Liste des Volcans actuellement enflammés.

Annuaire du Bureau des Longitudes. Paris 1824, pag. 167-189.

ARCONATI VISCONTI G.

Appunti sull' Eruzione del Vesuvio del 1867-68 di Giammartino Arconati Visconti, F. R. G. S., membro della Società italiana di Geografia ecc. ecc. (Estratto dal giornale Il Politecnico, marzo 1868). Torino 1872, Vincenzo Bona, tipografo di S. M.

In-4.º di pag. 31 e una bianca, tirato su carta velina a gran margine.

Non venne messo in commercio. Nel Politecnico da pag. 237-253.

ARDINGHELLI M.

Éruption du Vésuve en 1767.

Compt. rend. de l'Acad. d. Sciences. Paris 1767.

ARMFIELD H. T.

At the crater of Vesuvius in eruption : A word picture. (Salisbury) London 1872, Simpkin.

In-16.º Prezzo 6d.

ARMINIO [De] Joa. Dom.

De | Terremotibvs, | Et Incendiis | Eorvmqve Cavsis, Et Signis | naturalibus, et supranaturalibus. | Item | De Flagratione Vesvvii | eiusque mirabilibus euentis, et auspiciis.| Avcthore | Joan. Dominico De Arminio | Xenodochij Incurabilium Neap. Vrbis | a secretis. | Neapoli , Apud Lazarum Scoriggium 1632.

In-4.° di pag. 16 num.; nel frontispizio una vignetta del Vesuvio. [B. N.]

« Si fanno dipendere i tremuoti dal vento sotterraneo, e gl'incendj dal fuoco sotterraneo che secondo la dottrina di Seneca trovasi in particolari meati della terra come il sangue nelle vene, e produce incendio quando viene in contatto con sostanze sulfuree e bituminose. Si espongono molti particolari dell'eruzione del 1631, ed è notevole l' opinione che le pietre cadute in Airola sieno nate dalle esalazioni uscite dal vulcano e condensate in pietre pel raffreddamento nella seconda regione dell'aria. » (Scacchi.)

Nel catalogo del Prof. Palmieri quest' operetta è segnata erroneamente con 64 pagine.

ARTHENAY [D'].

Journal d'Observations dans les différens voyages faits pour voir l'éruption du Vésuve.

Mém. de Mathém. et Phys. Tome IV. pag. 247-280. Paris 1763.

ARZRUNI A.

Krystallographische Untersuchung an sublimirtem Titanit und Amphibol.

Sitzungsb d.preuss. Akad. d.Wiss. 30. März 1882. Confr. Zeitschr. f. Krystallog. u. Mineralog. vol. VIII. pag. 296.

ASCIONE Crescenzo.

Breve compendio della descrizione della Torre del Greco antica e moderna, delle sue chiese esistenti prima e dopo il 1631. In Napoli 1836, tip. Matteo Sacco.

In-4.° di pag. 120.

Cioffi 4 L.

ASTERIO D. Pietro (de' pii operarii.)

Discorso aristotelico intorno al terremoto ecc. Napoli 1632.

In-4.°.

Rarissimo; non si trova in nessuna biblioteca di Napoli. Riportato solamente dal Vetrani e nella Bibliogr. di Luigi Riccio. [Bibl. Vitt. Eman. Roma.]

« Tanto questo buon Padre, quanto gli antecedenti relatori, Bernaudo, Cesare de Martino, ed altri molti, non contengono cosa rimarchevole o per la Fisica, o per la Storia di quell' Incendio : ma non poterono far a meno di non iscriverne qualche cosa o per avvisarne i posteri, o per iscuotere gl'indurati cuori dei peccatori. Una tanta copia di relatori, che scrivono in ogni stile, e con tanto spavento ne dimostra il gran fracasso di quell' incendio ». (Vetrani.)

ASTORE F. A.

Eruzione del Vesuvio del 1794. Napoli 1794.

Riportato dal Duca della Torre. Non si trova in nessuna biblioteca.

ATTUMONELLI Michele (dott. in medicina.)

Della eruzione del Vesuvio accaduta nel mese di Agosto dell'anno 1779. Ragionamento istorico - fisico. Napoli 1779, nella Stamperia Abbaziana.

In-8.° di pag. x-147 e una bianca, con una gr. veduta del Vesuvio, incisa in rame. [B. N.]

« Kurze Beschreibung des Ausbruches und seiner Vorzeichen.

Richtige Deutung von Somma und Vesuv. Theoretischer Theil im Sinne der Zeitideen. » (Roth.)

Dura 5 L.; Hoepli 3 L. 50 c.

AUGEROT [D'] ALPHONSE.

Le Vésuve. Description du Volcan et de ses environs. Limoges (1877), Barbou.

In-8.º di pag. 206, con una litogr. Prezzo 5 fr.

Sono lettere, che contengono molto più di Pompei che del Vesuvio. Fa parte della **Bibliothèque morale et littéraire**, II. série.

— Lo stesso. Altra edizione. Ibid. 1881.

AULDJO JOHN.

Sketches of Vesuvius. With short accounts of its principal eruptions, from the commencement of the christian era to the present time. By John Auldjo, F. G. S., corresp. member of the Soc. R. Borbon. and of the Accad. Pontan. Naples 1832, George Glass.

In-8.º di pag. VI-96 e due per l'elenco delle tavole, con 16 vedute litografate, egregiamente eseguite dall' autore col *Perspectograph*, accomp. da una carta delle lave del Vesuvio, colorata a mano. Nel frontispizio l'epigrafe:

" *A hill whose grisly top*
Belched fire and rolling smoke;
The rest entire shone with a glossy scurf. "

Edizione stampata a Napoli nella tipografia del Fibreno.

« Topographie des Vesuvs mit recht guten, auch malerisch vortrefflichen, lithographirten Abbildungen, darunter Zustand des Kraters am 18. September 1831 und 23. Februar 1832. Geschichte der Ausbrüche bis März 1832 mit einer nicht übersichtlichen, ungenauen Karte der Lavaströme von 1631 bis 1831. Einen Theil der Ausbrüche beschreibt Auldjo als Augenzeuge. Die englische Ausgabe ist vorzuziehen, da die französische den ursprünglich englischen Text nicht immer genau wiedergibt ». (Roth.)

Dura 7 L. 50 c.; Cioffi 6 L.

— La stessa opera. London 1833, printed for Longmans, Rees & Co.

In-8.º di pag. VI-94, con le 16 vedute e con la carta dell'edizione del 1832.

Quest'edizione, stampata a Londra da Spottiswoode, è identica nel testo a quella di Napoli, però i tipi sono più svelti; l' elenco delle tavole trovasi dopo la prefazione.

— Vues du Vésuve. Avec un précis de ses éruptions principales, depuis le commencement de l'ère chrétienne jusqu'à nos jours; par Jean Auldjo, membre de la Société géologique de Londres, etc. Naples 1832, chez George Glass.

In-8.º di pag. 102, con le 16 vedute litografate dell' edizione inglese e la stessa carta in colori. Nel verso del frontespizio sta: *Naples, à l'imprimerie du Fibreno.* Alla fine 2 pag. n. n., con il collocamento delle tavole e la licenza.

Dura 7 L. 50 c.; Cioffi 5 L.

— Veduta del Capo Uncino vicino alla Torre dell'Annunziata, della sorgente dell' acqua detta Vesuviana e degli avanzi di un cipresso scoperto stando in piedi nel tufo, a 40 palmi sotto la superficie del suolo. Napoli 1834, litografia Ledoux.

Tavola litografata in-fol. con analoga carta esplicativa. [B. S.] Confr. Lo Spettatore del Vesuvio e de' Campi Flegrei, fascicolo secondo, Napoli 1833, pag. 84-89; Daubeny, on volcanic strata; Biblioth. Univ. I. ser. vol. LII, Genève 1833; The Amer. Journ. of Sc. and Arts, I. ser. vol. XXV, New-Haven 1834; Rapporto alla R. Accademia delle Scienze, Napoli 1859.

« Il cipresso in parola ed altri alberi interrati servirono al geologo Pilla, al botanico Gussone ed al celebre Brogniart a determinare il numero dei secoli trascorsi per accumulare sino a 75 palmi di conglomerati vulcanici e pozzolani al Capo Uncino, dove poi una potente lava vesuviana coprì tutti questi strati dopo aver seguíto le curve del giacimento. Vedasi Brogniart, Tableau des terrains etc. » (Novi.)

AULISIO [D'] Giov. Domen.

Diuotissime Orationi ecc.

Riportato solamente dal Bove nel catalogo alla fine di Mormile, l'incendii del Monte Vesvvio.

Ausbruch (Der) des Vesuvs am 25.und 26. Dezember 1813. (Nach Herrn Monticellis Bericht.)

Taschenb. f. d. ges. Mineral. Anno XIV. pag. 85-104. Frankf. 1820.
Anonimo.

Ausbruch des Vesuv.

Ibid. Anno XXII. pag. 480-481. Frankf. 1828.
Anonimo.

Ausbruch (Der) des Vesuv.

Globus vol. I. pag. 276-278. Hildburgh. 1861.
Anonimo.

Ausbruch (Der) des Vesuv am 8. December 1861.

Illustrirte Zeitung no. 966, pag. 8, con una illustr. Leipzig 1862.
Anonimo.

Ausbruch (Der) des Vesuv (1861) I.-III.

Ueber Land u. Meer, anno IV. no 16-18, con 4 illustr. Stuttgart 1862.
Anonimo.

Ausbruch (Der) des Vesuv am 26. April 1872.

Westermann's Monatshefte, vol 32. p. 447-448. Braunschweig 1872.
Anonimo.

Ausfuhrlicher Bericht von dem leztern Ausbruche des Vesuvs am 15. Juni 1794.

Vedi D'Onofrio.

Avviso al Pubblico sull'analisi della cenere eruttata dal Vesuvio (1794).

Vedi De Tommasi.

AYALA [De] Simon.

Copiosissima | Y Verdadera Relacion | Del incendio del monte Vesuuio, donde se da cuenta | de veinte incendios, que ha auido, sin este vltimo| Descriuese el sitio, y dispossicion del monte, ecc.|Por Simon

De Ayala | natural de Madrid. | Dedicada al Excell. Señor | Principe De Ascvli. | En Napoles, Por Octauio Beltran, 1632.

In-4.° di carte quattordici; nel frontisp. una figura della Madonna. [B. S.]

Rarissimo; riportato solo dal Soria.

AYELLO [De] F. A.

Franciscvs | Antonivs | De Ayello V. I. D. | Dilectis Candidatis à nostra | Academia absentibus | salutem | De ingenti ac repentino in hoc tempora Veseui | Montis lamentabili incendio | Epistola. | Neapoli. 1632.

In-8.° di carte quattro. [B. N.]

« Breve relazione piuttosto dei danni cagionati dall' incendio che dei suoi fenomeni. » (Scacchi.)

AYROLA F. Ludovico.

L' Arco Celeste, overo il trionfo di Maria dell' Arco e svoi miracoli. Napoli, 1688, per Michele Monaco.

In-8.°

Vedi sul Vesuvio le pag. 11, 12, 82; *Vesuvio nell' Anno 1660*, *nuovi incendj vibrò*, pag. 96, e nell' anno 1676, pag. 99. [B. S.]

B

BADILY William (capitano navale ingl.)

Estratto di una lettera communicata dal sig. Henrico Robinson, intorno alla pioggia di ceneri nell'Arcipelago, nell' incendio del Vesuvio 1631.

Nel Giornale de' Letterati per tutto l' anno 1674, pag. 146-147. Roma 1674. È importante.

Confr. **Mém. de physique**, Lausanne 1754.

BAILLEUL.

Remarques sur l' éruption de 1850.

Compt. rend. de l'Acad. d. Sciences, tome 31. Paris 1850.

BALDACCHINI Michele.

Sulle eruzioni vesuviane. Proposta.

Rendiconto dell' Accad. Pontan. anno X. Napoli 1862, pag. 23-25. Palmieri, rapporto sulla stessa, pag. 86-90; relazione sulla stessa, pag. 154-157.

Riguarda i provvedimenti contro i danni delle eruzioni.

BALDUCCI Francesco.

Gl' Incendj del Vesuvio.

In **Le Rime**, Venezia 1642, per li Baba, parte seconda, pag. 459-750. Altre ediz. Ibid. 1655 e 1762.

BALZANO Francesco.

L' antica Ercolano, overo la Torre del Greco, tolta all'obblio. Descritta in libri tre, dedicata al signor Biagio Aldimari de' Baroni nel Cilento. In Napoli, per GIouan-Francesco Paci 1688.

In-4° di pag. XVI - 124, con una vignetta nel frontisp. ed una alla fine. In principio la biografia dell'autore. [B. S].

« Dalla pag. 92 sin all' ultima si parla degli incendj del Vesuvio. Si riportano sette incendi prima dell' era cristiana; dodici dall' incendio del 79 sino a quello del 1631 compreso; sono descritti accuratamente gl' incendj successi dal 1660 sino al 1686, e sono sopratutto importanti le notizie sopra i cambiamenti del cratere, essendo l'autore più volte salito sul Vesuvio. » (Scacchi.)

Piuttosto raro. Dura 15 L.; Hoepli 8 L.; Cioffi 8 L.

BANIER (abate.)

Des embrasements du Mont Vésuve.

Nell' **Histoire de l'Acad. d. Inscript et Belles-Lettres,** tome IX. pag. 14-22. Paris 1736. [B. S.]

« Si prova con gli antichi scrittori che il Vesuvio aveva eruttato da tempo immemorabile; che poi si era estinto; e che non abbiamo epoca fissa, nè istoria di alcun incendio prima dell'impero di Tito. » (Scacchi.)

BARBA ANTONIO (prof. di fis.)

Ragionamento fisico-chimico sull' eruzione ultima del Vesuvio accaduta a' 15. Giugno 1794. In Napoli 1794.

In-8.° di pag. 38.

Hoepli 2 L.

BARBAROTTA LUIGI.

Il Vesuvio, canzonetta.

Contenuto nell'opera **Per il fausto ritorno da Vienna di Ferdinando IV e di Maria Carolina, re e regina delle Sicilie.** Napoli 1791, Porcelli, in-4.° pag. 13-19.

Hoepli 1 L. 50 c.

BARBERIUS FABIUS.

Fabii Barberii | Arianensis| Philosophi, Ac Medici | De Prognostico Cinerum, quos Vesuuius Mons, | dum conflagrabatur, eructauit. | Vbi inter cetera queritur, An ob illos sit futura Pestis in | hoc Regno Neap. sicuti tempore Titi Imperatoris | successit: Atq; praetereà pleraq; alia dicuntur | aduersus quosdam Astrologos, qui | Lunarium, et Prognosticu nouu componunt. | Neapoli, Apud Lazarum Scorigium, 1632.

In-4.° di pag. II-64. Nel frontisp. una vignetta del Vesuvio. [B. N.]

Rarissimo.

« L' autore parla da medico delle conseguenze delle ceneri eruttate dal Vesuvio sulla salute degli uomini e non riporta cosa alcuna che interessar possa la storia del nostro vulcano. Chiama quest' opera trattato terzo e dai primi versi si scorge che negli altri due precedenti trattati abbia parlato de' fenomeni dell' incendio. » (Scacchi.)

Questi due trattati non si trovano in nessuna biblioteca di Napoli, nè sono riportati da altro bibliografo vesuviano che dal Soria, il quale ne fa menzione nelle sue **Memorie storico-critiche degli storici napoletani,** Napoli 1781, tomo I. pag. 59, e tomo II. pag. 624.

—Fabii | Barberii | Arianensis | Medici, ac Philosophi |

Manifestvm | Eorum, quae omnino verificata fuerunt | iam antea ab ipso praedicta in Progno- | stico Cinerum, quos Mons Ve- | seuus emisit, dum com- | burebatur. | Vbi taxantur Medici Astrologi Studiosi | ecc. Neapoli, typis Francisci Sauij typogr. Cur. Archiep. 1635.

In-4.° di pag. 14 num. [B. V.]

Rarissimo; non citato dallo Scacchi.

BARONIUS ac MANFREDI D. FRANCISCUS (gesuita da Monreale.)

Vesvvii | Montis | Incendivm | Neapoli, | Ex Typographia Io. Dominici Roncalioli 1632. |

In-4.° di carte quattro; nel frontisp. un'incisione in legno. [B. S.]

Rarissimo opuscolo, non veduto dallo Scacchi. Giustiniani lo riporta due volte: sotto il no. 13 col proprio nome, e sotto il no. 148 come anonimo.

BARTALONI dott. DOMENICO.

Delle Mofete del Vesuvio.

Atti dell' Accad. d. Scienze di Siena, tomo IV. 1771, pag. 201-215.

— Osservazioni sopra il Vesuvio.

Ibid. tomo V. 1774, pag. 301-400, con una tav. incisa in rame.

BARUFFALDI G.

Vesuvio. Baccanale.

S. l. n. d. (verso il 1820). In-12.° di pag. 32, compreso due di annotazioni. [B. S.]

Questo poema fu composto e pubblicato per la prima volta nel 1727, probabilmente a Ferrara.

BASILE GIAMBATTISTA.

Tre sonetti (sull' incendio del Vesuvio del 1631).

In **Rime d' illustri ingegni napoletani**. Venetia 1633, Ciera, pag. 133, 136, 138.

BASSI BASSO.

Sonetti due per l' eruzione del Vesuvio seguita ai 15 Giugno dell' anno 1794.

Nei suoi **Opuscoli varj**. Napoli 1794, Zambraja, pag. 41-42.

[BASSI UGO].

La lacrima di Monte Vesuvio, volgarmente Lacryma Christi. Ditirambo. Napoli 1841, Stabil. del Guttemberg.

In-16.° di pag. 68, con aggiunta di 4 n. n. [B. S.]

Sotto il pseudonimo di PLANGENETO.

BEALE N.

Analisi qualitative della cenere del Vesuvio eruttata nella notte del 27 al 28 Aprile p. p.

Annali di Chimica, vol. LIV. Milano 1872.

BEAUMONT ELIE de

Valeurs numériques des pentes des principales coulées de lave dans les différentes contrées volcaniques de l' Europe.

In **Mém. pour servir à une descript. géol. de la France**, vol. IV. pag. 217-221.

« Unter den Messungen über die Neigungswinkel der Lavaströme sind viele den Vesuv betreffende. » (Roth.)

—Remarques sur une note de M. Constant Prévost relative à une communication de M. L. Pilla, tendant à prouver que le cône du Vésuve a été primitivement formé par soulèvement.

Compt. rend. de l'Acad. d. Sciences, vol. IV. Paris 1837.

—Notes sur les émanations volcaniques et métallifères.

Estratto dal Bullet. de la Soc. géol. de France, séance du 5 Juillet 1847, pag. 85.

BELLANI Angelo.

Salita al Vesuvio. Milano 1835, presso la Soc. degli editori degli Annali universali delle Scienze e dell'Industria.

In-8.° di pag. 36, l'ultima bianca. [B. V.]

Estratto dalla Biblioteca di Farmacia-Chimica ecc., Luglio ed Agosto 1835.

Il cap. II., che tratta delle materie liquide e solide, è interessante.

BELLI Giuseppe.

Applicazioni alle eruzioni vulcaniche.

Giorn. dell'Ist. Lomb., tomo IX. fasc. 49-50. Milano 1856.

Estratto di pag. 88.

BELLICARD (architetto.)

Dissertation upon the eruptions of Mount Vesuvius.

Nelle sue **Observations upon the antiquities of the town of Herculaneum discovered at the foot of Mount Vesuvius**, etc. London 1753, pag. 3-11.

—Exposition de l' état actuel du Mont Vésuve.

Nella traduzione francese della stessa opera, intitolata: **Observations sur les antiquités d' Herculanum par Cochin et Bellicard.** Paris 1754, pag. 1-7; seconda ediz. 1757.

BELTRANO Ottavio.

Vesvvio | Centone | Di | Ottavio Beltrano | Di Terranova | di Calabria Citra. | In Napoli, Per Lo Beltrano. |

S. a.; la dedica al sig. Gio. Vincenzo Caiazo porta la data: *In Napoli li 22 di Febraro 1633.*

In-16.° di pag. 30 num., e 2 n. n. per l' indice, con un'incisione religiosa di fronte al frontisp. ornato di uno stemma. [B. V.]

Raro; non veduto dallo Scacchi.

« L' autore era libraio-editore e stampatore a Napoli e come tale stampò molti degli opuscoli scritti all'occasione dell'eruzione del 1631. Si è detto nel suo articolo che tal poema è un centone tessuto di ottave di varj autori, e il Quadrio, che lo cita nella sua **Storia e ragione di ogni poesia**, tomo I. pag. 173, aggiunge: « Ma questa fatica merita ben la sua lode. » (Soria.)

BENIGNI Domenico.

La | Strage | Di Vesvvio | Lettera | Scritta all' Illustrissimo Signore | Abbate Perretti | Dal suo Secretario. | In Napoli, Per Egidio Longo 1632. |

In-4.° di carte sei; nell'ultima un poema in terza rima, nel frontispizio uno stemma. Il nome dell' autore sta alla fine. [B. N.]

Giustiniani riporta quest' operetta al n.° 15 e poi una seconda volta, come anonima, al n.° 152. Probabilmente alla medesima deve riferirsi quell' altra che trovasi nel Catalogo del Duca della Torre col titolo **Perretti, del Vesuvio**, Napoli 1632.

Non riportata da alcun altro bibliografo vesuviano.

« Pochissime cose di niuna importanza sull' incendio del Vesuvio. » (Scacchi.)

BERGAZZANO Gio. Batt.

Bacco Arraggiato | Cv Vorcano | Descurzo ntra de lloro. | Di Gio. Battista Bergazzano | Academico Errante | In Napoli, per Ottauio Beltrano, 1632. All' insegna del Boue.

In-16.° di carte otto; nel frontispizio un' incisione. [B. N.]

Poesia in dialetto napoletano. Alla fine sta: *Niente chiù.*

—I Prieghi Di | Partenope | Idilio | Di Gio. Battista Bergazzano | Academico Errante. | In Napoli, Per Francesco Sauio 1632. All' insegna del Boue.

In-16.° di carte otto, con un' incisione del Vesuvio nel frontispizio. [B. N.]

—Vesvvio | Fvlminante | Poema | Di Gio. Battista Bergazzano | Academico Errante. | In Napoli, Per Francesco Sauio 1632. All' insegna del Boue.

In-16.° di carte otto; nel frontispizio un' incisione del Vesuvio fumante.

Rarissimo; trovasi solo nella B.N.

« Questi opuscoli sono componimenti poetici piuttosto mediocri in occasione dell' incendio vesuviano. Il primo di essi in dialetto napolitano ha qualche grazia. » (Scacchi.)

—Vesuvio Infernal. Scenico avvenimento. In Napoli 1632, per Matteo Nucci.

In-16.°

Sconosciuto ai bibliografi vesuviani. Citato solo in **Quadrio, Storia e ragione d' ogni poesia**, vol. III. parte I. pag. 88.

BERGMAN Torberno.

Dei prodotti vulcanici considerati chimicamente. Dissertazione con note di Dolomieu. Napoli.

S. a. (verso il 1800). In-8.°

Esempl. senza frontisp nella B.V.

BEOBACHTUNGEN am Vesuv.

Westermann's Monatshefte, vol. 34. pag. 225. Braunschweig 1872.

Anonimo.

BERKELEY Edward.

Extract of a letter giving several curious observations on the eruptions of fire and smoke from Mount Vesuvius.

Philos. Transact. of the R. Soc. of London 1717, vol. VI. pag. 317.

« È una importante relazione dell'incendio successo in giugno del 1717, sopra tutto notevole per i cambiamenti osservati nel cratere prima dell' incendio. » (Scacchi.)

—Lo stesso, in italiano.

Vedi: Compendio delle Transazioni filosofiche, Venezia 1793.

BERNARDINO (frate.)

Discorso istorico intorno all' eruzione del Monte Vesuvio accaduta a dì 15. Giugno 1794. Di Frate Bernardino dalla Torre del Greco predicatore cappuccino. Dedicata all'eccell. Sig. D. Michele Duca Caracciolo ecc.

In-4.° di pag. 22 con numeraz. rom. Datato *Napoli 3. Settembre 1794.* [B. S.]

BERNAUDO Francesco (cosentino.)

L' Incendio | Del Monte | Vesvvio, | Al Santissimo Martire Gianvario. | Diuiso in due Parti : nella prima si discorre de gli effetti del detto | Incendio in Cap. xx. | Nella seconda, delle cagioni in Cap. xxviii. | Con dimostrarsi il tempo, che durerà il detto Incendio : i rimedij, che | vi sarebbono per estinguerlo ; i futuri mali, che ne predice ; | e altre cose curiosissime, come dal Racconto de'Capitoli |nella seguente facciata appare. | In Napoli, Per Lazaro Scoriggio, 1632.

In-4.° di pag. 32 a due colonne; nel frontisp. la figura di S. Gennaro, cui è dedicato.

« Vi sono pochi particolari dell'incendio, si discorre con la filosofia Aristotelica delle sue cagioni, e vi si danno curiosi rimedi. » (Scacchi.)

Cioffi 8 L.

BERWERTH F.

Magnesia-Glimmer vom Vesuv.

Jahrb. d. geol. Reichsanst., vol. 27. Wien 1877 ; Zeitsch. f. Krystallog. u. Mineralog. vol. II. pag. 521. Leipzig 1878.

BETOCCHI A.

Sulla cenere lanciata dal Vesuvio alla fine della passata straordinaria eruzione (27 Aprile 1872).

Atti della R. Accad. dei Lincei, vol. XXV. Roma 1872.

BEULÉ Ernest (dell' istituto.)

Le Drame du Vésuve. Deuxième édition. Paris 1872, Michel Lévy frères.

In-12.° di pag. 368. 3 fr. 50. c.

Prima ediz. in-8.°, ibid. 1871, 6 fr.

Pubblicato dapprima nella Revue des Deux Mondes, fasc. di Maggio e Giugno 1870.

Si occupa meno del Vesuvio che delle città da esso sepolte.

BIANCONI dott. A.

Storia naturale dei terreni ardenti, dei vulcani fangosi, delle sorgenti infiammabili, dei pozzi idropirici, e di altri fenomeni geologici ecc. Bologna 1840.

In-8.°, con tav.

Bibliografia dell'Incendio Vesuviano dell' anno 1631.

Vedi Scacchi.

BINNET-HENTSCH I. L.

Une excursion au Vésuve.

L' Echo des Alpes 1876 no. 2.

BISCHOF Gustav.

On the natural history of volcanoes and earthquakes.

American Journal of Science 1839, vol. 36. pag. 230-282, e vol. 37. pag. 41-77. [B. S.]

BISCHOFF Dr. Hermann.

Vulkane.

Vom Fels zum Meer, Stuttgart 1888-89, pag. 1792-1818, con alcune incis. in legno riguard. il Vesuvio.

BITTNER A.

Beobachtungen am Vesuv. Aus einem Briefe an G. Tschermak.

Verhandl. d. geol. Reichsanst. Wien 1874, pag. 287.

BLACK J. M.

An account of the eruption of Mount Vesuvius of April 1872.

Proceed. geolog. assoc., vol. III. No. 6. London 1874.

BLAKE I. F.

A visit to the Volcanoes of Italy.

Ibid., vol. IX. pag. 145-176. London 1889.

BLASIIS [De] Giuseppe.

La seconda congiura di Campanella.

Giornale Napoletano vol. I. Napoli 1875.

Contiene alcune note bibliografiche sull'eruzione del 1631.

Blauer vesuvischer Kalkstein.

Taschenb. f. d. ges. Mineral. Anno III. pag. 199-200. Frankf. 1809.

Anonimo.

BOCCAGE Mme. du

Sur le Vésuve.

Due lettere in data degli 8 e 15 Ottobre 1757.

Nelle sue **Oeuvres**, 3 vol. in-8.º Lyon 1770, vol. III. pag. 265-286. [B. S.]

BOCCOSI Ferdinando.

Delle centurie poetiche, I. e II. Napoli 1712-14, Raillard.

Nella Iª cent.: *Tremuoto del 1688*, a pag. 7; *Ottajano ed il Vesuvio*, a pag. 37; *le ceneri del Vesuvio 1698*, a pag. 57. Nella II.ª cent.: *Dal Monte Vesuvio nascono preziosi vini*, sonetto a pag. 90. [B. S.]

BOECKER J.

Krystallographische Beobachtungen am Idokras vom Monte Somma.

Zeitsch. f. Krystallog. u. Mineralog. vol. XX. pag. 225. Leipzig 1892.

BOERNSTEIN Heinrich.

Der Ausbruch des Vesuvs vom 16.bis 20. Novemb. 1868.

Die Gartenlaube, Leipzig 1868, pag. 808.

Boletin de la Sociedad mexicana de geografia y estadistica. México 1862-65.

Análisis microscopico de las cenizas arrojadas por el Vesubio, tom. XII. no. 2.

Anonimo.

Bollettino trimestrale della Società Alpina Meridionale pubblicato per cura del consiglio direttivo. Anno I - IV. Napoli 1893-1896.

In-8.º, con tavole.

Contiene il rapporto delle gite sociali sul Vesuvio e sul Monte Somma. I relativi articoli sono qui riportati sotto i nomi degli auto ri.

BOMARE M. de

Articolo sopra il Vesuvio ed altri vulcani.

Vedi: Dei Vulcani o Monti ignivomi, Livorno 1779.

BONITO M. (marchese di S. GIOVANNI.)

Terra tremante ovvero Continuazione dei terremoti dalla creatione del mondo sino al tempo presente. Napoli 1691.

In-4.°

« Dalla pag. 758 sino alla pag. 763 si descrive l'eruzione del 1631, e sono riportati i frammenti di non pochi autori contemporanei, tra i quali sono da notarsi i seguenti di cui non si conosce altra notizia: Ricciol. Chron. magn.; Giornale di Rispoli; Carlo Torollo, Rapporti manoscr. » (Scacchi.)

BORKOWSKY conte STANISLAO DUNIN.

Mémoire sur la Sodalite du Vésuve, présenté à l' Académie.

Annales d. Mines, vol. I. Paris 1816. — Confr. Journal de physique, de chimie etc., vol. 83. Paris 1816; Annals of philos. etc. I. Ser. vol. X. London 1817; Annalen der Physik, vol. 63. Halle 1819.

Tiraggio separato in-4.° di pag. 8. (Paris 1816) de l' impr. de Mme. Vve. Courcier [B. V.]

BORNEMANN I. G.

Ueber den Zustand der Vulkane Italiens während des Sommers von 1856.

Tageblatt der 32. Versamml. deutscher Naturforscher und Aerzte in Wien, 1856, pag. 114-141.

— Ueber Erscheinungen am Vesuv und Geognostisches aus den Alpen.

Zeitsch. d. geol. Ges. vol. IX. Berlin 1857.

BOSCOWITZ ARNOLD.

Les Volcans et les tremblements de terre. Paris (1866) Ducrocq.

In-8.°, con tav. ed illustr. Il Vesuvio, pag. 227-246.

Nuova ediz. 1884.

BOTTIS [DE] GAETANO.

Ragionamento istorico intorno a'nuovi vulcani comparsi nella fine dell' anno scorso 1760, nel territorio della Torre del Greco. In Napoli 1761, nella Stamperia Simoniana.

In-4.° di pag. 70, num. in cifre arabiche, compr. la prefazione che non porta numeraz., con 2 tavole in-fol. incise in rame. Tav. I.: *Veduta del Vesuvio, de' nuovi vulcani, e del cammino della lava dal casino di D. Salvatore Falanga situato dalla parte della Torre del Greco*, diseg. da Riccardo Du-Chaliot, archit. La Tav. II. contiene cinque piccole figure del Vesuvio, ognuna colla leggenda.

Il nome dell' autore trovasi appiè della dedica al cardinale Antonino Sersale, arcivescovo di Napoli. [B. V.]

Marghieri 5 L.; Hoepli 6 L.

—Ragionamento istorico dell' incendio del Vesuvio accaduto nel mese di Ottobre del MDCCLXVII. Napoli 1768, Ibid.

In-4.° di pag. 74, num. in cifre rom., con 2 tavole in-fol. piccolo, incise in rame. Tav. I.: *Veduta del Vesuvio dalla banda di Occidente, e di una parte della gran lava, che sbocco da esso Vesuvio nell' ultimo incendio succeduto nel mese di Ottobre dell' anno 1767*, diseg. da Gugl. Fortuyn. La Tav. II. contiene sei piccole vedute del Vesuvio, disegnate dallo stesso.

Il nome dell'autore trovasi appiè della dedica al re Carlo III. [B. V.]

Cioffi 5 L.

—Ragionamento istorico dell' Incendio del Monte Vesuvio che cominciò nell' anno MDCCLXX. E delle varie eruzioni, che ha cagionate. All' Altezza Reale del serenissimo Massimiliano principe reale d' Ungheria, e di Boemia, Arciduca d' Austria. Napoli 1776, Ibid.

In-4.° di car. IV e pag. 84, num. in cifre rom., con 4 tavole incise in rame. Tav. I. in-fol. picc.: *Veduta del Vesuvio da un casino, che sta dirimpetto al convento de' P. P. Agostiniani Scalzi in Resina dalla banda di Libeccio*, diseg. e inciso da Franc. la Marra. Le Tav. II-IV. in-4.°, contenenti ognuna due vedute del Vesuvio, sono disegnate e incise dallo stesso.

Il nome dell' autore trovasi appiè della dedica. L'antiporta, che manca talvolta, ha: *Continuazione dell' Istoria degl' Incendj del Monte Vesuvio.* [B. V.]

Vi sono delle copie in carta distinta più grande.

Cioffi 5 L.; Hoepli 7 L.

— Ragionamento istorico intorno all' eruzione del Vesuvio che cominciò il dì 29. Luglio dell' anno 1779. e continuò fino al giorno 15. del seguente mese di Agosto. Di D. Gaetano De Bottis, professore di storia naturale nella R. Università. Napoli 1779, nella Stamperia Reale.

In-4.° di car. IV e pag. 117, num. in cifre rom., seguíte da una bianca, con 4 tavole incise in rame. Tav. I. in-fol. picc.: *Eruzione del Vesuvio seguita il dì 8. Agosto dell' anno 1779 intorno all' ora 1 1/2 di notte, veduta da S. Lucia a Mare*, diseg. da Alessandro d'Anna. Tav. II. in-fol.: *Eruzione del Vesuvio succeduta il giorno 8. di Agosto dell' anno 1779, all' ora 1 1/2 di notte o circa, veduta da un luogo vicino al Real Casino in Posilipo*, diseg. da P. Fabris. Tav. III. in-fol. picc.: *Eruzione del Vesuvio accaduta il dì 9. Agosto 1779. presso all' ore 16 1/2, veduta da Santa Lucia a Mare*, diseg. da Alessandro d' Anna. Tav. IV. in-fol.: *Veduta del Vesuvio, qual rimase alquanti giorni dopo l' eruzione accaduta il mese di Agosto dell' anno 1779. dalla cima della montagna di Somma dalla banda di Tramontana*, diseg. da Xav. Gatta. [B. V.]

Hoepli 7 L.

—Istoria di varj incendj del Monte Vesuvio, cui s' aggiugne una breve relazione di un fulmine, che cadde qui in Napoli nel mese di Giugno dell'anno MDCCLXXIV. Seconda edizione corretta, e accresciuta. Napoli 1786. Nella Stamperia Regale.

In-4.º di pag. 344, con 12 tavole incise in rame. [B. V.]

Ristampa quasi testuale delle quattro memorie precedenti, con una lettera di Mons. BOTTARI all'autore, colla risposta (pag. 62-66) e con l'*Aggiunta di alcune cose che concernono l'eruzione avanti descritta* (pag. 67-71). Alla fine l'aggiunta *Relazione sul fulmine.*

Il volume comincia col Ragionamento istorico del 1760, seguíto dalle tre continuazioni del 1767, 1770, e 1779, ognuna terminando colla parola *Fine.*

Le tavole sono tirate dai medesimi rami delle edizioni separate e hanno la stessa numerazione: I-II; I II; I IV; I-IV, ma appariscono meno nere e sono, come il testo, in carta più debole.

«Vortreffliche, sehr detaillirte Beschreibung der Ausbrüche vom December 1760, October 1767, Februar 1770 und August 1779. Beschreibt, ohne sie zu nennen, Leucit und Augit, tragt aber sonst noch die Ideen der Zeit über Wismuth, Antimon etc. in den Laven vor. Ich kann mir nicht versagen, als allgemein gültig für die ältere und zum Theil auch für die neuere Geschichte des Vesuvs ein paar Worte aus dem Ragionamento istorico 1768 S. 17, hinzuzusetzen: » *Finalmente mi dissero il falso per la vaghezza, che sogliono aver gli uomini, di raccontare mirabili e paurosi avvenimenti in somiglianti rincontri.* » (Roth.)

Hoepli (Biblioteca Tiberi) 15 L.

BOTTONI DOMENICO (prof. nell'Univ. di Napoli.)

Pyrologia topographica id est De igne dissertatio etc. Neapoli 1692, Parrino.

In-4º, con tavole.

« Dalla pag. 171 a pag. 180 vi è una minuziosa descrizione topografica del Vesuvio, poi si parla de' fuochi sotterranei secondo le dottrine di quei tempi. La miglior cosa è una buona stampa che rappresenta la forma del Vesuvio dal 1689 al 1691. » (Scacchi.)

Raro. Hoepli 9 L.

BOURKE E.

Le Mont Somma et le Vésuve.

In **Notice sur les ruines les plus remarquables de Naples et ses environs** Paris 1823, in-8., pag. 167-174.

BOURLOT I.

Etude sur le Vésuve. Son histoire jusqu'à nos jours. Paris, Colmar et Strasbourg 1867, Derivaux.

In-8.º di pag. 206, con una carta topog. del Vesuvio. Prezzo 3 fr.

Terza parte della sua **Géologie générale.**

BOVE VINCENZO.

Decima | Relatione | Nella Qvale Piv Del- | l'altre si dà breue, e soccinto raguaglio | dell' incendio risuegliato nel Mon- | te Vesuuio, ò di Somma, | Nell' Anno 1631. alli 16. di Decembre sino alli 8.

di | Gennaro del presente Anno 1632: | Data in luce per Vincenzo Boue. | In Napoli, Per Lazaro Scoriggio. 1632.

Si vendono all' insegna del Boue.

In-4.° di carte sei a due colonne, l'ultima bianca; nel frontispizio uno stemma. [B. N.]

« Buona relazione dei particolari dell' incendio scritta con chiarezza. L' autore la chiama *decima* perchè nove altre erano state pubblicate prima da diverse persone. » (Scacchi.)

— Il Vesvvio Acceso | Descritto da Vincenzo Bove | Per l' Illustrissimo Signor | Giov. Battista | Valenzvela, Velazqvez|Primo Regente per la Maestà Cath. | nel Conseg. Supremo d'Italia. | In Napoli, Per Secondino Roncagliolo, 1632.

In-16.° di carte dodici; nel frontispizio uno stemma. [B. N.]

Relazione poco diversa dalla precedente.

Raro. Hoepli 8 L.

—Nvove | Osservationi | Fatte sopra gli effetti dell'incendio | del Monte Vesuuio. | Aggiunti alla Decima Relatione dello | stesso incendio già data in luce. | Dai 16. di Decembre 1631. fino a i 16. di Gennaro 1632. | Di nuovo riuista, e ristampata per Vincenzo Boue. | In Napoli. Per Lazzaro Scoriggio, 1632. Si vende all' insegna del Boue.

In-16.° di pag. 30 num. e due per l' imprimatur. Nel frontispizio uno stemma. [B. N.; B. S.]

« Vi sono le stesse cose contenute nei due precedenti opuscoli, ma con miglior ordine, e più particolarizzate. E una eccellente operetta sull' incendio del 1631, di cui non trovo notizia in alcun catalogo degli scrittori vesuviani. » (Scacchi.)

Nella bibliografia di Scacchi è detto che quest' opuscolo consti di 16 pagine; invece sono 16 carte.

Rarissimo. Hoepli (Bibliot. Tiberi) 15 L.

—Nota di tutte le relationi stapate sino ad hoggi del Vesuuio.

Vedi Mormile, l' incendii del Monte Vesvvio.

Confr. Incredulo Academico Incauto, incendio del Vesvvio.

BRACCINI Giulio Cesare.

Relazione | Dell' Incendio | Fattosi nel Vesuuio alli 16. di | Decembre 1631. | Scritta dal Signor Abbate | Givlio Cesare Braccini | da Giouiano di Lucca, | In vna lettera diritta all' Eminentissimo, e | Reuerendissimo Signore | Il Sign. Card. | Girolamo Colonna. | In Napoli, Per Secondino Roncagliolo. 1631.

In-16.° di pag. 40 num. [B. S.]

« Questa è la prima relazione del Braccini, ch'è anche più rara della seconda pubblicata nel 1632. » (Palmieri.)

Il Padre della Torre ed il Giustiniani la registrano sotto il titolo seguente : COLONNA (Girol. card.), lettera sopra l' incendio del Monte Vesuvio del 1631.

— Dell' Incendio | Fattosi Nel Vesvvio | a XVI. Di Dicembre MDC.XXXI | E delle sue cause, ed effetti. | Con la narrazione di quanto è seguito in esso per tutto Mar- | zo 1632. E con la Storia di tutti gli altri Incendij | nel medesimo Monte auuenuti. | Discorrendosi in fine delle Acque, le quali in questa occa- | sione hanno danneggiato le campagne, e di molte | altre cose curiose. | Dell' Abbate | Givlio Cesare | Braccini | Da Giouiano di Lucca Dottor di Loggi, | o Protonotario Appostolico. | In Napoli, Per Secondino Roncagliolo, 1632.

In-4.º di car. II e pag. 104. [B. N.]

« Si dà la descrizione topografica del Vesuvio e luoghi circostanti, e la storia delle precedenti eruzioni con minuziosa erudizione. La narrazione dei fenomeni dell'incendio è molto particolarizzata, sopratutto delle meteore, e dell' uscita dell'acqua dal cratere, ed in più luoghi l' autore manifesta la sua idea che nelle lave vi sia qualche cosa della natura dei fulmini (pag. 45 e 95). Riferisce le cose osservate da lui e dal Magliocco nel cratere del Vesuvio prima dell' incendio, e discorre sulle cagioni del medesimo con una certa sensatezza. E spiacevole la rozzezza della scrittura che talvolta è affatto inintellegibile. » (Scacchi.)

« È tra i migliori e più diligenti scrittori di quell' incendio. » (Galiani.)

Raro. Hoepli (Bibl. Tiberi) 32 L.

Il Duca della Torre riporta un' altra edizione di quest' opera nel suo Gabinetto Vesuviano : . . . . . *Lo stesso libro, con la giunta di Arminio*, così catalogato anche da Scacchi e Roth, ma affatto sconosciuto. Per averne la spiegazione, bisogna leggere la notizia in questa maniera : *Lo stesso libro, con la giunta* (di un esemplare legato insieme) *di Arminio* (de terraemotibus 1632.) Così abbiamo un volume vesuviano di meno da registrare.

Aggiungo per la sua curiosità una nota del Vetrani (Prodromo Vesuviano, pag. 224) : « Il Baglivi fece un compendio del Braccini, ma Dio sa come. » Codesto BAGLIVI non si trova in nessuna bibliografia.

Un' altra nota curiosa è quella nella Bibl. Ital. pag. 93, riportata dal Soria, dove il libro del Braccini viene diviso in due parti, una attribuita al Braccini e l' altra a Gioviano di Lucca, sua patria, che si prende per nome di autore.

BRARD.

Une éruption du Vésuve.

L'Echo de Numidie, 15 e 29 Maggio e 5 Giugno 1861.

BREISLAK SCIPIONE (prof. di mineralogia.)

Topografia fisica della Campania. Dedicata a S. E. la signora Contessa Skawronsky ecc. Firenze 1798, stamp. di Antonio Brazzini.

In-8.º, con una tavola e due carte geognostiche. Del Vesuvio parlasi nel cap. IV., da pag. 104-203.

Hoepli 4 L.

Quest' opera stimata (L. v. Buch la chiama « la sola descrizione veramente geologica del Vesuvio ») venne tradotta in francese ed in tedesco :

— Voyages physiques et lythologiques dans la Campanie ; suivis d' un mémoire sur la Constitution physique de Rome; avec la Carte générale de la Campanie, d'après Zannoni; celle des Cratères éteints entre Naples et Cumes ; celles du Vésuve, du Plan physique de Rome, etc. etc., trad. du ms. italien, et accompag. de notes par le Général Pommereuil. Paris an IX. (1801), Dentu.

Due vol. in-8.º, con 6 tav. I due volumi sono divisi in XI capitoli; del Vesuvio trattano: Cap. IV. *Description du Mont Somma* (vol. I. pag. 122-180, con una gr. carta topograf.) Cap. V. *Description du Vésuve* (vol. I. pag. 181-242.) Cap. VI. *Observations et réflexions sur les phénomènes du Vésuve* (vol. I. pag. 243-291, con una tav.) Cap. VII. *Vues et conjectures sur les inflammations du Vésuve* (vol. I. pag 292-298.) Cap. VIII. *Du Leucite* (vol. II. pag. 1-17)

Hoepli 7 L. ; Kirchhoff & W. 4 1/2 M.

Questa edizione, tradotta sul ms. originale, aumentata e corredata di note dal generale POMMEREUIL, è preferibile all' originale italiano sopra citato.

La traduzione tedesca, fatta sulla francese, è intitolata:

— Physische und lithologische Reisen durch Campanien, nebst mineralog. Beobachtungen über die Gegend von Rom. Uebers. von F. A. Reuss. Zwey Theile in einem Bande. Leipzig 1803, Rein.

In-8.º, con tavole.

Bose 2 M.

— Institutions géologiques, trad. par Campmas. Milan 1818.

Tre vol. in-8.º con 56 tavole.

Trad. in tedesco col titolo:

— Lehrbuch der Geologie. Deutsche Uebers. m. Anmerk. von F. K. von Strombeck. Braunschweig 1819.

« Namentlich für die ältere vulkanische Literatur wichtig und für die Streitfragen, die im Anfang d. Jahrh. erörtert wurden. Im Atlas ist eine Abbildung der *Scala*, eines Theiles des Stromes von 1631, gegeben und eine Ansicht der Sommagänge. » (Roth.)

BREISLAK SCIPIONE e WINSPEARE ANTONIO.

Memoria sull' Eruzione del Vesuvio accaduta la sera de' 15 Giugno 1794. Di Scipione Breislak, prof. di mineralogia del reale corpo degli artiglieri e d'Antonio Winspeare, ten. colonnello del reale corpo del genio. Napoli 1794.

In-8.° di pag. 87 e una bianca, con una tabella meteorolog. [B.S.] Marghieri 3 L.

Ristampato come riassunto nel Giornale letterario di Napoli 1798, pag. 58-80.

Confr. Sacco, Ragguaglio.

« Klarer, vortrefflicher Bericht über den Ausbruch. » (Roth.)

—Fortgesetzte Berichte vom Ausbruche des Vesuvs am 14. Junius 1794. Nebst einer meteorolog. Abhandlung vom Hagel von A. D'Onofrio. Aus dem Italien. übersetzt. Dresden 1795.

In-4.° di pag. 96. [B. S.]

Breve | Narratione | De Meravigliosi Essempi| occorsi nell' Incendio del' | Monte Vesuuio, circa l' Anno 1038. Cauata dall' Opere del' Beato Pietro Damia- | no dell' Ordine Camaldolense Cardinale | di Santa Chiesa. | Per profitto, et edification de' Fedeli, | Posta in luce da vn' deuoto Religioso. In Napoli, Appresso Matteo Nucci. 1632.

In-16.° di carte quattro. [B. N.]

« In occasione dell' incendio del 1631 furono pubblicati questi fatti ricavati dall' opera del Damiani, i quali provano essere il Vesuvio bocca dell' inferno. » (Scacchi.)

Rarissimo.

Breve resúmen historico de las erupciones del Vesubio.

Nelle **Memor. liter. instruct. y cur. de la Corte de Madrid**, tom. XXVII. 1794, pag. 401 423.

BRIGNONE Francesco.

Versi sulla eruzione vesuviana del 1872. Napoli 1872, stamp. della R. Università.

In-8.° di pag. 7 e una bianca.

BROCCHI Giuseppe.

Catalogo ragionato di una raccolta di rocce per servire alla geognosia d' Italia. Milano 1817.

« Von S. 217-241 Beschreibung von 143 Vesuvgesteinen mit oft schätzbaren Beobachtungen und nachfolgender Eintheilung: 1) Primitive, von den alten Eruptionen zerrissene Gesteine, Kalke und Blöcke, welche die Sommamineralien enthalten; 2) Alte erratische Laven; 3) Alte Lavaströme; 4) Moderne Lavaströme. » (Roth.)

—Sull' eruzione del Vesuvio del 1812, lettera al sig. cav. Monticelli.

Nella Biblioteca italiana n.° XXII Milano, Maggio 1817, pag. 275-290. [B. V.]

« Vortreffliche Beschreibung der Besteigungen des Vesuvs im November und December 1811, Januar und März 1812. » (Roth.)

BROEGGER W. C. u. H BACKSTROM.

Sodalith vom Vesuv, Aetzfiguren. (In: Die Mineralien der Granatgruppen).

Zeitsch. f Krystallog. u. Mineralog. vol. XVIII. Leipzig 1891.

BROMEIS F.

Analyse eines Glimmers vom Vesuv.

Annalen d. Physik u. Chemie, vol. LV. Leipzig 1842.

BROOKE H. I.

On the Comptonite of Vesuvius, the Brewsterite of Scotland, the Stilbite, and the Heulandite.

The Edinb. Philos. Journal, vol. VI. Edinburgh 1822.

—On the identity of Zeagonite and Phillipsite and other mineralogical notices.

Philosoph. Magaz. and Annals, London 1831, pag. 109-111.

—On Monticellite, a new specimen of mineral.

Ibid., pag. 265-267.

BRYDONE.

Lettre au P. Della Torre sur une éruption du Vésuve.

Nel suo **Voyage en Sicilie et à Malthe**, seconde partie, pag 265-272. Neuchâtel 1776. [B. S.]

BUCH LEOPOLD V.

Geognostische Beobachtungen auf Reisen durch Deutschland und Italien. Berlin 1802-1809.

Due volumi con tavole. Vedi vol. secondo, pag. 85-224.

Conf.: Jahrb. d. Berg-u. Hüttenkunde, vol. V. pag. 1-10, Salzburg 1801, dove trovasi ristampato il capitolo sulle Bocche nuove.

— Lettre à M. Pictet sur les volcans.

Bibliothèque britann., ou recueil d' extr. des ouvr. angl. période. d. sciences et arts, vol. XVI. pag. 227-249. Genève 1801.

« In diesem Neuchâtel 30. Januar 1801 datirten Briefe wird der Vesuv öfter erwähnt. » (Roth.)

—Lettre sur la dernière éruption du Vésuve et sur une expérience galvanique nouvelle.

Ibid., vol. XXX. pag. 247-261, con una tav. Genève 1805.

—Physikalische Beschreibung der canarischen Inseln. Berlin 1825.

Tradotto in francese, Parigi 1836.

Vesuvio e Campi Flegrei, pag. 338-347, con due figure ideate del Monte Somma secondo Strabone. Confr. **Gesammelte Schriften**, Berlin 1887, vol. III. pag. 524 e seg.

BUCKINGHAM (Duke of)

Eruption of Mount Vesuvius.

Transact., Proceedings and quarterly Journal of the geol. Soc. of London, first series, vol..... pag. 86.

BULIFON ANTONIO (libraio-editore e stampatore a Napoli, di origine francese.)

Lettera al M. Rev. P. D. Gio. Mabillon dell' Ord. Bened. ecc. ragguagliandolo del spaventevole moto del Monte Visuvio successo il mese di Decembre 1689.

Nelle sue **Lettere memorabili**, Raccolta seconda, pag. 174-181, con un' incisione in rame. Napoli 1693, Bulifon, in-16.° [B. S.]

« È una breve descrizione dell' incendio del 1689 con qualche importante notizia dei cambiamenti di forma del vulcano, e dell' incendio del 1685.

Nella edizione delle medesime Lettere memorabili pubblicata in Napoli 1698, questa lettera che è a pag. 131 del tomo secondo non è intera, e si avverte che ciocchè seguiva si tralascia per essersene bastevolmente fatta parola nella lettera dell' eruzione del 1694. La qual cosa non è vera; anzi nella lettera pel 1694 si rimette il lettore a quella del 1689. » (Scacchi.)

— Lettera nella quale si dà distinto ragguaglio dell'incendio del Vesuvio succeduto nel mese d' Aprile 1694. Con una breve notizia degl' incendj antecedenti. Da Antonio Bulifon scritta e consecrata All' Eccellentiss. Signore D. Livio Odescalchi ecc. In Napoli per Giuseppe Roselli 1694.

In-16.° di pag. 84, con una tavola in fol. picc., rappres. il Vesuvio a tre epoche diverse: prima del 1631, durante l'incendio del 1631, e nel 1694. Alcune copie hanno in questa tavola il nome del disegnatore Giacomo del Po, e la dedica al sig. Cristofaro Wackerbarth, gentiluomo di camera ecc. [B. N.]

Vale 4—5 Lire.

« Sino alla pag. 21 si dice quel che più alla distesa si trova nel Compendio istorico a pag. 44; il rimanente trovasi ristampato nello stesso Compendio dalla pag. 45 alla pag. 111, senza alcun cambiamento. » (Scacchi.)

— Raguaglio istorico dell'incendio del Monte Vesuvio succeduto nel mese d' Aprile M.D.C.LXXXXIV. Con una breve notizia degl' incendj antecedenti. Scritto da Antonio Bulifon. In Napoli presso Antonio Bulifon 1696.

In-16.° di pag. 90, colla stessa tavola dell' opera precedente, qui testualmente riprodotta. Nel frontispizio una vignetta. [B. S.]

Hess 5 M.

— Compendio istorico del Monte Vesuvio, in cui si ha piena notizia di tutti gl' incendj, ed eruzioni accadute in esso fino a quindici di Giugno del 1698. Scritto da Antonio Bulifon; e dedicato all'Altezza del Sig. Borislao Petrowicz Szeremetef, grande di Moscovia ecc. ecc. In Nap. Presso Antonio Bulifon. 1698.

In-16.° di pag. VIII-106, con un incisione nel formato del volume a pag. 80, rappres. il cratere del Vesuvio.

Non riportato dallo Scacchi.

Questo Compendio non è altro che il **Raguaglio** con un nuovo frontisp., alcune pag. di dedica ed un aggiunta da pag. 91 a 106, dove si descrive l'eruzione del 1697-98. [B. S.]

—Compendio istorico degl'incendj del Monte Vesuvio fino all' ultima eruzione accaduta nel mese di giugno 1698. In Nap. A spese dell'autore 1701.

In-16.° di pag. 152, con un'incisione in rame, ben eseguita, della eruzione del Settembre 1697.

« A pag. 23 è citata una figura del celebre dipintore francese Queuquelair che non ho trovato in nessuno dei quattro esemplari che ho veduto di quest'operetta; e non s'intende con chiarezza se sia questa stessa del 1697 (come pare più probabile) o altra di cui mancano gli esemplari da me osservati. Sino alla pag. 44 vi sono erudite notizie sul Vesuvio e la sua descrizione topografica, e crede l' Autore col Pellegrino che il Vesuvio sia stato diviso dal Monte Somma per forza degli antichi suoi incendî. Poi discorre a lungo dell' eruzione del 1631, seguendo in tutto il Braccini; dice qualche parola degl' incendî del 1660, 1682, 1685 e 1689; descrive assai bene l' eruzione del 1694, ed è il primo a dare una esattissima descrizione delle lave. Con pari accuratezza sono descritti gli incendî sino al 1698. Il Bulifon fu ancora il primo che nel 1694 avesse pensato di fare un modello del Vesuvio in terra plastica. » (Scacchi.)

Vale 5—6 Lire.

Bulletino Geologico del Vesuvio e de' Campi Flegrei destinato a far seguito allo Spettatore del Vesuvio. Compilato da L. Pilla. Napoli 1833-34.

In-8.º, con tavole.

Num. i. (s. d.) di pag. 36, l'ult. bianca. Num. ii. Anno 1834, di pag. 30. Num. iii. (s. d.) di pag. 28. Num. iv. Anno 1834, di pag. 32, l' ult. bianca. Num. v. Anno 1834, di pag. 40, con una tav. litograf. [B. V.]

Continuato nel periodico **Il Progresso delle Scienze** 1834-1838.

Traduz. tedesca in Roth, der Vesuv und die Umgebung von Neapel.

Bullettino del Vulcanismo italiano e di geodinamica generale. Redatto dal prof. Michele Stefano de Rossi. Anno i-xvii, Roma 1874-90.

In-8.º, con illustrazioni.

Vi sono sparse alcune notizie sul Vesuvio del prof. L. Palmieri e del redattore.

BULWER Edw. (Lord Lytton.)

The last days of Pompeii. Leipzig 1879, Bernhard Tauchnitz.

Collect. of Brit. Authors.

Nel Lib. V., cap. 5-10, sta la Descrizione dell' eruzione del 79.

Sin dal 1834 numerose ristampe e traduzioni di questo romanzo classico.

BURIOLI Pietro.

Vera | Relatione | Del Terremoto, e Vorragine | occorsa nel Monte Vesuuio | Il dì 16 Decembre 1631. à hore 12. | Doue s'intende come da detta Vorragine è vscito gran- | dissima quantità di fuoco, fumo, poluere, e pietre | di diuerse grandezze | sino alla grandezza | d' vna carrozza, | Et si sente la fugga, & spauento di quel pouero Popolo, | cosa veramente degno di grandiss. compassione. | Scritta da Napoli dal Sig. Pietro Burioli. | In Bologna, Per Nicolò Tebaldini. 1632. | Nella Scimia.

In-4.º di carte quattro. Nel frontispizio un' incisione. [B. S.]

Rarissimo; non è riportato da alcun bibliografo vesuviano tranne da Riccio.

BYLANDT-PALSTERCAMP A. de

Théorie des Volcans. Paris 1835.

Tre vol. in-8.°, con atlante in-fol. di 15 tav. Il Vesuvio è trattato ampiamente nel tomo III., da pag. 159-411.

— Résumé préliminaire de l' ouvrage sur le Vésuve par le Comte de Bylandt. Naples 1833, de l'imprimerie du Fibrène.

In-8.° di pag. 50.

Non ha frontispizio proprio, ma solamente una copertina col titolo qui copiato. Dopo il nome dell' autore una citazione di Shakspeare.

C

CACCABO Jo. Bapt. (neapolit.)

Janvarivs Poëma Sacrum. Neapoli, per Jacobum Gaffarum 1635.

In-4.° di pag. VIII-46, con una figura di S. Gennaro col Vesuvio. [B. V.]

CAGNAZZI Luca de Samuele (arcidiacono.)

Discorso metereologico dell' anno 1794.

Giornale letterario di Napoli, vol. XXX. pag. 3-29.

Sulla cenere del Vesuvio caduta in Altamura il 20 Agosto 1794.

— Lettera sull' elettricismo della cenere lanciata dal Vesuvio, diretta al P. Em. Taddei.

Giornale enciclopedico di Napoli, 10 Giugno 1806.

Conf. Fiordelisi.

— Discorso sulle cause della sospensione delle terre nell'atmosfera.

Memorie della Società Pontaniana di Napoli, vol. I. 1810, pag. 171-186.

Vedi Aracri.

CALÀ Carlo.

Memorie historiche dell'apparitione delle croci prodigiose, compendiate dal presidente D. Carlo Calà dvca di Diano, e marchese di Ramonte. In Napoli 1661. Per Nouello de Bonis stampatore della Corte arcivescovile.

In-4.° di pag. XII-190, seguite da 13 n. n. per l' Indice. [B. V.]

« È un opera divota in cui si trova al cap. 19.° una breve notizia dell' incendio del 1660, e dopo essersi data la spiegazione naturale delle croci allora comparse, in seguito si rigetta. » (Scacchi.)

Conf. Zupo.

CAMERLENGHI dott. Gio. Battista.

Incendio di Vesvvio. Del Camerlenghi.

In-4.º di pag. IV-190, frontisp. figurato, inciso in rame, con un ritratto del conte di Monterey, cui l'opera è dedicata. La data, *Napoli 26 Dicembre 1632*, trovasi in fine alla dedica. [B. N.]

« L'opera è composta di cinque canti in ottava rima, i quali nella loro mediocrità non mancano di qualche pregio, e vi sono raccontati i più importanti particolari dell'incendio. » (Scacchi.)

Hoepli (Bibl. Tiberi) 8 L.

CAMERON H. C.

The great eruption of Vesuvius in 1631.

Hours at Home, vol. IV. pag. 74-82 e 130-139. New-York 1866. Traduzione abbreviata dell'articolo sull'opera di Le Hon, histoire complète de la grande éruption du Vésuve de 1631, pubbl. nel Bulletin de l'Acad. d. sciences, Bruxelles 1865, pag. 483-538.

CAMPAGNE Emile Mathieu.

Volcans et tremblements de terre. Limoges 1885, Barbou.

In-8.º

— Le feu central et les volcans. Ibid. 1885.

In-8.º

CAMPOLONGO Emmanuele.

La Volcaneide. Napoli 1766, nella Stamperia Simoniana.

In-8.º

Riportato dal Roth. Sono 44 sonetti di soggetto mitologico, ma non vi ha niente del Vesuvio. Lo cito soltanto per il titolo.

CANEVA Salvatore (erem. sacerd.)

Lettera dell' eremita del S. Salvatore sito alle falde del Vesuvio per dare ad un amico suo un succinto ragguaglio dell'accaduta Eruzione la sera de' 15. Giugno 1794.

In-8.º di carte due. S. l. (Napoli.) Nel frontisp. l'epigrafe: *Terribilem stridore sonum dedit.* Ov. Metam. [B. N.]

Traduzione tedesca in d'Onofrio, ausführl. Bericht.

— La medesima.

Altra edizione, pure s. l. n. d.

In-8.º di carte quattro, in carta migliore e con tipi più chiari. [B. V.]

CANGIANO L.

Sur la hauteur du Vésuve.

Compt. rend. de l'Acad. d. Sciences, vol. XXII. Paris 1846.

CANTALUPO Giacinto.

Reminiscenze Vesuviane di un profugo. Napoli 1872, Stab. tipog. di G. De Angelis.

In-16.º di pag. 66. Prezzo 1 Lira.

Pubblicato a favore dei danneggiati del Po. Il nome dell'autore sta appiè della prefazione.

CAPACCIO Giulio Cesare.

Incendio di Vesvvio. Dialogo (tra) forastiero e citadino.

Trovasi alla fine dell' opera sua intitolata **Il Forastiero**, cominciando con distinta numerazione, da pag. 1-86, nell'edizione posseduta dalla B. S., stampata a Napoli nel 1630 da Gio. Dom. Roncagliolo in-4.º

Se ne fecero diverse altre edizioni.

« L'autore parla del fuoco, dell'acqua, dell'astrologia, dell'alchimia, delle predizioni, dei tremuoti ecc., e quasi nulla si raccoglie dell'incendio di cui si propone parlare. » (Scacchi.)

« E scritto così come tutta l'opera assai goffamente e puerilmente. » (Galiani.)

L'opera fu scritta nell'estrema vecchiezza dell'autore.

Cioffi, ediz. del 1636, 10 L.; Hoepli 12 L.

— De Vesuvio Monte.

Nell' **Urbis Neapolis a secretis et civis Historiae neapolitanae libri duo** ecc., tom. II. cap. VIII. pag. 78-93. Neapoli 1771, Gravier, 2 vol. in-4.º.

Diverse altre edizioni.

CAPECE-MINUTOLO Fabrizio.

Per l'eruzione del Vesuvio accaduta a' 15 Giugno 1794. Canzone.

Foglio volante s. d. [B. N.]

Riportato dal Roth come *sonetto*.

CAPOA [di] Leonardo.

Lezioni intorno alla natura delle Mofete. In Napoli, per Salvatore Castaldo 1683.

In-4.º [B. S.]

— La stessa opera. Cologna 1714.

Altra edizione, con un indice copioso.

In-8.º [B. S.] Prime notizie sulle mofete vesuviane.

CAPOCCI Ernesto.

Cenno su di un raro fenomeno vulcanico, che il Vesuvio ha presentato nel Dicembre 1845.

Rendiconto dell' Accad. d. Scienze, anno V. pag. 6; 14-18; 20-23. Napoli 1846.

Sulle corone di fumo e di cenere.

Confr. L'Omnibus, Napoli 25 Luglio 1846.

— Catalogo de' Tremuoti avvenuti nella parte continentale del Regno delle Due Sicilie, poste in raffronto con le eruzioni vulcaniche ed altri fenomeni cosmici, tellurici e meteorici. (Memoria Prima.)

Atti del R. Istit. d'Incoragg. di Napoli, tomo IX. 1861, pag. 337-378.

Ve ne sono delle copie tirate a parte, Napoli 1859, in-4.º di pag. 45.

— Memoria Seconda sul Catalogo de' Tremuoti ecc. Investigazioni e Documenti relativi a ciascun tremuoto, e cose notevoli offerte dai più terribili.

Ibid., pag. 379-421.

— Memoria Terza. Seconda epoca dall' invenzione della stampa sino al presente secolo.

Ibid., tomo X. 1863, pag. 293-327.

— Sulla eruzione del Vesuvio degli 8 Dicembre 1861.

Nella **Raccolta di scritti varii per cura di C. Rinaldo de Sterlich**. Napoli 1863, in-8.º, pag. 23-25.

CAPPA R.

Delle proprietà fisiche, chimiche e terapeutiche dell'acqua termo-minerale vesuviana Nunziante. Napoli 1847.

In-8.º di pag. 12.

CAPRADOSSO.

Il Lagrimevole | Avvenimento | Dell' Incendio | Del

Monte Vesvvio | Per la Città di Napoli, | E Lvoghi Adiacenti, | Nel qual si narra minutamente tutti i | successi sino al presente giorno | Del Capradosso Agostiniano | In Napoli, Nella Stamperia di Egidio Longo 1631.

In-4.° di carte quattro, nel frontispizio un' incisione rappres. la Vergine combattente il diavolo. [B. S.]

« È una relazione piuttosto delle opere divote fatte in occasione dell'incendio che dell'incendio stesso. » (Scacchi.)

— Lo stesso. Ibid. 1632.

Altra edizione, identica alla prima, ma senza la parola *Agostiniano* nel frontispizio.

CARAFA Gregorius.

Gregorii | Carafae | Cler. Regvlar. Sac. Theol. | Professoris | In Opusculum de nouissima Vesuuij | Conflagratione | Epistola Isagogica. | Neap. Excudebat Franciscus Sauius 1632.

In-16.° di carte sessantaquattro, seg. A-H, con una grande tavola; nel frontisp. uno stemma. [B. V.]

« Nella tavola lo stesso disegno rappresenta la forma del Vesuvio prima e dopo l'incendio. Vi sono importanti notizie per lo stato del Vesuvio prima dell'incendio, per i cambiamenti della sua forma, e per molti particolari dell' incendio. » (Scacchi.)

« Contiene molte circostanze curiose ed interessanti. » (Galiani.)

Hoepli (Bibliot. Tiberi) 9 L.

— Gregorii | Carafae | Clerici Regvlaris | Sacrae Theologiae | Professoris | In Opusculum de nouissima Ve- | suuij Conflagratione, | Epistola Isagogica. | Secunda Editio. | Neapoli, ex Regia typographia Aegidij Longhi. 1632.

In-4.° di pag. 93 num., seguite da 9 n. n. per il permesso e l' indice, coll' identica tavola e la vignetta della prima edizione. [B. V.]

« In quest' edizione vi è aggiunto un capitolo di più nel mezzo dell' opera in cui si parla del vicerè. » (Scacchi.)

Rarissimo.

CARAFA (Padre)

Nelle note bibliografiche dell'ab. Galiani, contenute nell' opera Dei Vulcani o Monti ignivomi, Livorno 1779, si legge a pag. 144, parlandosi della cima del Vesuvio: « Accuratamente l' ha descritta il pad. Carafa al cap. 2. a Francesco Petrarca nel suo Itinerar. ital., pag. 3.

CARDASSI Scipione.

Relatione | Dell' Irato | Vesvvio, | De' Svoi Fvlminanti Fvrori, | & auuenimenti compassioneuoli. | Fatta | Da Scipione Cardassi, | detto lo minimo nell'Accademia dell' incogniti, | della Città di Bari. | Al | Sig. Atonio | Carrettone, | Patritio di detta Città. | In Bari, per Giacomo Gaidone. 1632.

In-16.° di pag. 46. [B. S.]

« Cosa veramente compassionevole. » (Soria.)

Rarissimo, non veduto dallo Scacchi.

CARDONE Andrea.

Saggio di poetici componimenti. Sull' ultima eruzione del Vesuvio, poemetto. Sul funestissimo tremuoto avvenuto in Casamicciola, ode. Napoli 1828, Tipogr. del R. Albergo dei Poveri.

In-8.° di pag. ii-25. [B. S.]

CARDOSO Ferdinando.

Discurso sobre el monte Vesvvio, insigne por sus rvinas, famoso por la muerte de Plinio. Del prodigioso incendio del año passado de 1631, y de sus causas naturales, y el origen verdadero de los terremotos, vientos, y tempestades, etc. En Madrid, por Francisco Martinez, 1633.

In-4.° [Brit. Mus. Lond.]

Vedi Quinones.

CARLETTI Nicolo.

Storia della regione abbruciata in Campagna Felice in cui si tratta il suo sopravvenimento generale e la descrizione de' luoghi, de' vulcani, de' laghi, ecc. Napoli 1787.

In-4.°, con una carta geografica.

CARNEVALE Giov. Angelo.

Brevi e distinti ragguagli dell'incendio del Vesuvio nel 1631. Napoli 1632.

Riportato dal Bove e dal Soria. Non veduto dallo Scacchi. Dev'essere rarissimo.

CARREY E.

Le Vésuve.

Nell'Appendice del Moniteur. Parigi, 16-18 Ottobre 1861.

Carteggio di due amanti alle falde del Vesuvio. Pompej 1783.

In-8.° di pag. 45 in cifre rom. e una bianca. Nel frontisp. un' epigrafe, a tergo un' altra. [B. S.]

Poesia e prosa alternata, senza una parola del Vesuvio.

È stampato a Napoli.

CARUSI dott. Gius. Maria.

Tre passeggiate al Vesuvio ne' dì 3 e 21 Giugno e 27 Settembre 1858.

In-8.° di pag. 44, senza front. proprio: il titolo è rilevato dall'antiporta. Nella copertina sta: *Napoli 1858, stab. tip. di Gaet. Nobile, prezzo gr. 25.*

Prima edizione, pubblicata pure nel giornale La Verità.

— Tre passeggiate al Vesuvio ne' dì 3 e 21 Giugno e 27 Settembre 1858, ovvero Osservazioni sulla eruzione vesuviana del detto anno e sulla influenza sua verso gli esseri organizzati. Edizione seconda corretta dall' autore, ed accresciuta della storia della eruzione vesuviana dal 1855 a tutto Settembre del 1858. In Napoli 1858, dalla stamperia del Vaglio.

In-8.° di pag. iv-68; nel frontisp. un' epigrafe.

Prass 2 L.

Ve ne sono delle copie in carta forte.

CASARTELLI L. C.

A wave of volcanic disturbance in the Mediterranean.

Geolog. Magaz. vol. IV. pag. 239-240. London 1867.

Tratta pure del Vesuvio.

CASORIA Eugenio (prof. di chimica).

L' acqua della fontana pubblica di Torre del Greco ed il predominio della potassa nelle acque vesuviane.

Idrologia e climatologia medica, anno VII. no. 9. Firenze 1885.

— Composizione chimica e mineralizzazione delle acque potabili vesuviane.

Ibid., anno IX. no. 3. Firenze 1887.

— Sopra due varietà di calcari magnesiferi del Somma.

Bollett. d. Soc. dei Naturalisti in Napoli, anno I. fasc. 1. Napoli 1887.

— Composizione chimica di alcuni calcari magnesiferi del Monte Somma.

Ibid., anno II. fasc. 2. Napoli 1888.

— Sulla presenza del calcare nei terreni vesuviani.

Ibid., nel medesimo fascicolo.

— Mutamenti chimici nelle lave vesuviane per effetto degli agenti esterni e delle vegetazioni.

Ibid., nel medesimo fascicolo.

— Predominio della potassa nelle acque termo-minerali vesuviane (Nunziante e Montella): ricerche. Firenze 1889, tipogr. cooperativa.

In-8.° di pag. 6.

Estratto dal giornale Idrologia e climatologia medica, anno XI. no. 8 Firenze 1889.

— Le acque della regione vesuviana. Portici 1891.

In-8.° di pag. 86.

— L'acqua carbonico-alcalina della Bruna di Torre del Greco. Studii e ricerche. Torre Annunziata 1895, stab. tipogr. G. Maggi.

In-8.° di pag. 26. Dal Rendiconto dei lavori eseguiti nell' anno 1894.

« L' analisi chimica prova che quest'acqua termale, ora rinvenuta, supera per efficacia molte altre acque che scaturiscono dal Vesuvio. » (Novi.)

CASSANO-ARAGONA (principe di).

An account of the eruption of Vesuvius in March 1737.

Philos. Transact. of the R. Soc. of London 1739.

— Lo stesso, in italiano.

Vedi: Compendio delle Transazioni filosofiche, Venezia 1793.

CASSINI Giandomenico.

« Nell' **Histoire de l' Acad. roy. des sciences de Paris**, tomo II. pag. 204, si legge una breve e poco esatta notizia dell'incendio del 1694, fatta dal Cassini. » (Scacchi.)

CASSOLA F. e PILLA L.

Vedi: Lo Spettatore del Vesuvio e de' Campi Flegrei. Napoli 1832-33.

CASTALDI Gius. e Franc.

Storia di Torre del Greco. Con prefazione di Raffaele

Alfonso Ricciardi. Torre del Greco 1890, tipog. elzeviriana Barnaba Cons di Antonio.

In-8.º di pag. xv-294. A tergo della copertina sta: *Vendibile presso Pasq. Rajola. 4 L.*

CASTELLI Pietro.

Incendio | Del Monte Vesvvio | Di Pietro Castelli | Romano, | Lettore nello Studio di Roma già di Filoso- | fia & hora di Medicina. | Nel quale si tratta di tutti gli Luoghi ardenti, delle Differenze | Delli Fuoghi; loro Segni; Cagioni; Prognostici; e Rimedij, | con Metodo distinto, Historico, e Filosofico. | Con la giunta d' alcuni quesiti circa lo stato presente del Vesuuio, | e le loro esplicationi, & annotationi. | In Roma, Appresso Giacomo Mascardi, 1632.

In-4.º di car. iv e pag. 92 (e non 192, secondo Scacchi), seguite da car. iv per la *Tavola* e l'*Index operum Petri Castelli*. Nel frontispizio un' incisione. [B. N.]

« Dà notizia dei luoghi ardenti della terra, tra i quali venendo in ultimo al Vesuvio, ricorda i suoi incendj da quello dei tempi di Tito sino all' ultimo del 1631, e di questo dice soltanto poche cose di ciò che gli fu riferito. Poi discorre dei fenomeni che sogliono osservarsi nell'eruzioni vesuviane, e mette innanzi le solite fantastiche opinioni sulle cagioni e sulle materie degli incendi vulcanici, sopra i terremoti ecc. Fan parte di quest' opera le risposte date dal P. de' Minori osservanti Egidio di Napoli a molte domande fattegli dal Castelli; e da essa non si ricava alcuna cosa di notevole tranne la dichiarazione di esser vera l' uscita dei pesci cotti dal Vesuvio. » (Scacchi.)

K. Th. Voelcker 5 1/2 M.

CASTRUCCI Giacomo (arciprete).

Breve cenno della eruzione vesuviana del Maggio 1855.

In-4.º di carte due, con una pianta topogr. del Vesuvio, diseg. da L. Santacroce ed incisa in rame. La copertina, che ha una vignetta, serve da frontispizio. Stampato a Napoli nella tipogr. del Fibreno.

Hoepli 1 L. 50 c.

Catalogo delle materie appartenenti al Vesuvio.

Vedi Galiani.

CATANI Alessandro.

Lettera critico-filosofica su della Vesuviana Eruttazione accaduta nel 1767. ai 19. Ottobre del Signor Conte Dottor D. Alessandro Catani, regio professore in Napoli, accademico ecc., indirizzata al rispettabile signor D. Agostino Giuffrida primo medico di Catania. In Catania nella corte senatoria 1768. Nelle stampe del Dottor Bisagni, presso D. Francesco Siracusa.

In-4.º di pag. viii-44 [B. N.]

Riportato dal P. della Torre col titolo errato di **Compte D. Alexandre Catani** prof. roy. a Naples etc., Lettre critique-philosophique sur l' eruption du 1767, e dal Roth, che dà il titolo in italiano, però col nome di **Compte**, copiandolo dal P. della Torre.

CATANTI (conte, patrizio pisano).

Introduzione al Catalogo delle eruzioni del Vesuvio.

Vedi MECATTI, Racconto stor. filosof. del Vesuvio. Napoli 1752.

Catalogo ben compilato. Una lettera del medesimo Catanti a Mecatti trovasi nella stessa opera.

CAVALLERI G. M.

Considerazioni sul vapore e conseguente calore che manda attualmente (8 ottobre 1856) il vulcano di Napoli.

Atti dell' Accad. d. Scienze fis. e mat. di Napoli, vol. XII. 1856-57.

CAVALLI ATANAGIO.

Il Vesuvio. Poemetto storico-fisico con annotazioni del P. Atanagio Cavalli, carmelitano ecc. In Milano 1759, per Federico Agnelli.

In-8.° di pag. 157 con numeraz. rom. e una bianca, seguita da una carta per le correzioni. Con due tavole: *Veduta del Golfo di Napoli* e *Veduta del Monte Vesuvio da mezzogiorno.*

Il poemetto, in due canti, è contenuto nelle pag. 1 a 50; le pag. 51 a fine contengono le *Annotazioni*, che non sono senza interesse, e nelle quali trovasi pure la descrizione di 32 eruzioni, dal 79 al 1767. L'autore visse per qualche tempo vicino a Monte Vesuvio.

Prass 4 L.

CAVAZZA GIULIO.

Sonetto che l' incendio del Vesuuio è stato per salute dell' anime nostre.

Foglio volante s. l. n. d., probab. Napoli 1632. [B. N.]

Sono due sonetti dedicati a Giulio Castelli, vescovo di Benevento.

CENNO STORICO dell' eruzione del Vesuvio avvenuta in Ottobre dell' anno 1822. Napoli 1822, da' torchi del Giornale del regno delle Due Sicilie.

In-8.° di pag. 29 e una bianca.

Anonimo, ma forse di Gius. Maria Galante. Buona descrizione.

Prass 3 L.

CERASO FRANCESCO.

L' opre Stvpende, | E Maravigliosi Eccessi | Dalla Natvra | Prodotti nel Monte Vesuuio della Città di Napoli. | Liberata per intercessione della Beatissima Vergine, e de' Gloriosi | Santi Gennaro, Tomaso, et altri Protettori. | Con la Narratione de tutti i danni occorsi così ne paesi con- | uicini del Monte, come lontani, e delle Terre destrut- | te, e de casi successi, così in questa, come nell' al- | tre volte, ch' è socceduto l' incendio | presente. | E del gran frutto cauato per l' anime dal zelo de Prencipi Eccle- | siastici, e Secolari. Del gouerno, et opra de Religiosi | della Città di Napoli | Raccolte dal

Sig. Francesco Ceraso per il corso di cinquan- | tasei giorni dell'Incendio. | In Napoli, Per Secondino Roncagliolo. 1632.

In-4.º di carte diciotto. [B. N.]

« Relazione alquanto particolarizzata dell' incendio del 1631, dedicata a D. Pietro Giord. Orsino. Vi si trova la notizia che sette anni prima il Vesuvio eruttò cenere. » (Scacchi.)

CESARE [DI] OTTAVIO.

Sonetto per l' eruzione del 1794.

Riportato dal Duca della Torre.

CHATEAUBRIAND (le vicomte de).

Le Vésuve.

Contenuto nel suo **Voyage en Italie.** Descrive l' eruzione del 1804.

CHAVANNES M. de.

Le Vésuve. Tours 1882, Librairie Mame.

In-32.º di pag. 126. Altre ediz. Ibid. 1859, in-8.º di pag. 128; Ibid. 1867, in-8.º di pag. 128, con 1 tav.

— Histoire du Vésuve.

In Audot, voyage de Naples.

CHODNEW A.

Untersuchung eines schwärzlichen runden Glimmers vom Vesuv.

Annalen d. Physik u. Chemie, vol. LXI. Leipzig 1841.

CHIARINI GIUSEPPE.

Il cratere del Vesuvio nel dì 8 Novembre 1875. Estratto di una lettera del giovane Alpinista Giuseppe Chiarini con alcune aggiunte di Luigi Palmieri.

In-4.º di pag. 2, con un' incisione in legno.

Rendiconto dell'Accad. d. Scienze fis. e mat. di Napoli, Gennaio 1876.

CHOULOT (le comte PAUL de).

Le Vésuve (fragment.) Extrait des Mémoires de la Société des Antiquaires du Centre, année 1867. Bourges 1868, E. Pigelet, impr. de la soc. des antiquaires.

In-8.º di pag. II-18. L' autore si segna tenente-colonnello.

CHRISTIAN FRIEDRICH (Prinz v. Dänemark).

Vedi CRISTIANO FEDERICO, principe di Danimarca.

CICADA HIERONYMUS.

De Vesevi conflagratione.

Contenuto nell' opera intitolata **Carmina**, Lycii 1647, pag. 206. [B. V.]

CICCONI MICHELANGELO (de' Ch. Reg. Min.).

Il Vesuvio. Canti anacreontici tra Fileno, e Fillide, dopo l' eruzione degli VIII. Agosto del MDCCLXXIX.

S. l. In-12.º di pag. 96.

Alla fine della dedica al Cav. Hamilton trovasi la data: *Napoli il dì 6 Settembre del 1779.* [B. N.]

[CILLUNZIO N.]

A. S. E. La Signora Donna. Felice. Naselli D'Aragona Principessa. Del. Cassero Questi. Deboli. Versi Per. La. Ervzione. Del Vesvvio Accaduta. A'. 12. Agosto. 1805 Il Sincero. Reale. Accademico Neante. Cillunzio Offre. E. Consagra.

Nel frontisp. il motto: *Carmina possumus donare. Hor. Od. IV. lib. 8.*
S. l. In-8.° di carte cinque; alla fine un sonetto dell' avvocato D. Vincenzo Pulsini.
Curioso opuscolo d'ignoto autore pseudonimo. Si noti la bizzarra interpunzione.

CIRILLO dottor Michele.
An extraordinary eruption of Mount Vesuvius.
Philos. Transact. of the R. Soc. of London, vol. XXII. e XXIII. London 1732-33.

—Lo stesso, in italiano.
Vedi: Compendio delle Transazioni filosofiche. Venezia 1793.

CLARO Franciscus.
Humanae calamitatis considerationes. Neapoli 1632.
In-4.°. Tratta pure dell'eruzione del 1631. [B. V.]

CLASSENS de Jongste C. A.
Souvenirs d'une promenade au Mont Vésuve.
Vedi Jongste.

CLERKE E. M.
Il Vesuvio in eruzione. Estratto dalla Rivista Europea. Firenze 1875, tipogr. edit. dell' Associazione.
In-8.° di pag. 12.
Riguarda l'eruzione del 1872.

COLLETTA Pietro.
L' eruzione del Vesuvio del 1794.
Nella sua **Storia del Reame di Napoli**, libro III. capo I.

COLLINI C. A.
Considérations sur les montagnes volcaniques. Mannheim 1781, Schwan.
In-4.°, con figure. [B. N.]
Il Vesuvio pag. 43 e seg.
Tradotto in tedesco col titolo di:

— Betrachtungen üb. d. vulkanischen Berge, nebst einer Tabelle etc. A.d. Franz. übers. u. m. Anmerk. vers. von Gersdorf. Dresden 1783, Walther.
In-4.°, con figure.

COLUMBRO Gennaro.
Il Vesuvio. Poema.
Nelle sue **Rime e prose**, Napoli 1817, 2 vol. in-8.°. Questo poema, che tratta dell' eruzione del 1794, sta nel I. vol. a pag. 72-75. Nel II. vol. è una lettera ad un amico a Resina, nella quale parlasi del Vesuvio. [B. S.]

COMES Orazio.
Le lave, il terreno vesuviano e la loro vegetazione.
Vedi: Lo Spettatore del Vesuvio e dei Campi Flegrei. Nuova Serie. Napoli 1887.
Tradotto in tedesco col titolo di:

— Die Laven des Vesuv, ihr Fruchtboden und dessen Vegetation. Unter Mitwirkung des Verfassers übersetzt von Joh. Jos. Mohrhoff. Hamburg 1889, Hamb. Verlagsanstalt.
In-8.° di pag. 40. Prezzo 80 pf.
(Sammlung gemeinverst. wissensch. Vorträge, Heft 80.)

Commentarius de Vesuvii conflagratione quae mense majo 1737 etc.
Vedi Serao.

COMPENDIO delle Transazioni filosofiche della Società Reale di Londra. Opera compilata dal Signor GIBELIN. Parte Prima: Storia Naturale. Vol. I. Venezia 1793, Stella.

In-8.º con incisioni in rame.

In questa raccolta si trovano i seguenti articoli sul Vesuvio: *Eruzione del Vesuvio nel 1732. Estratto d' un giornale meteorol. del dott.* MICH. CIRILLO *di Napoli*, pag. 72-73. *Eruzione del Vesuvio nel 1737, del principe di* CASSANO, pag. 73-81. *Ragguaglio dell' eruzione del Vesuvio nel 1751 di* RICCARDO SUPPLE, pag. 81-84. *Lettera di* M. PARKER, *pittore ingl. a Roma*, pag. 86-88. *Estratto di tre lettere sull' eruzione del 1754 di* JAMINEAU, pag. 88-92. *L' eruzione del Vesuvio nel 1717 di* E. BERKELEY, pag. 62-68.

CONNOR (ovvero O' CONNOR) BERNHARDUS (medico del re di Pologna).

—De Montis Vesuvii incendio.

In Dissertationes medico-physicae. Oxonii 1695, in-8.º.

« Negli Acta Eruditorum di Lipsia, per l'anno 1696, ci ha un sunto di questa dissertazione dalla quale si ricava che l' autore salì sul Vesuvio in dicembre del 1693, ed avendo trovato i sassi del cratere pregni di particelle ferree, opina che i suoi incendj nascono dal ferro, solfo e nitro. Dà qualche notizia dell'incendio del 1694, e crede che nella lava abbondi il nitro e l' antimonio, giacchè il vino tenuto in un vaso formato dalla medesima riuscì emetico. » (Scacchi.)

— Mirabilis viventium interitus in Charonea Neapolitana Crypta. Novissimum Vesuvii montis incendium anni Aere salutis 1694. Coloniae Agrippinae 1694.

In 12.º di pag. 68, seguíte da 4 n. n. [B. V.]

CONRAD M. G.

Am Fusse des Vesuvs.

Illustrirte Welt, Stuttgart 1872 fasc. 24., con una illustr.

— Die jüngste Eruption des Vesuvs.

Ueber Land u. Meer, anno XVI. no. 36, con una illustr. Stuttgart 1872.

CONTINUATIONE de' successi del prossimo incendio del Vesvvio.

Vedi ZUPO.

CONTINUAZIONE delle notizie riguardanti il Vesuvio.

Vedi GIROS.

CONTO reso dalla Commissione centrale pei danneggiati di Torre del Greco dal dì 16 Dicembre 1861 al 27 Aprile 1862. Napoli 1862. Stamperia dell' Iride.

In-8.º di pag. 28.

CONTRATTO COSTITUTIVO della Compagnia Vesuviana. Napoli 1836, da Raff. De Stefano e Soci.

In-8.º di pag. 30.

La compagnia assicurava i fondi rustici ed urbani limitrofi al Vesuvio da tutto ciò che potevano soffrire per le eruzioni.

CONVITO DI CARITÀ adunato nell' istituto Torquato Tasso a favore de' danneggiati della terribile lava del Vesuvio dei XXVI Aprile MDCCCLXXII. Napoli 1872, tipog. Raimondi.

In-8.°.

Contiene tra altro: DIEGO VITRIOLI, *I due scheletri* (di Pompei), elegia latina con versione, pag. 13-19. *Un Cretese a Pompei nell'ultima giornata*, elegia latina del medesimo, con versione, pag. 28-31. LUIGI PALMIERI, *le vittime del Vesuvio*, pag. 32-33. GIUSEPPE REGALDI, *le ruine di Pompei*, canto, pag. 35-37.

COOMANS I.

Sur l' éruption du Vésuve en 1858.

Nell' Appendice del Moniteur, Parigi 10 Giugno 1858.

COPIA DELLA SECONDA RELAZIONE stampata in Napoli della spaventevole eruzione fatta dal Vesuvio nella apertura del nuovo vulcano con un ragguaglio fisico storico dell'origine e dei danni notabili, che ha cagionato.

In-4.° di pag. 4.

Contenuto in Preces et orationes recit. a capitulo, et clero sacr. basil. Vatican. in process. etc. Roma 1794, tip. Generosi Salomoni.

COPIA EINES SCHREIBENS | auss Neapolis | Darinnen berichtet werden | Etliche | Erschreckliche Wunder- | zeitungen welche sich im end dess nechstabge- | lauffenen 1631. Jahrs in Welschland, benantlich im Koenig- | reich Neapolis mit einem brennenden Berge (Monte Vessuvio ge- | nandt, welcher vber 30. Welscher Meil Wegs umbfangen) zugetra- | gen, vnd was in selbiger Gegend zu Land vnd Wasser, durch Erdbeben | ausswerffen des Fewer, erhitzte Stein, rauchende vnd brennende Aschen, | fuer vberaus grossen Schaden an viel 1000. Menschen vnd Vieh | daselbsten geschehen; Auch etliche Orter selbigen Koenigreichs | gantz versuncken vnnd vntergegangen | seyn. | Gedruckt im Jahr | Anno 1632.

In-4.° di carte quattro. S. l. [B.S.]

Rarissimo.

COPPOLA MICHELE.

Produzione artificiale dell' Oligistico dalle lave vesuviane.

Gazzetta chim. ital. Anno IX. pag. 452-455. Palermo 1879.

— Contribuzione alla storia chimica dello Stereocaulon Vesuvianum. Notizie preliminari.

Rendiconto dell' Accad. d. Scienze fis. e matem. di Napoli 1879, fasc. 10. Ottobre, pag. 4.

CORAFÀ conte GIORGIO.

Osservazioni da lui fatte il dì 26. Ottobre 1751 e seg.

Vedi MECATTI, Racconto storico filosofico del Vesuvio. Napoli 1752.

— Dissertazione istorico-fisica delle cause, e degli effetti dell' eruttazione del Monte Vesuvio negli anni 1751, e 1752. Del Conte D. Giorgio Corafà, maresciallo di campo, gentiluomo di camera del Re ecc. Diretta per risposta alla lettera scrittagli da un suo amico. In Napoli.

In-4.° di pag. vi-86. [B. N.]

Pubblicato nel 1753. Edizione amplificata delle Osservazioni.

CORCIA Nicola.

Il Vesuvio.

Nella sua Storia delle due Sicilie. Napoli 1843-1852, tomo II. pag. 404-407.

CORNELIUS Th.

Thomae Cornelii Consentini opera quaedam posthuma nunquam antehac edita. Neapoli 1688, Raillard.

Parla del Vesuvio nel cap. *De Sensibus progymnas. postum.*, pag. 39 e seg. [B. S.]

CORRADO Michele.

Descrizione del fenomeno cagionato dal Monte Vesuvio nella sera del dì 15 di Giugno dell'anno 1794, de'fatti occorsi in seguito, e della somma religiosità de' cittadini napoletani. Di D. Michele Corrado di Presinaci. In Napoli 1794.

In-8.° di pag. 7 e una bianca. [B. N.]

In ottava rima. Non riportato dal Roth.

COSSA A.

Sulla Predazzite periclosifera del Monte Somma.

Atti della R. Accad. dei Lincei. Ser. II. tomo III. pag. 8. Roma 1876,

COSSOVICH Enrico.

Il Vesuvio.

Articolo contenuto in Bourcard, Usi e costumi di Napoli e contorni, due vol. in-8.°. Napoli 1853-58, vol. II. pag. 85-118, con una tavola.

COSTA Achille.

Osservazioni sugl'insetti che rinvengonsi morti nelle fumarole del Vesuvio.

Il Giambattista Vico, giornale scientif., vol. I. pag. 39-44. Napoli 1857. Annali del R. Osservat. meteorologico vesuviano, anno II, pag. 21-27. Napoli 1862.

COSTA Oronzio Gabriele.

Fauna Vesuviana, ossia descrizione degl' insetti che vivono ne'fumajuoli del cratere del Vesuvio. Memoria letta nella tornata de'11 luglio 1826.

Atti dell'Accad. d. Scienze, vol. IV. Zoologia pag. 21-53, con 2 tavole. Napoli 1839.

— Rapporto sull' escursioni fatte al Vesuvio in Agosto, Ottobre, Novembre e Dicembre 1827. Memoria lotta nella tornata de'9 Gennajo 1828.

Ibid., pag. 55-60.

— Memoria da servire alla formazione della carta geologica delle provincie Napoletane. Napoli 1864.

In-4.°. con 13 tav. col. e nere.

R. Friedländer & S. 12 M.

COTTA.

Der Ausbruch des Vesuv am 17. December 1867.

Illustrirte Zeitung no. 1283, pag. 81, con 4 illustr. Leipzig 1868.

COVELLI Nicola.

Cenno su lo stato del Vesuvio dalla grande eruzione del 1822 in poi.

Il Pontano. Giornale scientifico, letterario, tecnologico (1ª. Serie) no.1.°, Napoli marzo 1828, pag.19-27; 145-154. [B. S.]

—Cabinet de Nicolas Covelli. Catalogue pour l'année 1826. Minéraux simples. Naples, de l' imprimerie française.

In-16.° di pag. 16. [B. V.]

L' antiporta ha: *Débit des minéraux du Vésuve.*

Elenco dei minerali coi prezzi di vendita.

—Su la natura de' Fummajoli e delle Termantiti del Vesuvio dove vivono e si moltiplicano varie specie d' insetti. Memoria letta nella tornata de' 16 giugno 1826.

Atti dell' Accad. d. Scienze, vol. IV. Mineralogia, pag. 3-8. Napoli 1839.

— Sul bi-solfuro di rame che formasi attualmente nel Vesuvio. Memoria letta nella tornata de' 21 Luglio 1826.

Ibid., pag. 9-15.

— Sur le bisulfure de cuivre qui se forme actuellement dans le Vésuve (1826).

Ann. de Chimie vol. XXVII. Paris 1827; Bulletin d. Sc. nat. et de géol. par le baron de Ferussac, vol. XI. Paris 1827; Annalen d. Physik u Chemie, vol. X. Leipzig 1827.

— Sulla Beudantina, nuova specie di minerale del Vesuvio. Memoria letta nella tornata de' 21 Novembre 1826.

Atti dell' Accad. d. Scienze, vol. IV. Mineralogia, pag. 17-32. Napoli 1839.

— Memoria per servire di materiale alla costruzione geognostica della Campania. Letta nella tornata de' 24 Luglio 1827.

Ibid., pag. 33-69.

— Relazione di due escursioni fatte sul Vesuvio e di una nuova specie di solfuro di ferro, che attualmente producesi in quel vulcano (9 Gennaio 1827).

Ibid., pag. 71-85.

— Rapporto sopra due gite fatte sul Vesuvio (6 Marzo 1827).

Ibid., pag. 87-95.

Confr. Pilla, cenno biogr.su N.Covelli, Napoli 1830; G. Sannicola, vita e ritratto di N. Covelli Napoli 1846.

Vedi Monticelli.

COZZOLINO ingeg. Pasquale.

La Barra e sue origini nella Napoli suburbana, con note e documenti epigrafici.

Napoli 1889, A. Bellisario.

In-8.° di pag. 44, con una tavola.

COZZOLINO Vincenzo.

Cataloghi di Minerali vesuviani. Napoli 1844-1846.

Tre fogli. [B.S.]

CRISCOLI P. A.

Vesevi montis elogica inscriptio. Neapoli 1632.

Una tavola in-fol. [B. V.]

« Ha nel mezzo una mediocre figura del Vesuvio nel tempo dell'eruzione, col motto: *Oppida vae misero nimium vicina Vesevo.* E una lunga iscrizione in cui si trovano i piu notevoli particolari dell'incendio. Dai primi versi che trascrivo se ne conosca lo stile: *Viator-Propera, Heu fuge crudeles terras: — Lege, Luge. — Hic est ille mons' — Famosus quia fumosus, Nobilis quia nubilus* etc. » (Scacchi.)

CRISCONIO PASQUALE.

Il Vesevo: Ode. Napoli 1828, tip. di Luigi Nobile.

In 12.° di pag. 12. [B. S.]

[CRISIPPO VESUVINO.]

Dichiarazione genealogica fisico-chimica ecc.

Vedi SPINOSA.

CRISTIANO FEDERICO (principe di Danimarca).

—Memoria sulla eruzione del Vesuvio del 1820, letta nella seduta de' 17 Marzo 1820.

Atti dell'Accad. di Scienze, vol. II. parte II. pag. 37. Napoli 1825.

— Beobachtungen am Vesuv angestellt im Jahre 1820.

Taschenb. f. d. ges. Mineral. Anno XVI. pag. 3-11. Frankf. 1822.

CRIVELLA ANTONIO.

Il Fvmicante Vesevo | Overo | Il Monte di Somma | Brvggiato, | Con diuerse Terre, Casali, e luoghi | situati nella sua falda. | Con esserui anco vn minuto raggua | glio di quanto in quello è successo. | Composto in ottaua Rima | Da Antonio Crivella | detto il Monaciello, | improuisatore. In Napoli 1632. Appresso Ottauio Beltrano. |

In-16.° di carte sei. Nel frontisp. un' incisione in legno. [B. S.]

Rarissimo; non veduto dallo Scacchi, il quale lo riporta col titolo « Il fulminante Vesevo. »

CRONACA DEL VESUVIO.

Vedi: Annali del Reale Osservatorio Vesuviano.

CROSBY E. C.

Vesuvius and the surrounding country.

The Kansas City Review, vol. II. pag. 77-91..... 1878-79.

CRUCIUS ALSARIUS VINCENTIUS.

Vesuvius Ardens.

Vedi ALSARIUS CRUCIUS.

CUCCURULLO dott. GIUSEPPE.

Torre Annunziata: Cenni intorno alle terme, in occasione del congresso internazionale d'idrologia. Torre Annunziata 1894, stab. tip. Ernesto Letizia.

In-8.° di pag. XIII e una bianca.

CURTIS [DE] L. M.

Saggio sull'elettricità naturale diretto a spiegare i movimenti e gli effetti dei Vulcani. Napoli 1780.

In-8.°.

D

DAMIANO Pietro.

Breve | Narratione | De Meravigliosi | Essempi | occorsi nell'Incendio del' | Monte Vesuuio, cir- | ca l'Anno 1038. | Cauata dall' Opere del' Beato Pietro Damia | no dell'Ordine Camaldolense Cardinale | di Santa Chiesa. | Per profitto, & edification' de' fedeli. | Posta in luce da vn' deuoto Religioso. | In Napoli, Appresso Matteo Nucci. 1632.

In-16.° di carte quattro. [B. S.]

— Il Vesuvio considerato qual bocca dell'inferno.

Nelle sue **Opera**, Parisiis 1663, 4 tomi; opusc. XIX, pag. 191-192. [B. S.)

Si riferisce ad un' eruzione del 993.

DAMOUR A.

Analyse de la Périclase de la Somma.

Bullet. de la Soc. géol. de France, vol. VI. Paris 1849.

— Relation de la dernière éruption du Vésuve en 1850.

S. l. 1851. In-8.°

Riportato dal Dr. Johnston-Lavis, senz'altra indicazione.

DANA James D.

On the condition of Vesuvius in July 1834.

The American Journal of Science and Arts, I. ser. vol. XXVII. pag. 281-288. Newhaven 1835.

—Abstract of a paper on the Leucite of Monte Somma by A. Scacchi, with observations.

Ibid., II. ser. vol. III. Newhaven 1847.

—Abstract of a paper on the Humite of Monte Somma, by Arcangelo Scacchi, with observations.

Ibid., II. ser. vol. VIII. pag. 175-182. Newhaven 1852.

— Contrast between Mount Loa and volcanoes of the Vesuvius type.

In **Characteristics of Volcanoes.** New York 1890, pag. 265-269.

DANZA Eliseo (dott. in legge).

Breve | Discorso | Dell' incendio succeduto | a' 16 di Decembre 1631. | Nel Monte Vesuuio, e luochi conuicini, | & terremoti nella città di Napoli. | Con mentione d' altri horrendi successi più volte | a' detto Monte, et altre parti seguiti. | Del Dottor Eliseo Danza da Montefuscolo. | In Trani 1632. | Nella stamperia di Lorenzo Valerij. |

In-8.° di carte ventiquattro. Nel frontisp. uno stemma. (B. V.)

« Rarissimo opuscolo, storicamente importante. » (Palmieri.)

Non veduto dallo Scacchi.

DARBIE Francesco[Darbes?].

Istoria dell'incendio del Vesuvio accaduto nell' anno 1737.

Vedi: Dei Vulcani o Monti ignivomi. Livorno 1779.

Confr. SERAO.

DAUBENY CHARLES.

A description of active and extinct volcanoes, with remarks on their origin, their chemical phaenomena, and the character of their products, as determined by the condition of the earth during the period of their formation. London 1826, W. Phillips.

In-8.o

— — Second edition, greatly enlarged. London 1848, Richard & John E. Taylor.

In-8.o, con tavole.

Il Vesuvio, da pag. 215-238.

—Die Vulkane, Erdbeben und heissen Quellen etc. Erster Abschnitt: Die noch thätigen und erloschenen Vulkane. Bearb. von Gust. Leonhard. Stuttgart 1850, Müller.

In-8.o

— Some account of the Eruption of Vesuvius, which occurred in the month of August, 1834, extracted from the manuscript notes of the Cavaliere Monticelli, foreign member of the Geological Society, and from other sources; together with a statement of the products of the eruption and of the condition of the Volcano subsequently to it.

Philos. Transact. of the R. Soc. o London, part I. pag. 153-159. London 1835.

— On the Volcanic Strata exposed by a section made on the site of the new thermal spring discovered near the town of Torre dell'Annunziata in the Bay of Naples; with some remarks on the gases evolved by this and other springs connected with the volcanoes of Campania.

The Edinb. New Philos. Journal 1835, pag. 221-231. Geol. Soc. Proc. vol. II. 1838, pag. 177-179.

Conf. AULDJO, Capo Uncino.

— Remarks on the recent eruption of Vesuvius in December 1861.

The Edinb. New Philos. Journal 1863, pag. 1-14.

DAVID PIERRE.

Le Vêsuve et Pompeïa, poème.

Mém. de la Soc. acad. de Falaise 1838, pag. 91-98.

DAVY (sir HUMPHREY).

On the phenomena of volcanoes.

Philos. Transact. op. the R. Soc. of London 1828, pag. 241-250. Philos. Magaz., II. ser. vol. IV. pag. 85-94. London 1828.—Confr. Annales de chim. et de phys., vol. 38. pag. 133. Paris 1828.

DAWKINS W. B.

The condition of Vesuvius in January 1877.

Manchester Geol. Soc. Transact. 1878, pag. 169-176.

— Vesuvius in January 1877.

Good Words, vol. 18. pag. 243-248. London 1877.

DE MONTE VESUVIO DISQUISITIONES.

In **Acta Helvetica** tom. I. pag. 97-104. Basilea 1751.

DE VESUVII CONFLAGRATIONE quae mens. Majo 1737 accid. commentarius.

Vedi SERAO.

DELAIRE (cancelliere della legazione francese a Napoli).

Osservazioni fatte sul Vesuvio l'anno 1747 e seg.

Vedi MECATTI, Racconto storico filosofico del Vesuvio. Napoli 1752.

DEMARD E.

Extinction des Volcans. Étude sur les volcans en général et principalement sur les monts Vésuve et Etna. Rouen 1873.

Riportato dal Dr. Johnston-Lavis senz'altra indicazione. Non si trova nel catalogo Lorenz.

DENON (le baron DOMINIQUE).

Eruption du Vésuve de l' année 1779.

Nel suo **Voyage en Sicile**, Paris 1789.

DESCRIPCION | Del Monte Vesvvio | Y Relacion | Del Incendio, Y Terremotos, | que empezaron à 16. di diziembre 1631.

In-fol. di carte quattro. S. l. n. d. [B. S.]

DESCRIZIONE delle ultime eruzioni del Monte Vesuvio da' 25 Marzo 1766, ecc. e

DESCRIZIONE dell'ultima eruzione del Monte Vesuvio de' 19 Ottobre 1767 ecc.

Vedi PIGONATI.

DESCRIZIONE del grande incendio del Vesuvio successo nel giorno otto del mese di Agosto del corrente anno 1779.

Vedi TATA.

DESCRIZIONE dell'eruzione del Vesuvio avvenuta nei giorni 25 e 26 Dicembre dell' anno 1813.

Vedi MONTICELLI.

DESVERGES NOEL.

Sur l' éruption du Vésuve en Janvier 1839.

Nouv. Ann. d. voyages 1839, février, pag. 197; Jahrbuch für Mineralogie, Geologie, etc. Heidelberg 1839, pag. 720-721.

DETTAGLIO su l'antico stato, ed eruzioni del Vesuvio. Colla ragionata relazione della grande eruzione accaduta a 15. Giugno 1794, di F. M. D. C. A. T.

S. l. n. d. (Napoli 1794). In-8.° di pag. 16, con una vignetta nel frontispizio.

L'autore anonimo accompagna questa ristampa dell'operetta Relazione ragionata del D'ONOFRIO di alcune giunte per mettere in ridicolo le idee di costui sul « paragrandine » e sul « paraterremoto, » desiderando che si inventasse pure un « paramorte. »

Vedi D'ONOFRIO.

Hoepli (Bibl. Tiberi) 2 L.

Deux Lettres sur l'éruption du Vésuve, 22 Octobre 1822.

Biblioth. Univ. vol. XXI. Novembre 1822, pag. 190-191, 226-228; vol. XXII. Fév. 1823, pag. 138-139.

DEVILLE [Sainte-Claire] Ch.

Vedi Sainte-Claire Deville (secondo il catalogo Lorenz).

Devotione per il terremoto. Napoli 1632.

Foglio volante in 8.º [B. S.]

Dialoghi sul Vesuvio in occasione dell'eruzione della sera de'15 Giugno 1794. Composti da F. A. A. Parlano Aletoscopo, e Didascofilo. Napoli 1794. Presso Vincenzo Orsino.

In 8.º di pag. 52; nel frontespizio due epigrafi, una di Omero, l'altra di Orazio. [B. N.]

« Breite schwülstige Gespräche ohne Bedeutung. » (Roth.)

Cioffi 3 L.; Hoepli 4 L.

Diario della portentosa eruzione del Vesuvio nei mesi di luglio e agosto 1707. Napoli....

In-4.º Riportato dal Galiani; non veduto dallo Scacchi.

DIEFFENBACH Ferdinand.

Die Erdbeben und Vulkanausbrüche des Jahres 1872.

Neues Jahrb. f. Mineral., Stuttg. 1874, pag. 155-163. Fa anche menzione del Vesuvio.

DIEMER M. Zeno.

Im Krater des Vesuv.

Vom Fels zum Meer, anno XV. pag. 252, con un'incisione in legno. Stuttgart 1896.

DINGELSTEDT C. v.

Analyse eines Olivins vom Vesuv.

Jahrb. d. geol. Reichsanst., vol. XXIII. Wien 1873. Confr. Mineralog. Mittheil. Ibid. 1873, pag. 130.

Discovrs | Svr Les Divers | incendies du Mont | Vesuue.

Vedi Naudé.

Discvrs | Von dem brennenden | Berg Vesuvio, oder Monte di So- | ma, Ob derselbe in vorigen Zeiten auch gebrun- | nen, vnd was solcher Brunst Vr- | sach seyn möge. | Gedruckt im Jahr Christi mdcxxxii.

S. l. In-4.º di carte sette e una bianca; nel frontespizio un' ornamento [B. N.]

Distinta | Relatione | De' portentosi effetti cagionati dalla marauigliosa | eruzzione fatta dal Monte Vesuuio detto di Som | ma, di pietre infocate, e di Fiumi d'acceso | bitume, con mistioni di minerali | di tutte le sorti, | Principiata la notte seguente del dì 12 d'Aprile 1694, e continuata per molti giorni. | In Napoli 1694. Appresso Dom. Ant. Parrino, e Camillo Cauallo.

In-4.º di carte quattro, con un' incisione nel frontispizio. [B. N.]

« In questo opuscolo rozzamente scritto narra l'autore che il Vesuvio si coprì di neve il giorno 16 di Aprile mentre il sole più chiaro e caloroso risplendeva. (Sappiamo dal Bulifon che il Vesuvio in questo giorno si coprì di efflorescenze saline.) Dice pure di aver trovato nella lava rame, vitriuolo, stagno, talco, marchesita, sale ammoniaco, lapis lazzuli, ec. ec.; e soggiunge di aver ricavato con l'analisi il regolo di antimonio, ed in esso l'oro puro. Di questa operetta non ho rinvenuto notizia in alcun autore. » (Scacchi.)

Distinta | Relazione | Del grande Incendio, e marauigliosa Eruzione fatta | Dal Monte | Vesvvio | Detto volgarmente la Montagna | Di Somma, | Nella quale si dà distintissimo ragguaglio | di quanto hà eruttato dalli 29. di Aprile | per infino alli 10 del corrente Giu-| gno 1698. & il danno, spauento, e | fuga, che hà apportato à Popoli. | In Napoli, Et in Roma, Per Gaetano Zenobj, e | Giorgio Placho, vicino alla Colonna Traiana. 1698. | Si vendono in Piazza Nauona all'Insegna del Morion d'Oro| da Renato Bona Libraro.

In-4.° di carte due. Nel frontispizio un fiore. [B. S.]

— La medesima. In Napoli e' in Modona, | Per li hh. del Pontiroli, e Nicolò Rinaldo Edler, 1698.

In-4.° di carte due. [B. S.]

Il frontespizio ha una leggera variante dal precedente nell' ortografia.

Entrambe edizioni sono rarissime e non riportate da nessun bibliografo.

DOHRN Anton.

Besteigung des Vesuv waehrend des Ausbruchs in der Nacht vom 1. zum 2. November 1871.

Westermann's Monatshefte, vol. 32. pag. 53-58. Braunschweig 1871.

DOLOMIEU D. de.

Sur l'éruption du Vésuve de l'an 2.

Journal de Physique etc., vol. LIII. pag. 1. Paris, messidor an IX.

DOELTER C.

Zur Kenntniss der chemischen Zusammensetzung des Augits.

Mineralog. Mittheil. pag. 278-296 Wien 1877. Zeitsch. f. Krystallog. u. Mineralog., vol. II. pag. 525. Leipzig 1878.

— Krystallographisch-chemische Studien am Vesuvian.

Zeitschrift f. Krystallog. u. Mineralog., vol. V. pag. 289-294. Leipzig 1881.

—Erhitzungsversuche an Vesuvian, Apatit, Turmalin.

Neues Jahrb. f. Mineralog. etc. vol. II. pag. 217-221. Stuttgart 1884.

DOMENICHI I.

Montis Vesuvii alluvio; ad Lillam.

Quattro epigrammi in Castaliae Stillulae. Florentiae 1667, Sermatelli, in-8.°, pag. 187-190. [B. S.]

DOMIZIJ Franc. Sav.

Prodigioso Miracolo Del Nostro gran Difensore S. Gennaro D'averci liberato dall'incendio del Vesuvio, e del terremoto la sera del dì 15 Giugno 1794. Data alla luce dal loro servo Francesco Saverio Domizij, detto Rinaldo. Napoli 1794.

In-8.º di pag. 8. [B. N.]

In versi.

DOMNANDO.

Sur l' éruption du Vésuve en Août 1834.

Lettera datata 25 Nov. 1834, pubbl. nel Bullet. de la Soc. géol. de France, vol. VI. pag. 124.

DONATI E.

Phenomena observed at the last eruption of Mount Vesuvius in 1828.

Journal of the R. Inst. of Great Britain, vol. I. London 1831, con una tavola; Biblioth. Univ. des Sciences etc., I. série, vol. II. pag. 73-89, Genève 1831.

W. Wesley & Son 1 s.

DONATO DA SIDERNO.

Discorso | Filosofico, | Et Astrologico, | Di D. Donato da Siderno | Abbate Celestino. | Nel quale si mostra quanto sia corroso il Monte Vesu- | uio dal suo primo Incendio sino al presente, | E quanto habbi da durare ancora detto Incendio. | All' Illustrissimo, et Eccellentissimo sig. | Il Signor | Conte de Montirei, | Del Conseglio Segreto Di Sva M. | e Vicerè di Napoli. | In Nnapoli (*sic*) Appresso Matteo Nucci. 1632.

In-4.º di carte quattro, l'ultima bianca; nel frontispizio un'incisione. [B. N.]

« Nulla dei particolari dell' incendio, nel resto senza giudizio. Secondo il Soria il cognome di questo autore era POLIENO. Il Giustiniani riporta quest' opuscolo due volte, ora chiamando l' autore DONATO DA SIDERNO, ed ora DONATO POLIENO. » (Scacchi.)

Hoepli (Bibliot. Tiberi) 4. L.

DORMANN HEINRICH.

Ein Vesuvausbruch. Erinnerung an den April 1872. Neapel 1882, Detken & Rocholl.

In-8.º di pag. 14.

DUCHANOY.

Détail sur la dernière éruption du Vésuve (1779).

In **Rozier et Mongez, Observ. s. la phys.** tome XVI. pag. 3-16. Paris 1780.

— Esatta descrizione dell' ultima eruzione del Vesuvio (1779).

Nelle **Osservazioni appart. alla fisica** ecc. s. l. 1780.

Vedi MEISTER.

DUFRÉNOY et ELIE de Beaumont.

Recherches sur les terrains volcaniques des Deux - Siciles, comparés à ceux de la France centrale.

Forma il tomo IV. delle **Mém. p. serv. à une descript. géol. de la France.** Paris 1838, Levrault, in-8.º con 9 tav. Il Vesuvio da p. 284-380, con due tav.

Confr. SCACCHI, Osservaz. crit. sulla maniera come fu seppellita l'antica Pompei. (Acerba critica dell' opera francese.)

— Sur les terrains volcaniques des environs de Naples.

Annales des Mines, III. série, tome XI. pag. 113-158; 369-386; 389-455; 732-734, con 3 tav. Paris 1837.

DULAC Alléon.

Compte rendu de l'histoire du Vésuve par le P. della Torre.

In Mélanges d'hist. nat. vol. IV. pag. 375-401, con 1 tavola. Lyon 1755.

DUPERRON de Castera.

Histoire du Mont Vésuve. Paris 1741.

Vedi Serao.

DURIER E.

Le Vésuve en Septembre 1878.

Riportato dal Dr. Johnston-Lavis. senz' altra indicazione.

DURINI (il barone).

Conghiettura geologica sulla cagione de' Vulcani.

Giornale enciclop. di Napoli, vol. VII. anno II. pag. 3-23. Napoli 1841.

E

EDWARDS Amelia B.

Lord Brackenbury. A novel. Leipzig 1880, Bernhard Tauchnitz.

Due vol. della « Collect. of Brit. Authors ». Nel secondo, da pag. 248 e seg., trovasi la descrizione dell'eruzione del 1872.

Ein in Eisen gelegter Vulkan.

Die Gartenlaube, Leipzig 1874, pag. 511, con un' incisione in legno.

Anonimo.

ELISEO Nicolò Angelo.

Rationalis | Methodvs | Cvrandi Febres, | Flagrante Vaeseuo subortas. | Ad futuri saeculi memoriam, miserandi ve- | suuij casus accessit enarratio. | Avctore | Nicolao Angelo | Eliseo Philosopho, & Me- | dico Neapolitano. | Pars secvnda. | Neapoli. Apud Aegidium Longum. 1634.

In-16.° di car. II e pag. 160. Nel frontisp. evvi la figura della Sirena.

Pars prima non si conosce.

Rarissimo.

— La stessa opera. Neapoli, apud Secundinum Roncaliolum 1645.

In-16.° di car. II e pag. 160, con un' incisione nel frontisp., rappres. Europa sopra un bue.

Edizione identica a quella del 1634, cambiato il frontisp. e la dedica; pure rarissima, menzionata solo dallo Scacchi.

Ragionamento alla maniera dei filosofi sulla cagione dell' incendio e dei tremuoti; breve notizia dell' incendio del 1631.

EMANUEL (monaco).

Vita S. Januarii E. M., in greco e latino. Cassini 1875, ex typis Montis Cassini.

In-4.°.

Alla fine leggesi la descrizione delle eruzioni del 472 e del 685.

EMILIO [D'] L.

La conflagrazione Vesuviana del 26 Aprile 1872. Ricordi. Napoli 1872, (tip. G. Nobile.)

In-8.º di pag. VIII-27 e una bianca. Prima edizione, fuori vendita.

— Della conflagrazione Vesuviana del 26 Aprile 1872. Ricordi storico-scientifici per L. D' Emilio, chimico a Napoli. 2.ª edizione (estratta dal giornale La Scuola Italica). Napoli 1873 (tip. De Angelis).

In-16.º di pag. 50.

Edizione riveduta e ampliata. Prezzo 50 c.

ENARRATIO funestae Vesuvianae conflagrationis anni 1631.

In-8.º.

Riportato solamente dal Duca della Torre.

ERUPTION of Mount Vesuvius. Extract of a private letter, dated Naples, June 6.

Philos. Magaz., vol. XXV. pag. 184-188. London 1806.

Anonimo.

ERUPTION of Mount Vesuvius, Letter from Naples, dated October 21.

Ibid., vol. LX. pag. 291-293. London 1822.

Anonimo.

ERUPTION of Vesuvius 1855.

Amer. Journ. of Sc. and Arts, vol. XX. pag. 125-128. Newhaven 1855.

Anonimo.

ERUPTION (The) of Mount Vesuvius (April 1872).

Nature, vol. VI. pag. 2-3, vol. VII. pag. 1-4. London and New-York 1872.

Anonimo.

ERUZIONE (L') del Vesuvio nella notte de' 15. Giugno 1794, poeticamente descritta dal C. F. T.

Vedi TADINI.

ERUZIONE del Vesuvio.

Giornale di Farmacia, vol. XVIII. Milano 1833.

Anonimo.

ERUZIONE del Vesuvio del Maggio 1858.

Giornale del Regno delle Due Sicilie 1858, 21 numeri. [B. S.]

Anonimo.

ESCURSION al Vesubio en la primavera de 1838.

Memorias de la Real Soc. Patriótica de la Habana, tomo XVII. pag. 286-293.

Anonimo.

[ESTATICO.]

Dissertazione dell' Estatico intorno all' eruzione del Vesuvio.

In-4.º di pag. 27 con numeraz. romana e una bianca. S. l. n. d., stampato a Napoli nel 1752. [B. N.]

Descrizione in prosa, seguíta da una poesia: *Pianto di Mergellina* in terza rima.

« Anonymer Schriftsteller, der auf den wenigen Seiten ebenso bizarr ist wie sein pseudonymer Name. » (Roth.)

EUGENIJ [DE] frate Angelo.

Il Maraviglioso | E Tremendo Incendio | Del Monte Vesuuio; Detto à Napoli la | Montagna di Somma nel 1631.| Oue si raccontano distintamente tutte l'attioni, e suc- | cessi in detto Monte, suoi luochi adiacenti, & à Na- | poli. Con vn discorso Metheorologico, ò Filosofico del- | l'effetti Naturali, che possono hauer cagionato | questo incendio, notandosi la causa Materiale, Efficiente e Finale.| Del M. R. P. Frat. Angelo | de Eugenij da Perugia, Dottor | Theologo Franciscano. | In Napoli 1631, Per Ottauio Beltrano.

In-4.° picc. di carte dieci; nel frontispizio il ritratto di S. Francesco. [B. N.]

« Relazione alquanto buona dell'incendio. » (Scacchi.)

EWALD J.

Ueber Petrefakten führende Gesteine der Somma.

Zeitsch. d. geol. Ges., vol. VII. pag. 302. Berlin 1855.

Extrait d'une lettre écrite de Naples à l'auteur du Journal des Sçavans touchant l'embrasement du Mont Vésuve, arrivé au commencement du mois de Janvier dernier 1682.

Journal des Sçavans 1683, pag. 61-62

Eygentlicher Abriss und Beschreibung | des grossen Erdbebens | und erschröcklichen brennenden Bergs im Königreich Neapolis (Monte Vesuvio auch Monte Soma genant,) welcher über 30 welscher Meilwegs vmbfangen, was in selbiger Gegend zo Wasser vnd Land | für überauss grosser schaden an viel 1000 Menschen vnd Vieh geschehen|auch etliche Oerter selbigen Königreich ganz versunken vnd untergegangen.

Foglio volante s. l. n. d. (1632), con un' incisione in legno. [Brit. Mus. Lond.]

EYLES Francis Haskins.

An account of an eruption of Mount Vesuvius, in a letter to Philip Carteret Webb.

Philos. Transact. of the R. Soc. of London 1762, vol. 52. pag. 34-40. Un altro racconto ibid., pag. 41-44.

F

FALCONE Scipione (farmacista a Napoli).

Discorso Natvrale | Delle Cavse, Et Effetti | Cavsati Nell' Incendio Del | Monte Vesevo | con relatione Del Tvtto | Di | Scipione Falcone | Spetial di Medicina. | Napolitano. | In Napoli, Appresso Ottauio Beltrano. 1632.

In-4.º di carte ventidue. Nel frontisp. uno stemma cardinalizio. [B. N.]

« Vi è una sufficiente relazione dei fenomeni dell' incendio nella prima parte; nella seconda si parla delle processioni; nella terza vi è una tavola assai bene ideata delle eruzioni vesuviane, cominciando dall' anno 65 sino al 1631 enumerandone 23; nell' ultima parte si dà ragione dei fenomeni dell' incendio spesso in modo infelice e sempre con dettato infelicissimo. In fine vi sono due componimenti poetici di Fabio Albinio, uno latino sull' eruzione, un altro italiano in lode dell' autore. » (Scacchi.)

FALCONE Nicolò Carminio (prete napoletano).

L' intera istoria della famiglia, vita, miracoli, translazione e culto del glorioso martire S. Gennaro vescovo di Benevento ecc. Napoli 1713, Felice Mosca.

In-fol., con figure.

Del Vesuvio tratta il Cap. IX. *Miracoli ed altro dal 1631 al presente 1713*, pag. 502 a fine. [B. S.]

FALCONI [Delli] B. A.

Gli Terrori | Del Titvbante | Vesvvio. | Del Dottor | Biase Antonio delli Falconi | In Napoli, 1632. Nella Stam peria di Secondino Roncagliolo.

In-16.º di carte dodici, con una incisione nel frontespizio. [B. N.]

Relazione in prosa.

« Parla molto dei timori, poco dell' incendio. » (Scacchi.)

FALLON J.

The crater of Vesuvius during an eruption.

The Irish Monthly, vol. XIII. pag. 636-643. Dublin 1885.

FARIA Luis.

Relacion | Cierta, Y Verdadera | De El Incendio De La Montaña | de Soma, y el daño, y ruina que hà echo | en este Reyno de Napoles. | Por | D. Lvis Faria. | En Napoles, | Por Segundino Roncallolo. Año 1631.

In-4.º di carte quattro; nel frontispizio uno stemma. [B. S.]

Rarissimo; non veduto dallo Scacchi.

FARRAR A. S.

On the late eruption of Vesuvius.

Report of the Brit. Associat. for the Adv. of Science. London 1855.

— The earthquake at Melfi in 1851 and recent eruption of Vesuvius in 1855.

Abst. of Proceed. Ashmodean Soc. no. 34. Oxford 1856.

FAUJAS de Saint-Fond.

Recherches sur les volcans éteints du Vivarais et du Valay avec un discours sur les volcans brulants. Grenoble 1778.

In-fol., con tavole.

— Sur l' éruption du Vésuve de l'année dernière (1779).

In Rozier et Mongez, Observat. sur la physique, tome XV. pag. 256-363. Paris 1780.

Contiene la traduzione francese della lettera di ANT. DE GENNARO duca di Belforte ad Amaduzzi.

Confr. GENNARO. Vedi SPALLANZANI.

— Minéralogie des Volcans etc. Paris 1784.

In-8.°.

FAVELLA GIO. GERON.

Abbozzo Delle Rvine Fatte | Dal Monte di Somma | Con il seguito insino ad hoggi 23. di Gen- | naro 1632. | All' infinita cortesia, rara gentilezza, & unica generosità | Del Sig. Paolo Rvschi | Gio. Gieronimo Fauella offerisce, dedica, | e dona. | In Napoli, 1632. Nella Stampa di Secondino Roncagliolo.

In-4.° di carte otto; nel frontispizio un' incisione del Vesuvio. [B. N.]

Due sonetti e pochi particolari dell' incendio.

Rarissimo.

FENICE JACOPO.

Lo Strvppio | Della Montagna | De Somma | In Rima Napolitana. | Con certi Scherzi del Sig. Jacouo | Fenice. | Al Sig. Pietro Minutillo, & Azzia | suo Patrone colendissimo. | In Napoli, 1632. Per Secondino Roncagliolo. | Stampato ad istanza di Gio. Orlandi alla Pietà. Alli 15. di Marzo.

In-8.° di carte quattro. [B. N.]

« Sei brevi componimenti di gusto napolitano dai quali si ricava qualche notizia dell' incendio. » (Scacchi.)

Rarissimo.

FER C. G. N.

Description du Mont Vésuve tel que l' auteur l' a vu en 1667.

Riportato dal Dr. Johnston-Lavis, senz' altra indicazione.

FERBER JOH. JAC.

Briefe aus Welschland über natürliche Merkwürdigkeiten dieses Landes. Prag 1773.

« Im XI. Briefe, Beschreibung des Vesuvs, sind viele für die Zeit neue Ideen enthalten. » (Roth.)

Traduzione francese: Lettres sur la minéralogie de l' Italie. Strasbourg 1776.

FERRARA MICHELE.

Lettera sull' analisi della cenere del Monte Vesuvio eruttata nei dì 16. 17. e 18. Giugno 1794. Napoli 1794.

In-4.° di pag. 14, senza frontisp. [B. V.]

Il nome dell' autore trovasi alla fine.

FERREIRA - VILLARINO GERARDO.

Vera relatione di un spaventoso prodigio, seguito nell' isola di S. Michele alli 2 di settembre di questo presente anno 1630, tradotta dal portoghese in italiano. Napoli 1632, Lazaro Scoriggio.

In-8.° di carte quattro.

Si racconta l' eruzione vulcanica dell' isola di S. Michele, una delle Azorre, che durò cinque giorni. Pubblicazione fatta in occasione dell' incendio del 1631.

Prima ediz. Roma 1630, Lud. Grignani, in-8.º, pure di quattro carte.

FEUREYFERIGE (Die) Zorn Ruthe Gottes auff dem brennenden Berg Vesuvio in Campania uber Italien und alle südlichen Königreiche weit und breit ausgestrecket, nach ihren Eigenschafften etc. etc. 1633.

S. l. In-4.º di pag. 28. [B. S.]

FIGUIER Louis.

L'éruption du Vésuve (1861).

La Presse, 18 Gennaio 1862.

FILERT Jo. Christoph.

De Montibus ignivomis Witteb. (1661).

In-4.º.

Fillicidio (Il) sul Vesuvio.

Anacreontica dedicata a S. E. Monsignor D. Francesco Acquaviva de' Conti di Conversano.

In-4.º di pag. 8 con numeraz. rom.; nell' ultima un sonetto *Il Suicidio.* Nel frontisp. l' epigrafe: *Non quisvis videt immodulata carmina Judex. Hor.* [B. N.]

Libercolo anonimo, s. l. n. d. stampato a Napoli verso il 1790.

Hoepli 1 L. 50 c.

[FILOMARINO Clemente].

Stanze a Crinatéa di Tersalgo Lidiaco P. A. dedicate dall' autore A. S. E. la signora D. Anna Francesca Pinelli principessa di Belmonte e del S. R. I.

S. l. n. d. In-4.º di pag. X e una carta di *Annotazioni.* [B. N.]

Operetta pseudonima in ottava rima della fino del secolo 18.º. Tratta dell' eruzione del Vesuvio nell' anno 79, e della morte di Plinio.

FIORDELISI P. Niccolò.

Lettera all' arcidiacono Cagnazzi sulla elettricità della cenere del Vesuvio.

In-8.º di pag. 8. Estratto dal Giornale Enciclopedico di Napoli 1806, no. 7. [B. V.]

FLORENZANO Giovanni.

Accanto al Vesuvio. Salmo. Napoli 1872, Stamperia governativa.

In-8.º di pag. 12.

FONSECA [De] F.

Observations géognostiques sur la Sarcolite et la Melilite du Mont Somma.

Bullet. de la Soc. géol. de France, vol. IV. Paris 1846-47.

FONTANELLA Girolamo.

L' Incendio | Rinovato | Del Vesvvio | Oda | Del Signor | Girolamo Fontanella | All'Insegna del Boue. | In Napoli per Ottauio Beltrano, 1632.

In-16.º di pag. 24 num. Nel frontisp. una figura della fortuna. [B.S.]

Sono 52 strofe di mediocre poesia.

FORBES James D.

Remarks on Mount Vesuvius by a correspondent.

The Edinb. Journ. of Science, vol. VII. no. 13. Edinb. 1827; Noten aus dem Gebiete der Naturund

Heilkunde, vol. XVIII. Erfurt und Weimar 1827.
Anonimo.

— Physical notices of the Bay of Naples. No. 1: On Mount Vesuvius.

The Edinb. Journ. of Science, vol. IX. no. 18, con una tav. Edinb. 1828.
Anonimo.

— Idem. No. 2:

On the buried cities of Herculanum, Pompeii and Stabiae; with note on Mount Vesuvius.

Ibid., vol. X. no. 19. Edinb. 1829. New Series vol. III. no. 6. Edinb. 1830.

— Sixth Letter on Glaciers.

The Edinb. new philos. Journ. 1844, pag. 232.

Osservazioni fatte al Vesuvio nel Novembre 1843 e Gennaio 1844.

— Analogy of Glaciers to Lava Streams.

Philos. Transact. of the R. Soc. of London 1846, pag. 147-155.

Osservazioni fatte al Vesuvio nel Novembre 1843.

FORBES George.

The Observatory on Mount Vesuvius.

Nature vol. VI. pag. 145-148, con 4 illustr. London & New-York 1872.

— Palmieri's Vesuvius.

Ibid. vol. VII. pag. 259-261, con un'illust. London & New-York 1873.

Recensione dell' opera « The Eruption of Vesuvius in 1872 », by Prof. Palmieri, transl. by Robert Mallet. London 1873.

FORBES W. A.

A Visit to Vesuvius.

Report of the Winchester collect. of the nat. hist. soc. 1875.

FOREST Jules.

Le Vésuve ancien et moderne; esquisse. Lyon 1858.

In-8.° di pag. 22.

FORLEO Giovanni.

Meteorico | Discorso | Sopra i segni, cause, effetti, tempi, & | luoghi generalmente di tutti i Ter- | remoti, & incendij di diuerse | parti della Terra, | Con l'insertione d'alcune historie, et applica- | tione particolarmente à Terremoti pre- | senti et causa dell' Incendio della | Montagna di Somma. | Composto dal Signor | Giovanni Forleo Lecciese | Dottor di legge, & Accademico negligente. | Dedicato al | Glorioso Martire S. Gennaro | Protettore della Città di Napoli. | Stampato in Napoli 1632. Si vendono all' insegna del Boue.

In-4.° di carte otto; nel frontispizio una figura (il bove) e nella seconda carta un' incisione, rappresentante S. Gennaro. [B. N.]

FOUQUÉ F.

Étude microscopique et analyse médiate d' une ponce du Vésuve.

Compte rendu de l'Acad.d. Sciences, vol. 79. no. 18. Paris 1874.

FOUQUÉ F. et A. MICHEL-LÉVY.

Production artificielle d'une Leucotéphrite identique aux laves cristallines du Vésuve et de la Somma.

Bullet. de la Soc. min. de France, tom. III. pag. 118-123. Paris 1880.

FOUQUÉ F., LE BLANC, et SAINTE-CLAIRE-DÉVILLE.

Sur les émanations à gaz combustibles, qui se sont échappées des fissures de la lave de 1794 à Torre del Greco, lors de l' éruption du Vésuve.

Compte rendu de l'Acad. d.Sciences, vol. 55-56. Paris 1862-1863.

FRANCO DIEGO (coadjutore all' Osservatorio Vesuviano).

Excursion au cratère du Vésuve le 21 Février 1868.

Compte rendu de l'Acad. d.Sciences, vol. 66. Paris 1868.

— Faits pour servir à l' histoire éruptive du Vésuve.

Ibid., vol. 66. Paris 1868.

—Excursion faite le 17 Mars 1868 à la nouvelle bouche qui s' est ouverte à la base orientale du Vésuve.

Ibid., vol. 67. Paris 1868.

— Sur l' éruption du mois d' avril 1872.

Ibid., vol. 75. Paris 1872.

— L' acido carbonico del Vesuvio. Napoli 1872, tip. G. Nobile.

In-4.° di pag. 31 e una bianca. Estratto dagli Atti del R.Istituto d' incoraggiamento di Napoli, Appendice al vol. IX.

FRANCO PASQUALE.

Memorie per servire alla Carta Geologica del Monte Somma. Memoria Prima.

Rendiconto d. R. Accad. d. Scienze fis.e mat., anno XXII. Napoli 1883. Memoria separata di pag. 14.

—Il Vesuvio ai tempi di Spartaco e di Strabone.

Memoria pubblicata nell'Appendice al vol. XVII. degli Atti d. Accad. Pontaniana; in-4.° di pag. 28, con 2 tav. Napoli 1887.

— Ricerche micropetrografiche intorno ad una Pirosseneandesite trovata nella regione vesuviana.

Rendiconto d. R. Accad. d. Scienze fisic. e mat. anno XXVII. Napoli 1888.

— I massi rigettati dal Monte di Somma detti lava a breccia. Napoli 1889.

In-4.° di pag. 16 con una tavola.

— Quale fu la causa che demolì la parte meridionale del cratere della Somma.

Atti della Società ital. di Scienze Naturali, vol. XXXII. fasc.1. Milano 1889.

Memoria separata in-8.° di pag.32.

— Studii sull' Idocrasia del Vesuvio (Monte Somma). Nota preliminare.

Bollet. d. Soc. dei Naturalisti in Napoli, ser. I. vol. IV. pag. 173-189. Napoli 1890. Conf. Zeitsch. f. Krystallog. u. Mineralog., vol. XX. pag. 616. Leipzig 1892.

— Sull' Analcime del Monte Somma.

Giornale di mineralog., cristallog. e petrog., vol.III.fasc. 3. Pavia 1892.

Memoria separata in-8.º di pag. 6 con 2 tavole.

— Studii sull' Idocrasia del Monte Somma. Roma 1893, tipogr. della R. Accademia dei Lincei.

In-8.º di pag. 49 e una bianca, con 3 tavole.

Estratto dal Bollett. d. Soc. geolog. ital., vol. XI. fasc. 2.

— Sulle costanti geometriche dell' Ortoclasia del Vesuvio e costanti ottiche della Mizzonite.

Giornale di mineralog., cristallog. e petrog., vol. V. fasc. 3. Pavia 1894.

Memoria separata in-8.º di pag. 12, con 4 tabelle ed una tavola.

FRANCO Pasquale e Agostino GALDIERI.

L'eruzione del Vesuvio nel mese di Luglio del 1895.

Bollett. trim. d. Società alpina merid., anno III. no.3, pag. 194-204. Napoli 1895.

— Escursioni al Vesuvio.

Ibid., anno IV. no.1, pag. 1-9, con 2 tav. Napoli 1896.

FREDA Giovanni.

Sulla presenza del Molibdeno nella Sodalite Vesuviana.

Rendiconto d. R. Accad. d. Scienze fis. e mat., anno XVII. fasc. 7, pag. 88-90. Napoli 1878.

— Sulla presenza dell' acido antimonioso in un prodotto vesuviano.

Ibid., anno XVIII. fasc. 1. pag. 12-15. Napoli 1879.

— Millerite del Vesuvio.

Ibid., anno XIX. pag. 84-85. Napoli 1880.

— Sulla Linarite rinvenuta nel cratere vesuviano.

Ibid., anno XXII. pag. 141-143. Napoli 1883.

— Breve cenno sulla composizione chimica e sulla giacitura della Molibdenite, Galena, Pirrotina, Blenda e Pirite del M. Somma.

Ibid., anno XXII, pag. 290-295. Napoli 1883.

FRIEDLAENDER Dr. Bened.

Der Vulkan Kilauea auf Hawaii. Mit einigen Bezugnahmen auf die Vulkane Italiens. Berlin 1896, Hermann Paetel.

In-8.º.

Samml. popul. Schriften herausg. v. d. Ges. Urania zu Berlin, no.38.

FROJO G.

Osservazioni geologiche su di un ramo della lava del Vesuvio della eruzione del 1. Maggio 1855.

Annuario scientifico vol.III.pag 5. Napoli 1856.

FUCCI Pompeo.

La Crvdelissima | Gverra, | Danni E Minaccie | Del Svperbo Campione [Vesvvio | Descritta dal signor | Pompeo Fvcci Anconitano | Per l'arriuo dell' Illmo & Ecc.^{mo} Signore | Don Lvigi Gonzaga | Principe D'Imperio, e di Castiglione | ecc. ecc. In Napoli, Per Egidio Longo 1632.

In-4.° di carte quattro; nel frontisp. una figura del Vesuvio. [B. N.]

« Imperfetta relazione dell'incendio scritta con lo stesso gusto che si scorge nel titolo. » (Scacchi.)

Hoepli (Bibl. Tiberi) 4 L.

FUCHS C. W. C.

Notizen aus dem vulkanischen Gebiete Neapels.

Neues Jahrb. f. Mineral. etc., Stuttgart 1865, pag. 31-40.

Contiene: Vesuvio, Monte Nuovo, la Solfatara, il lago d'Agnano, il tempio di Serapide ecc.

— Die vulkanischen Erscheinungen der Erde. Leipzig u. Heidelberg 1865, Winter.

In-8.°. Menziona spesso il Vesuvio e il Monte di Somma.

— Die vulkanischen Erscheinungen im Jahre 1866 etc.

Neues Jahrb. f. Mineral. etc. Stuttgart 1867 e seg.

Menziona spesso il Vesuvio.

— Die Laven des Vesuv. Untersuchung der vulcanischen Eruptions - Produkte des Vesuv in ihrer chronologischen Folge vom XI. Jahrhundert an bis zur Gegenwart.

Neues Jahrb. f. Mineral. etc. Stuttgart 1866, pag. 667-687; 1868, pag. 553-562; 1869, pag. 42-59; 169-193.

Quattro articoli con una tavola.

Confr. Quarterly Journal of the Geolog. Soc., vol. XXV. London 1869; Verhandl. d. naturh. med. Vereins, Heidelberg 1871.

— Ueber einen Ausflug von Ischia nach dem Vesuv.

Neues Jahrb. f. Mineral. etc. Stuttgart 1870, pag. 587-588.

— Bericht über die vulkanischen Ereignisse des Jahres 1870 etc.

Ibid. 1871.

Jahrb. d. Geolog. Reichsanst., vol. XXIII. Wien 1873 e seg.

Confr. Mineralog. Mittheil., Wien 1873 e seg.

FUCHS Karl.

Vulkane und Erdbeben. Leipzig 1875, Brockhaus.

Internat. wissensch. Biblioth., vol. 17. pag. 269-271, con una carta litog. e div. incis. in legno.

Traduzioni in francese e in italiano:

— Les Volcans et les tremblements de terre. Paris 1876, G. Baillière.

In-8.°, con incis. in legno.

— Vulcani e Terremoti. Milano 1881, fratelli Dumolard.

In-8.°, con incis. in legno.

Eruzioni del Vesuvio, pag. 76-82; 280-283.

FUCINI Renato [Neri Tanfucio].

Napoli a occhio nudo. Lettere ad un amico. Firenze 1878, Succ. Le Monnier.

In-16.°.

Lettera VIII: *Dove si parla di una gita notturna al Vesuvio*, pag. 121-138.

FURCHHEIM Federigo.

Bibliotheca Pompejana. Catalogo ragionato di opere sopra Ercolano e Pompei ecc. Con un'Appendice: Opere sul Vesuvio. Napoli 1879, Fed. Furchheim.

In-8.º Esaurito.

Saggio di bibliografia vesuviana nell' Appendice, da pag. 25-37.

G

GAGLIARDI Carlo.

Vedi Salmon.

GALANTI Giacinto.

Il Vesuvio, piroscafo di ferro della forza di 300 cavalli venuto da Londra il 7 Novembre 1846.

In-16.º di pag. 8.

Opuscolo pubblicato dall'Amministrazione della navigazione a vapore a Napoli.

Contiene qualche allusione al Vesuvio.

GALEOTA D. Onofrio.

Spaventosissima Descrizione dello Spaventoso Spavento Che nci spaventò a tutti quanti la seconda volta colla spaventevole eruzzione del Vesuvio alli 15. Giugno dell' anno 1794. a due ore scarse di notte, pure come era sortito l'anno 1779., che se ne fece la prima descrizione, che questa è la seconda. Fatta da D. Onofrio Galeota, poeta e letterato fisico chimico napoletano.

S. l. n. d. (Napoli 1794.)

In-16.º di pag. 28, con un ritratto rozzamente inciso in legno ed una cantata. [B. N.]

Opuscolo diverso dal quello del Galiani sull' eruzione del 1779, ma imitandone il titolo. Trovasi talvolta nei cataloghi sotto Galiani, ma erroneamente, poichè questi, morto nel 1787, non poteva avere scritto sull' eruzione del 1794.

A proposito del nome di D. Onofrio Galeota e dell' opuscolo qui descritto mi viene in acconcio di citare i seguenti due passi. Il primo è tolto dall' operetta di Benedetto Croce, « D. Onofrio Galeota poeta e filosofo napoletano », Trani 1890, pag. 39:

« E, infine, non è di D. Onofrio la Spaventosissima Descrizione (del 1794) ecc. Il ricordo dello spiritoso opuscolo dell' Ab. Galiani era ancora vivo nella memoria di tutti. La nuova eruzione del Vesuvio fece sorger l' idea di scriverne un altro dello stesso genere. Ma l'imitazione, come tutte le imitazioni, non riuscì; e un contemporaneo scriveva su un esemplare dell'operetta, riassumendo con un' imaginosa frase napoletana il suo giudizio: *Graziè, scinn' a salera !* »

Il secondo è tolto dall' opuscolo del barone Saverio Mattei,« Galiani ed i suoi tempi, » Napoli 1879, pag. 69 : » Sotto il nome di questo D. Onofrio corsero a quei tempi i più faceti opuscoli del Serio, del Carcani, del Mattei, del Galiani e di altri molti. »

Raro. Hoepli 9 L.; Prass 9 L.

Vedi GALIANI.

GALIANI (marchese abate) FERDINANDO.

Catalogo delle materie appartenenti al Vesuvio contenute nel Museo. Con alcune brevi osservazioni. Opera del celebre autore de' Dialoghi sul Commercio dei Grani. Londra 1772.

In-16.° di pag. VIII-184; nel frontispizio un verso di Lucrezio. [B.N.]

Opera anonima, stampata a Livorno. Ristampata col nome del Galiani nella raccolta Dei Vulcani o Monti ignivomi, Livorno 1779.

Dalla pag. 155 alla fine trovansi delle note bibliografiche sopra alcune opere vesuviane.

Roth, che dedica all' analisi di quest'opera una pagina intiera nella sua bibliografia, dice alla fine : « Der ganze 1755 geschriebene Aufsatz ist als der Ausgangspunkt der genaueren Kennntniss des Vesuvs zu betrachten und zeugt überall von grosser Gelehrsamkeit und vielem Scharfsinn. Es werden die Leucitophyrgänge (costoloni verticali), die Schichtung etc. beschrieben, obwohl es auch dabei nicht an unklaren Ideen fehlt. »

Vale 5-6 Lire.

— Spaventosissima Descrizione dello Spaventoso Spavento Che ci spaventò tutti coll' eruzione del Vesuvio la sera delli otto d' Agosto del corrente anno, ma (per grazia di Dio) durò poco. Di D. Onofrio Galeota poeta, e filosofo all'impronto. (Motto:) Fratiè non m'ammalì. Il Teatro de' Fiorentini nel corrente Dramma. Napoli nel 1779. Stampato a spese dell'Autore, e si vende grana sei a chi lo va a comprare.

In-4.° piccolo di pag. 18; nell'ultima un *Sonetto in lode dell'autore di D. Giov. Antonio Landi, publ. prof. emerito.* Nel frontisp. una vignetta. [B. V.]

L'autore di quest'opuscolo è l'abate Galiani, sotto un pseudonimo adoperato da diversi altri autori.

Vedi GALEOTA.

Raro; nei cataloghi fino a 20 Lire.

— La stessa operetta. Edizione seconda. (Motto:) Non omnibus Corintio andar licetto. Il Teatro Nuovo nel corrente Dramma. Napoli nel 1780. Stampato a spese dell' Autore, e se vende grana sei a chi lo va a comprare.

In-4.° piccolo di pag. 18 ; nell'ultima il sonetto del Landi. [B. N.]

Raro.

— La stessa operetta. Napoli 1825, presso Gio. Battista So guin.

In-8.° di pag. 20; nell' ultima il sonetto del Landi. Nel frontisp. il motto della prima edizione e l'indicazione *Opuscolo I.;* nell'antiporta: *Opuscoli editi ed inediti dell'abate Ferdinando Galiani.*

Mi piace citare il seguente brano della prefazione:... « *per rallegrare i suoi concittadini, scrisse il Galiani in una sola notte l' opuscolo seguente sotto il nome di D. Onofrio Galeota, autore conosciuto per la sua ridicola semplicità; imitando in esso esattamente il grossolano stile di lui.* »

Prass 4 L.

— Osservazioni sopra il Vesuvio.

Vedi: Dei Vulcani o monti ignivomi, Livorno 1779.

GALLO MATTEO.

Cenno della fondazione di Ercolano e sua distruzione, corredato di utili riflessioni sulla natura del Monte Vesuvio, applicabili ancora agli vulcani. Parte I. Napoli 1829.

In-8.º.

Ristampato nel 1834. La Parte II. non è stata pubblicata.

GAMA abate GIUSEPPE.

Descrizione del tremuoto di Napoli de'15. Giugno 1794 e successivo scoppiamento flammifero del Vesuvio e del miracolo di S. Gennaro protettore. Dedicato al medesimo santo.

S. l. (Napoli 1794.)

In-4º di pag. 36. [B. N.]

Dopo la prefazione ed alcuni sonetti viene la Descrizione in 58 strofe in ottava rima, seguíta da un *Inno* vesuviano dell'abate SANTUCCI.

GARRUCCI GIOVANNI (architetto giudiziario).

La catastrofe di Pompei sotto l'incendio vulcanico del 79 ed il Vesuvio colla produzione dei suoi fuochi. Napoli 1872, stamperia della R. Università.

In-8.º di pag. 30.

L' autore sembra essere identico a GIOV. GARRUCCIO, che scrisse « Un simposio a Baia, » Nap. 1859, ed altre cose. Qui è stampato GARRUCCI.

GARRUCCI P. RAFFAELE.

Topografia del Vesuvio.

Bullet. archeolog. napolet. Nuova Serie, anno I. n. 21. Napoli Aprile 1853.

— Come fu interrata Pompei.

Ibid. n. 26. Napoli agosto 1853.

« È importante per la esposizione del modo come vennero fuori e si succedettero le materie eruttive del Vesuvio e l'azione che spiegarono i venti nel seppellire Pompei e Stabia, e le alluvioni che copersero Ercolano di detriti vulcanici.

L' acqua ebbe due origini: una eruttiva, l' altra proveniente dalle nubi destate dalla elettricità che si svolge nelle eruzioni ». (Novi.)

GARSIA GIO. ANDREA.

I Fvnesti | Avvenimenti | Del Vesvvio | Principiati Martedì 16. di Decembre MDCXXXI. | Descritti Dal Dottor | Gio. Andrea Garsia. | In Napoli, Per Egidio Longo. 1632.

In-4.º di carte sei; nel frontispizio una figura. [B. N.]

« Ampollosa narrazione dell' incendio dalla quale nulla di preciso si ricava per la sua storia.» (Scacchi.)

Rarissimo.

GATTA L.

L' Italia, sua formazione, suoi vulcani e terremoti. Milano 1882, Ulrico Hoepli.

In-8.º con incis. e tav.

I cap. VII. e VIII., pag. 288 e seg., contengono cose del Vesuvio.

GAUDIOSI T.

Sonetto per l' incendio del Vesuvio del 1660.

Nell' **Arpa poetica**. Napoli 1671, in-8.º.

GAUDRY A.

Sur les coquilles fossiles de la Somma.

Bullet. de la Soc. geol. de France, II. serie vol. X. pag. 290. Paris 1853.

— Lettre sur l'état actuel du Vésuve.

Compte rendu de l'Acad. d. Sciences, vol. 41. pag. 486-87. Paris 1855.

GEMMELLARO GIUSEPPE.

Eruzione del Vesuvio.

Album di Roma, foglio 29. Ottobre 1834. [B. V.]

GENNARO [DE] ANTONIO (duca di Belforte).

Lettera sopra l'ultima eruzione del Vesuvio dell' anno 1779.

Nell'**Antologia Romana** 1779 n. 10, e nelle **Poesie**, Napoli 1797, pag. 53-59. Vedi: Dei Vulcani o monti ignivomi, Livorno 1779. Confr. FAUJAS de SAINT-FOND.

— Il Vesuvio.

Poema in tre canti con annotazione sull' eruzione del 1779. Contenute nelle **Poesie scelte** del dott. fisico D. Antonio De Gennaro, divise in tre parti. Napoli 1795, Vinc. Orsino, in-16.º. Parte prima, pag. 1-60.

— Sonetto sul Vesuvio, diretto al P. Antonio Piaggio.

Foglio volante. [B. S.]

GENNARO [DI] BERNARDINO (gesuita napoletano).

Historica narratio Incendii Vesuviani anno 1631. Napoli 1632.

Riportato solamente dal Soria; trovasi in nessuna biblioteca di Napoli.

GENOVESI (abate).

Raccolta di lettere scientifiche e erudite. Napoli 1780.

In-8.º [B. V.]

Nella lettera VII. trovasi una Relazione dell' eruzione vesuviana del 1779.

In fine di questa sono riportate otto ottave del P. ANTONIO DE SANCTIS scelte dall' operetta del medesimo intitolata: Il mostruoso parto del monte Vesuvio ora dal volgo detto il monte Diavolo la cui mostruosità è qui descritta. Napoli 1632, Roncagliolo.

In nessuna delle bibliografie vesuviane si trova notizia di questa operetta.

GEOGRAPHISCHE (Die) VERBREITUNG der thätigen Vulkane. I. Die Europäischen Vulkane.

Globus vol. XXI. pag. 311-313, con 5 illustr. Braunschweig 1872.

Anonimo. Tratta pure del Vesuvio.

GERARDI ANTONIO.

Relatione | Dell' horribil Caso, & Incendio occor- | so per l' esalatione del Monte di | Somma, detto Vesvvio, | vicino la Città di Napoli. |

Sommariamente descritta, & estratta da diuerse Lettere | di Religiosi, e particolari venute da Napoli. | Da Antonio Gerardi Romano. | In Roma, appresso Lodouico Grignani, 1631.

In-4.° di carte quattro. Nel frontisp. v'ha una figura.

Rarissimo; non riportato dal Soria nè dallo Scacchi. Unica copia nella B. S.

— Warhaffte Relation | Von dem erschröcklichen | Erdbidem vnd Fewrsgwalt | so auss dem Berg | zu Somma, Vesuuio genant | nit weit von Nea- | ples entsprungen | im Monat December | 1631 | Auss Geistlicher vnd anderer particuler Per- | sohnen Schreiben auff das kürtzet | aussgezogen. | Durch Antonien Gerardi von Rom | Dem guthertzigen mitleydigem teutschen | Leser zu lieb in die teutsche Sprach | gebracht. | Gedruckt zu Augspurg | durch Andream | Aperger, auff vnser lieben Frawen | Thor. |

In-4.° di carte quattro, l'ultima pag. bianca. [B. S.] S. a. (1632.)

Rarissimo.

GERBINO G.

Nota su di una pianta Vesuviana.

Annali dell'Accademia degli Aspiranti Naturalisti, vol. III. pag. 230-232. Napoli 1845-46.

GEREMICCA MICHELE.

Il Vulcanismo del Golfo di Napoli. Dispensa I.ª. Napoli 1878, tip. Ferrante.

In-8.°. Secondo il programma, doveva completarsi con circa 8 dispense, ma non è stato continuato.

GERI FRANCESCO.

Osservazioni da lui fatte il dì 21 Marzo 1752 e seg.

Vedi MECATTI, Racconto storico filosofico del Vesuvio. Napoli 1752.

GERNING.

Nachricht von dem letzten Ausbruch des Vesuvs.

Magazin f. Physik v. Voigt, vol. X. Gotha 1795.

GERONIMO [DE] Fra BERNARDO.

Ragguaglio del Vesuvio, o pure epistole familiari del M. R. P. maestro Fra Bernardo De Geronimo dell'ordine dei predicatori dedicate all'illust. ed eccell. sig. D. Leonardo Tocco, principe di Montemiletto ecc. In Benevento 1737.

In-16.° di pag. 24. [B. V.]

Sono cinque epistole in terzine. Riportato dal Vetrani che ne forma un pessimo giudizio.

GERVASI e SPANO.

Vedi: Raccolta di tutte le Vedute che esistevano nel Gabinetto del Duca della Torre.

GESCHICHTE DES VESUV.

Vermischte Beiträge zur physikalischen Erdbeschreibung, vol. I. pag. 92-114. Brandenburg 1774.

GEUNS Dr. W. A. J. van.

De Vesuvius en zijne geschiedenis.

Contenuto nell'**Album der Natuur**, Groningen 1858, pag. 267-287, con una carta litog. del Vesuvio e del territorio vulcanico. di Napoli, e qualche incis. in legno nel testo. [B. S.]

GIACCHETTI Johannes.

Apuliae terraemotus defloratio. Romae 1632, typ. Jacobi Mascardi.

In-4.° di pag. 8. [B. S.]

GIANETTI Giovanni.

La Vera | Relatione | Del Prodigio | Novamente svccesso nel Monte Vesvvio, | Con la nota | di quante volte è svccesso | ne' tempi antichi, con vna breue dichiaratione | di quel che significa. | In Napoli, Per Gio. Domenico Roncagliolo.

In-8.° di carte quattro. Nel frontisp. la figura di S. Gennaro.

La data *Da Napoli, li 23 di Decembre 1631* sta alla fine, seguíta dal nome dell' autore, che non appare nel frontispizio. [B. V.]

Raro; non veduto dallo Scacchi.

— Rime | dell' Incendio | Di Vesvvio | del signor | Giovanni Gianetti. | In Napoli, per Egidio Longo 1632.

In-16.° di carte otto.

Poema in terza rima, diviso in due capitoli. Alla fine un sonetto del medesimo sopra il Terremoto. [B. S.] Raro.

GIANNELLI Basilio.

Lettera intorno alle ceneri vesuviane piovute in Vitulano (Principato ultra) nell' Agosto del 1779.

Vedi Torcia, Relazione.

GIANNETTASIO Nicola.

Parthen. (S. J.)

Ver Herculanum. Napoli, 1704, Jac. Raillard.

In-8.°.

Nel cap. III. del lib. III. parlasi del Vesuvio.

[GIANNONE Pietro] (giureconsulto napoletano).

Lettera scritta ad un amico che lo richiedeva, onde avvenisse, che nelle due cime del Vesuvio, in quella che butta fiamme, ed è la più bassa, la neve lungamente si conservi, e nell'altra ch'è alquanto più alta ed intera, non vi duri che per pochi giorni.

In-4.° di carte due senza frontispizio; alla fine la data: *Napoli li 26 febbraio 1718*. [B. N.]. Pubblicato col nome di Giano Perentino.

« Dice che cadendo la neve sul sabbione che ricuopre il Vesuvio, ogni stilla che se ne liquefà, scola giù per dentro la rena, e non resta a corrompere l' altra neve che ancora è intera. » (Scacchi.)

GIGLI Girolamo.

Discorso sulla zona vulcanica mediterranea. Napoli 1857, tip. Gius. Colavita.

In-8.°.

Il Vesuvio e le sue eruzioni da pag. 89 a pag. 122.

GIMMA dott. Giacinto.

Della storia naturale delle Gemme, delle Pietre e di tutti i Minerali, ovvero Fisica sotterranea. Napoli 1730, Gennaro Muzio e Felice Mosca.

Due vol. in 4.º. Nel secondo, libro VI. cap. VII.: *De' Vulcani, o Monti di fuoco*, pag. 493-510.

GIOENI Giuseppe.

Saggio di Litologia Vesuviana. Dedicato a S. M. la Regina delle Due Sicilie dal cav. Giuseppe Gioeni de'duchi d'Angiò. Napoli 1790.

In-8.º di car. vi per la dedica e la licenza; di pag. xcii per il *Saggio*, e di 208 per il *Catalogo ragionato*, seguíte da 2 n. n. di correzioni; frontisp. inciso in rame; alla fine sta: *Nella Stamperia Simoniana.*

Hoepli (Bibl. Tiberi) 4 L.; Bocca 7 L.; Prass, esempl. in carta distinta, 10 L.

— La stessa opera. Napoli 1791. Vendibile in Pavia presso Baldassare Comini.

In-8.º di pag. 272.

Quest' edizione, stampata a Pavia, è estratta dai tomi I. e II. degli Annali di Chimica di Brugnatelli, pubblicati a Pavia.

Cioffi 4 L.; Romano 3 L.; Weg 3 M.

— Versuch einer Lithologie des Vesuvs von Ritter Joseph Gioeni. Aus dem Italienischen übersetzt, und mit einigen Anmerkungen begleitet, von Leopold von Fichtel. Wien 1793, bey Joseph Stahel.

In-8.º di pag. vi-392. Prezzo 3 M.

GIORDANO G.

Succinta relazione dell' avvenuto durante l'eruzione del Vesuvio del dì 8 Dicembre 1861.

Atti d. R. Istit. d' Incorag. di Napoli, vol. X. pag. 507-516. Napoli 1864.

—Sur la dernière éruption du Vésuve du 8 Décembre 1861.

Le Moniteur, Paris, no. del 31 Gennaio 1862.

GIORGI Urbano.

Scelta di Poesie | Nell' incendio del Vesuuio | Fatta dal sig. Vrbano Giorgi | Segretario | Dell'Ecc.^mo S. Conte di Conuersano | All'Eminent.º e Reuerendiss.º Prencipe | Il Sig. Cardinal'Antonio | Barberino. | Romae, | Ex Typogr. Francisci Corbelletti | 1632.

In-4.º, frontisp. figurato e inciso in rame, di pag. ii-94 num. e 2 n. n. alla fine, che contengono una incisione in legno coll' epigrafe *Amica Nvminis Et Lvminis*, e il nome del tipografo, il quale stampava con eleganza veramente rara per quei tempi. [B. V.]

Le prime 28 pagine di questa Antologia italiano-latina sull' eruzione del 1631 contengono una sequela di sonetti e madrigali di diversi poeti in lode dei loro mecenati, e ne passo oltre. Solo a pag. 30 cominciano i componimenti sul Vesuvio, preceduti dall' indicazione: *Il Vesvvio.* Eccone l' elenco:

Canzone sull' incendio del Vesuvio di Antonio Bruni, pag. 30-35.
Sonetto di Felice Sassone, pag. 36.
Sonetto di Andrea S. Maria, pag. 37.

Sonetto del medesimo, pag. 38. Sonetto del medesimo, pag. 39. Sonetto di BARTOLOMEO TORTOLETTI, pag. 40. Sonetto di BATTISTA BASILE, pag. 41. Sonetto (sulla donna fuggita dall'incendio del Vesuvio) del medesimo, pag. 42. Sonetto di CLEMENTE TOSI, pag. 43. Sonetto di DECIO MAZZEI, pag. 44. Sonetto del medesimo, pag. 45. Sonetto di DIEGO BUSCA, pag. 46. Sonetto di DOMENICO BENIGNI, pag. 47. Sonetto del medesimo, pag. 48. Sonetto del medesimo, pag. 49. Sonetto di FLAMINIO RAZZANTI, pag. 50. Sonetto di FRANCESCO BENETTI, pag. 51. Sonetto del medesimo, pag. 52. Sonetto del medesimo, pag. 53. Sonetto di GIAC. FIL. CAMOLA, pag. 54. Sonetto di GIROL. BITTINI, pag. 55. Sonetto di GIOS. TROMBETTI, pag. 56. Sonetto di GIULIO GAVAZZA, pag. 57. Sonetto di GIUS. CIVITANO, pag. 58. Sonetto di NICOLA STROZZI, pag. 59. Sonetto di OTTAVIO TRONSARELLI, pag. 60. Sonetto di OTTAVIO SANBIASI, pag. 61. Sonetto di FRANCESCO PAOLI da Pesaro, pag. 62. Sonetto del medesimo, pag. 63. Risposta del marchese PALOMBARA, pag. 64. Sonetto di SEVERO PIAZZAI, pag. 65. Sonetto del medesimo, pag. 66. Sonetto di SIMONE ANTICI, pag. 67. Sonetto di VINCENZO MARTINOZZI, pag. 68. Sonetto di URBANO GIORGI, pag. 69. Sonetto del medesimo, pag. 70. Il Sebeto che piange. Canzone d' incerto, pag. 71-75. Ad Divum Januarium, anagrammi ed elogi di autori ignoti, pag. 76-78. Ad Divum Januarium D. FRANC. ANTON. MONFORTIS aliud elogium, pag. 79-81. Ode latina De incendio Vesevi, di CLEMENTE TOSTI, pag. 82-84. Epigramma De Vesevo Monte di FRAN. CAMPONESCHI, pag. 85. Epigramma di GIO. ANT. NICOLA, pag. 86. Epigramma di LELIO GUIDICCIONE, pag. 87. Eiusdem Epigramma, pag. 88 e 89. Epigramma di PROSPERO CRISTIANI, pag. 90 e 91. Elegia de Vesevo Monte di URBANO GIORGI, pag. 92. De Vesevo Monte. Incerti auctoris epigramma, pag. 93. POMPEJI BITTINI seminar. recinet. alum. Urb. Geor. Avunculo Elegia, pag. 94.

GIORNALE dell' incendio del Vesuvio dell' anno MDCLX.

Vedi ZUPO.

GIOVO abate NICCOLÒ.

Del Vesuvio. Canzone dedicata all' eccellent.° Signore D. Emmanuello di Benavides ed Aragona ecc. ecc. In Napoli 1737. Nella stamperia di Gennaro, e Vincenzo Muzio.

In-fol. di car. II e pag. 26, con numeraz. romana. [B. N.]

« Bella canzone con erudite note, degna della magnifica edizione in cui è stata pubblicata. » (Scacchi.)

Marghieri 5 L.

GIRARD A.

Geologische Reise-Bemerkungen aus Italien.

Neues Jahrb. f. Mineral. etc. Stuttg. 1845, pag. 769-792.

Osservazioni sul Vesuvio fatte nel 1842.

— L' éruption du Vésuve du 1861.

Journal des Débats, nel feuilleton del no. de' 28 marzo 1862.

GIRARDIN J.

Considérations générales sur les volcans et examen critique des diverses théories etc. Rouen et Paris 1831.

In-8.°

GIROS Simone.

Veridica Relazione di Simone Giros giardiniere della real villa Favorita, circa l'ultima eruzione del Vesuvio accaduta ai 15. Giugno per tutto Luglio dell'anno 1794.

In-16.° di pag. 35 e una bianca. S. l. (Napoli 1794.) [B. N.]

Dura 2 L. 50 c.; Hoepli 4 L.

— Continuazione delle notizie riguardanti il Vesuvio.

In-8.° di pag. 24; nel verso del titolo una citaz. di Virgilio Georg. libr. I. S. l. n. d. (Napoli 1795.)

Pubbl. senza il nome di Giros.

GIUDICE [Del] Francesco.

Brevi considerazioni intorno ad alcuni più costanti fenomeni vesuviani. Memoria letta al R. Istituto d'Incoraggiamento nella tornata del 14 Giugno 1855 in occasione della eruzione del 1.° Maggio, dal socio ordinario cav. Francesco Del Giudice, direttore del corpo degli artigiani-pompieri.

Atti del R. Istit. d'Incorag. di Napoli, tomo IX. 1861, pag. 1-67, con una tavola cronologica delle principali eruzioni del Vesuvio, dall'anno 79 al 1850, in 7 fogli colle intestazioni: *n° delle eruzioni; epoche; durata; principali fenomeni precursori; fatti principali che hanno accompagnato le eruzioni; autori che ne hanno parlato; osservazioni.*

Pubblicata come memoria separata sin dal 1855, ed incorporata poi nel tomo IX. degli Atti.

Hoepli 5 L.; Prass 4 L.

— Dei più importanti fenomeni naturali accaduti nel regno durante l'anno 1855, seguito dalle principali notizie delle eruzioni del Vesuvio dal 79 fin'oggi. Napoli 1856.

In-4.°

— Ragguaglio dei principali fenomeni naturali avvenuti nel regno durante il 1856.

In-4.°

Con due continuazioni per gli anni 1857 e 1858.

GIUDICE [Del] Raffaele.

Lettera relativa all'eruzione del Vesuvio dell' anno 1804. Scritta dal sig. Raffaele Del Giudice, uffiziale del R. Corpo di artigl. di S. M. Siciliana, al sig. D. Gio. Antonio de Torrebruna, colonnello dei R. eserciti ecc.

Magazzino di letteratura, scienze, arti ecc. Firenze, febbrajo 1805, pag. 38-44. [B. V.]

GIULIANI Giambernardino.

Trattato Del Monte Vesvvio e de'suoi Incendi di Giambernardino Givliani segretario del Fedeliss.° Popolo Napolitano. In Napoli, appresso Egidio Longo 1632.

In-4.° di car. v e pag. 224, con 2 tavole che rappresentano lo stato del Vesuvio prima e dopo l' incendio del 1631. Il frontispizio figurato è inciso in rame. [B. N.]

Contiene un Epigramma di Geronimo Genuino, due sonetti di Andrea Santamaria, ed uno di Antonio

BASSO sul Vesuvio, con altre poesie in lode dell'autore. Vi ha pure a pag. 181 un' Ode saffica sul Vesuvio di qualche pregio, del sac. PIETRO GRIMALDI, ed infine un Epitaffio le cui parole cominciano tutte con la lettera V, dello stesso Grimaldi. Dalla pag. 183 sino alla pag. 218 è stampato quasi per intero ciò che scrisse Marcantonio de' Falconi dell'eruzione di Monte Nuovo nel 1538, e dalla pag. 219 sino all' ultima vi sono gli eleganti esametri di GERMANO AUDEBERTO AURELIO sulle cagioni degli incendj vesuviani.

« Comincia quest'opera con una copiosa ed erudita raccolta dei passi di diversi autori sul Vesuvio; con pari erudizione si parla degli incendj precedenti che si portano al numero di otto. Sì la storia dell'incendio, che le notizie delle religiose funzioni, dei provvedimenti presi dal governo, e dei danni sofferti sono raccontate diffusamente e quasi sempre con chiarezza. Sono degni di nota gli effetti prodotti nei diversi oggetti investiti dalla lava. » (Scacchi.)

Marghieri 12 L.; Bose 6 M.

GIUSTINIANI LORENZO.

La biblioteca storica, e topografica del Regno di Napoli. Napoli 1793, stamperia Orsini.

In-4.°. Le pagine 215 a 228 contengono una bibliografia del Vesuvio poco esatta.

GIUSTO dott. LORENZO.

Su gl' insetti microscopici del cholera. Diverbio del Sebeto col Vesuvio. Napoli 1836, stamperia dell' Aquila.

In-8.° di pag. 16.

GIUSTO P.

Progetto di Associazione per compensamento dei danni che il Vesuvio può recare ai paesi messi sul suo pendio ed alla sua base. Napoli 1862.

In-4.° di pag. 24. Ristampato nel 1872.

GLIELMO ANTONIO.

L' Incendio | Del Monte | Vesuuio. | Rappresentatione | Spirituale | Del Padre | Antonio Glielmo | Sacerdote della congrega- | tione dell'-Oratorio di | Napoli. | In questa seconda impressione reui-| sto dall' Autore. | In Napoli, per Gio: Domenico Montanaro. 1634.

In-16.° di pag. 185 e una bianca. [B. V.]

In cinque atti con più di 40 interlocutori. Stampato con nitidi tipi elzeviriani.

Soria fa la seguente nota, copiata dallo Scacchi: « Rappresentazione spirituale coi diavoli che sbucano dalla montagna. »

— Lo stesso. In Napoli 1632, per Lazaro Scoriggio.

Prima edizione, senza il nome dell'autore, invece del quale sta: *Composto da un devoto sacerdote.*

In-16.° di pag. 185 e una bianca. [B. S.]

Le due edizioni sono diverse nella stampa.

GMELIN LEOPOLD.

Observationes oryctognosticae et chemicae de Hauyna et de quibusdam fossilibus etc. Commentatio. Cum tab. geog. Heidelbergae 1814, apud Mohr & Zimmer.

Pars secunda, pag. 43-48: *De Hauyna vesuviana.* [B. V.]

— Chemische Untersuchung eines blauen Fossils vom Vesuv und des Lasursteins.

Riportato dal Dr. Johnston-Lavis senz' altra indicazione.

GORCEIX H.

Etat du Vésuve et des dégagements gazeux des Champs Phlégréens au mois de Juin 1869.

Compte rendu de l' Acad. d. Sciences, vol. 74. Paris 1872.

GORINI Paolo.

Sull' origine dei Vulcani. Studio sperimentale. Lodi 1871, tip. Wilmant.

In-8.°. Articolo III: *Il Vulcano Partenopeo*, pag. 418-434.

GOSSELET prof. Jules.

Observations géologiques faites en Italie. Lille 1869, impr. Danel.

Estratto dalle Mém. de la Soc. d. Sciences de Lille 1868, pag. 417-476, in-8.° con 7 tavole litogr.

Contiene: I. *Le Vésuve.* II. *Les Champs-Phlégréens.* III. *L'Etna.* IV. *Latium.*

GOURMONT Rémy de.

Un volcan en éruption. Le Vésuve. Paris (1883) Librairie de vulgarisation.

In-16.° di pag. 70. Prezzo 50 c.

Fa parte della Bibliothèque du jeune âge.

GRANDE de LORENZANA Francisco.

Brebe Conpendio | Del Lamentable | Ynzendio | Del Monte de Soma. | Dedicado a el Excelentis. Señor Don Manuel de Zuniga, y Fonzega ecc. | Compuesto por Francisco Grande de | Lorenzana, natural de las nabas | del Marques. | En Napoles. Por Juan Dominco Roncallolo. 1632. Ad istanzia di Gio. Orlandi, alla Piertà.

In-4.° di carte otto. [B. N.]

Poema spagnuolo in ottava rima.

GRAVINA C.

Il Vesuvio.

Nelle sue Poesie. Catania 1834, in-12.°, pag. 10.

GRAYDON G.

On the Dykes of Monte Somma in Italy.

Riportato dal Dr. Johnston-Lavis senz' altra indicazione.

GREGOROVIUS Ferdinand.

Euphorion. Eine Dichtung aus Pompeji in vier Gesängen. 6. Aufl. Leipzig 1891, F.A. Brockhaus.

Dritter Gesang: *Pallas Athene*, pag. 73-109. Stupenda descrizione poetica dell' eruzione del 79.

GROSSER P.

Messungen an Wollastonitkrystallen vom Vesuv.

Zeitsch. f. Krystallog. u. Mineralog., vol. XIX. pag. 604. Leipzig 1892.

GROSSI G. B. G.

II. Ragionamento pelle comuni vesuviani, isole del cratere ecc., contro la comune di Sarno ed altri. Nel consiglio d' intendenza di Salerno. Napoli 1817, tipog. Sangiacomo.

In-4.° di pag. 64.

Il nome dell'autore sta alla fine.

GROVE F. Craufurd.

The Eruption of Vesuvius (in December 1867).

Macmillans Magazine, vol XVII. pag. 415-419. London & New-York 1868.

GUARINI Giovanni.

Analisi chimica d' un prodotto vesuviano. Memoria letta nella tornata de' 5 Settembre 1833.

Atti d. R. Accad. d. Scienze, vol. V. parte II. Classe di fisica e storia naturale, pag. 161-163. Napoli 1844.

— Saggi analitici su talune sostanze vesuviane. Memoria letta nella tornata de' 5 Agosto 1834.

Ibid., pag. 165-168.

Con Luigi Sementini.

— Analisi chimica della sabbia caduta in Napoli la sera de' 26 Agosto 1834. Memoria letta nella tornata de' 2 Dicembre 1834.

Ibid., pag. 233-237.

Vedi: Memoria sullo Incendio Vesuviano del mese di maggio 1855.

GUARINI Raimondo.

Poemata varia. Neapoli 1821.

In-12.° Vedi pag. 5 e 192.

GUICCIARDINI Celestino.

Mercurius Campanus praecipua Campaniae Felicis loca indicans et perlustrans. Neapoli 1667.

In-12.° [B. V.]

Vedi pag. 66-67; 87-88.

GUILLAUMANCHES - DUBOSCAGE Gabr.-Pierre.

Relation de l' éruption du Vésuve en 1822, suivie 1.° De l'observation d'un phénomène qui constate les moyens que la nature emploie pour alimenter les Volcans; 2.° De la comparaison de l' éruption de 1822 avec celle où Herculaneum et Pompeii furent englouitis; à la suite est un aperçu sur les anciens volcans. Par Gabriel-Pierre-Isidore marquis de Guillaumanches-Duboscage, lieutenant général des armées du Roi, témoin oculaire. A Aix, chez G. Mouret, imprimeur du Roi. 1823.

In-8.° di pag. 54. Nel verso del frontisp. sta: *Cet ouvrage n' a été imprimé qu'à cent exemplaires.*[B.S.]

GUIRAUD (le docteur).

L' éruption du Vésuve en avril 1872. Montauban 1872.

In-8.° di pag. 32. Estratto dal Recueil de la soc. des sciences etc., Tarne et Garonne.

GUISCARDI Guglielmo.

Del solfato potassico trovato sul cratere del Vesuvio nel novembre e dicembre del 1848. Lettera al ch. prof. Giovanni Guarini. Napoli 1849, stamperia del Fibreno.

In-8.º di pag. 11 e una bianca, con una tav. cristallogr. [B. V.] Hoepli 2 L.

— All'Egregio Prof. Scacchi.

Lettera colla data: *ai 5 del 1855.*

In-8.º di due carte, con una bella tavola litogr. dei tre crateri. Relazione sulla nuova bocca del 14 Dicembre 1854, riprodotta nella « Memoria sullo Incendio Vesuviano del mese di Maggio 1855. » [B. S.]

— Fauna fossile vesuviana. (Napoli) Stamperia del Fibreno.

In-8 º di pag. 16, senza frontisp.; nell' antiporta l' epigrafe:

. . . . a drop
That in the Ocean seeks another drop.
Shakespeare.

Alla fine la data: *Napoli 1º Marzo 1856.* [B. V.]

Traduzione tedesca in Roth, Der Vesuv und die Umgebung von Neapel, Berlin 1857.

—Notizie del Vesuvio (estratte dal Giambattista Vico 1857).

In-8.º di pag. 14, s. l. (Napoli 1857). Nel giornale scientifico Il Giambattista Vico, Napoli 1857, vol. I. pag. 132-134; vol. II. pag. 139; ibid. pag. 461-462; vol. III. pag. 457-461; vol. IV. pag. 136-137; ibid. 314-315.

Come estratto è raro e vale 2 L.

— Studii sui Minerali Vesuviani.

Ibid., vol. II. pag. 137-139.

— Ueber die neuesten Kraterveränderungen und Ausbrüche des Vesuvs.

Zeitsch. d. geolog. Ges. vol. IX. pag. 196. Berlin 1857.

— Sopra un minerale del Monte Somma. Memoria.

Atti dell' Accad. d. Scienze fis. e mat., vol. II. Napoli 1857. Anche come estratto separato, in-4.º di pag. 6, con una incisione in legno. Il minerale è *la Guarinite* (dal nome del Prof. Guarini).

— Ueber den Guarinit, eine neue Mineral - Species vom Monte Somma.

Zeitsch. d. geolog. Ges., vol. X. pag. 13-16. Berlin 1858.

—Sublimazioni verdiccie sulle scorie d' una fumarola apparsa nel Vesuvio.

Vedi: Annali del R. Osservat. Meteorol. Vesuv. 1859.

— Sur l'éruption du Vésuve. Lettre à M. Deville.

Compte rendu de l'Acad. d. Sciences, vol. 53. pag. 1233-1236. Paris 1861.

— Analisi chimica della Wollastonite del Monte Somma. 1861.

Riportato dal Dr. Johnston-Lavis senz' altra indicazione.

— Su la presenza di combinazioni del Titanio e del Boro.

Vedi: Annali del R. Osservat. Meteorol. Vesuv. 1862.

— Notizie Vesuviane.

Rendiconto d. R. Accad. d. Scienze fis. e mat., Napoli Luglio 1862.

— Lettres sur la dernière éruption du Vésuve.

Compte rendu de l'Acad. d. Sciences, vol. 75. Paris 1872.

— Sulla genesi della Tenorite nelle fumarole del Vesuvio.

Rendiconto d. R. Accad. d. Scienze fis. e mat, Napoli 1873 fasc. 4.

— Sulla Guarinite.

Ibid., Napoli 1876, fasc. 1.

— Ueber Erscheinungen am Vesuv. Neapel den 8. Februar 1880.

Con J. Roth.

Riportato dal Dr. Johnston-Lavis senz'altra indicazione.

GUEMBEL C. W.

Ueber vulcanische Erscheinungen.

Westermann's Monatshefte, vol. 22. pag. 413-427. Braunschweig 1867. Tratta pure del Vesuvio.

H

HAIDINGER W.

On the Sodalite of Vesuvius.

The Edinb. Philos. Journal, vol. XIII. Edinb. 1825.

HALL James.

Experiments on Whinstone and Lava.

Transact. of the Roy. Soc. of Edinb., vol. V. pag. 63. Edinb. 1805.

Osservazioni sullo stato del Vesuvio nel 1785.

HAMILTON William.

Observations on Mount Vesuvius, Mount Etna, and other Volcanos: In a series of letters, addressed to the Royal Society, from the Honourable Sir W. Hamilton, K. B. F. R. S. His Majesty's Envoy Extraordinary and Plenipotentiary at the Court of Naples. To which are added Explanatory Notes by the Author, hitherto unpublished. The second edition. London 1773, printed for T. Cadell in the Strand.

In-8° di pag. IV-179 e una bianca, con 5 tavole incise in rame ed una carta della *Campagna Felix.* [B. V.]

Pubblicato dapprima nelle Philos. Transact. of the R. Soc. of London, vol. 57-61; è da considerarsi in questa forma come prima edizione.

Esistono ancora due edizioni posteriori, London 1774 e 1783, che sono identiche alla precedente e valgono, come questa, da 5 a 6 Lire.

Tradotto in tedesco col titolo:

— Beobachtungen über den Vesuv, den Aetna und andere Vulcane; in einer Reihe von Briefen an die Königl. Grossbr. Gesellsch. der Wissenschaften, etc. nebst neuen erläuternden Anmerkungen des Herrn Verfassers und mit Kupfern. Aus dem Englischen. Berlin 1773, bei Haude und Spener.

In-12.° di pag. 196 e 2 n. n., cont. la spiegazione della terza tavola, con 5 tavole incise in rame, simili a quelle dell' edizione originale inglese e colla carta della Campania Felice, imitata dall'originale. [B.N.]

Vale 2 Lire.

— Campi Phlegraei. Observations on the Volcanos of the Two Sicilies, as they have been communicated to the Royal Society of London by Sir William Hamilton K. B. F. R. S. His Britannic Majesty's envoy extraordinary, and plenipotentiary at the court of Naples. To which, in Order to convey the most precise idea of each remark, a new and accurate Map is annexed, with 54 Plates illuminated, from Drawings taken and colour'd after Nature, under the inspection of the Author, by the Editor Mr. Peter Fabris. Naples MDCCLXXVI.

(Di fronte:)

Observations sur les Volcans des Deux Siciles telles qu' elles ont été communiquées à la Société Royale de Londres par le Chevalier Hamilton, chevalier de l' Ordre du Bain, envoyé extraordinaire et plénipotentiaire de Sa Majesté Britannique à la cour de Naples, et membre de la Société Royale de Londres. Auxquelles pour donner une idée plus précise de chaque observation on a ajouté une carte nouvelle et très-exacte avec 54 planches enluminées d' après les Desseins faits et Coloriés sur la nature même, sous l'Inspection de l'Auteur, par l'Editeur le Sieur Pierre Fabris. Naples MDCCLXXVI.

In-fol. gr.; frontispizio bilingue, testo di pag. 90, stampato a due colonne, in inglese e francese, sopra carta reale; una carta n. n. con il permesso di stampare; 54 tavole num. incise in rame e colorate a mano, ognuna accompagnata da una spiegazione in inglese e francese, stampata da un solo lato; una carta incisa e colorata dei Campi Flegrei in doppio foglio.

Il testo inglese è quello delle Observations sopra citato.

Opera curiosa e molto ben eseguita, fatta a spese di Sir William Hamilton e dedicata alla Società Reale di Londra.

Le tavole rappresentano vedute dei Campi Flegrei, del Vesuvio, nonchè specie di minerali vulcanici ed altri. La tavola 41 ha per soggetto la scoperta del Tempio d' Iside in Pompei per dimostrare la rassomiglianza tra i rapilli che coprono Pompei ed il suolo di alcuni siti dei dintorni di Napoli. L'autore afferma che Napoli stessa si estende sopra uno strato di rapilli.

In alcune copie la pagina 90 e per errore segnata col n.º 100.

Nell' *Advertisement* a pag. 90 si legge:

« The Editor flatters himself that the Reader will excuse the little errors of the press which have been unavoidable owing to the Printers ignorance of the two languages in which this book is printed.

The Price of the two Volumes of this work, half bound, and with the 54 plates illuminated, is sixty Neapolitan Ducats, and they are to be had only of Mr. Peter Fabris Painter at Naples, who will punctually obey such orders as the Public may be pleased to favor him with. »

— Supplement to the Campi Phlegraei being an account of the great oruption of Mount Vesuvius in the month of August 1779. To which are annexed 5 Plates illuminated from Dawings (*sic*) taken, and colour'd after nature under the inspection of the Author by the Editor Mr. Peter Fabris. Naples MDCCLXXIX. (Di fronte:) Supplement au Campi Phlegraei ou relation de la grande eruption du Mont Vésuve au mois de Aout 1779. A la quelle on a ajouté 5 Planches enluminées d'après les Desseins faits, & coloriés d'après nature sous l'inspection de l'Auteur, par l'Editeur le Sieur Pierre Fabris. Naples MDCCLXXIX.

In-fol. gr. e simile all'opera citata. Testo in due lingue di pag. 28, seguite da due carte: l'una, impaginata nel recto col n.º 29, contiene un *Advertisement* ed il permesso di stampare, l'altra il privilegio del re Ferdinando IV. all'editore. Le 5 tavole, eseguite come quelle dell'opera principale, hanno ognuna la relativa spiegazione bilingue.

La lettera del 1. Ottobre 1779 ivi contenuta trovasi pure nelle Philos. Transact. vol. 70. pag. 42-84.

Secondo Brunet il valore di un buon esemplare, col supplemento, è di 250 a 300 fr.; oggi l'opera, se è completa, vale da 150 a 200 Lire.

La descrizione di Brunet non è esatta e può dar luogo a malintesi: non è il supplemento che ha tre parti, ma tutta l'opera, col supplemento, consta di tre parti, cioè del testo, delle tavole colla spiegazione e del supplemento.

— Campi Phlegraei, ou Observations sur les Volcans des Deux Siciles, par Hamilton. A Paris, chez Lamy, libraire. Quai des Augustins. L'an septième.

In-fol. mass. Testo in francese ed inglese di pag. 118 num., l'ultima bianca, con 59 tavole num. incise, in parte colorate, ed una vignetta color. nel frontispizio. Nell' antiporta sta *Tome premier*. [B. V.]

Questa seconda edizione è ben lontana dal valere la prima. Pubblicata nel 1799 in 13 fascicoli, come sta nella copertina, oppure in 11, come vuole Brunet, essa venne tirata su tre qualità di carta: 1.° su carta di Auvergne, con le figure in nero, prezzo 29 fr. al fascicolo; 2.° su carta velina Jésus, con le figure in nero ed a colori, prezzo 75 fr. al fascicolo; 3.° su carta Grand Aigle de Hollande, con le figure colorate, prezzo 75 fr. al fascicolo.

Nella copertina si legge: « *Pour faire suite à la collection des Voyages pittoresques de Houel et Saint-Non. Nouvelle édition revue, corrigée et augmentée. Trois parties qui forment 2 vol. in-fol. avec 60 planehes gravées par les meilleurs artistes, d'après les originaux faits sur les lieux.* »

— Oeuvres complètes, trad. et comment. par l'abbé Giraud-Soulavie. Paris 1781.

In-8.° di pag. xx-506 con una carta.

Vi si trovano le sette lettere già pubblicate nelle Observations e nei Campi Phlegraei, con un commentario.

— Neuere Beobachtungen über die Vulkane Italiens und am Rhein, in Briefen. Nebst merkwürdigen Bemerkungen des Abts Giraud-Soulavie. Aus dem Französ. zum erstenmale übersetzt von G. A. R. Frankfurt & Leipzig 1784.

In-8.° di pag. 214 con una carta. Vi si trova la lettera del 1. Ottobre 1779 e una traduzione parziale del Commentario. Weg 1 M. 50 Pf.

— Warneemingen over de Vuurbergen in Italie, Sicilie en omstreeks den Rhyn. Amsterdam 1784.

In-8.° di pag. xvi-56 con 2 tav.

— Some particulars of the present state of Mount Vesuvius; with the Account of a journey into the province of Abruzzo, and a Voyage to the island of Ponza. Read at the Royal Society, May 4, 1786. London, printed by J. Nichols 1786.

In-fol. di pag. 20, l'ultima bianca, con 3 carte: la pianta dell'isola di Ponza e due vedute prese dal Porto e dal Faro della stessa isola. L'articolo sul Vesuvio occupa appena 3 pagine; il rimanente tratta di Ponza.

Pubblicato pure nelle Philos. Transact., vol. 76. pag. 365-381.

Tradotto in tedesco col titolo:

— Bericht vom gegenwärtigen Zustande des Vesuvs und Beschreibung einer Reise in die Provinz Abruzzo und die Insel Ponza. Dresden 1787, Walther.

In-4.°. Weg 2 M.; Neubner 3 M. Il prezzo originale era 40 Pf.

— An account of the late Eruption of Mount Vesuvius in a letter to Sir Joseph Banks, Bart., dated Naples August 25. 1794, read January 15. 1795.

Philos. Transact. of the R. Soc. London 1795, pag. 73-116, con 7 tavole incise in rame, in parte colorate.

Hoepli 6 L. Confr. Gilbert's Annalen vol. V. VI.

« Hamilton beobachtete vom 17. November 1764 bis 1795 den Vesuv, welchen er mehr als 60 Mal bestieg, sehr eifrig. Er giebt in seinen oben angeführten Schriften viele beachtenswerthe, mit grosser Klarheit vorgetragene Bemerkungen, deren Verständniss durch die vortrefflichen Tafeln befördert wird.»(Roth.)

HANSEL V.

Mikroskopische Untersuchung der Vesuv-Lava vom Jahre 1878.

Mineralog. u. Petrograph. Mittheilungen, vol. II. Wien 1879.

HAUGHTON and HULL.

Report of the Chemical, Mineralogical and Microscopical Character of the Lavas of Vesuvius from 1631 to 1868. By Rev. Samuel Haughton M. D. etc., fellow of Trinity College, and professor of geology in the University of Dublin; and Edward Hull, M. A. etc., director of the geological survey of Ireland. With Plate. Part I. On the chemical and mineralogical composition of the Lavas of Vesuvius, by Haughton. Part II. On the Microscopical Character of the Lavas of Vesuvius, by Hull.

Transact. of the R. Irish Acad. vol. XXVI., Science. Dublin, March 1876.

In-4.° di pag.164, con una tav.col. Weg 4 M.

HECK Robert.

Das Sicherheitsventil Italiens.

Die Gartenlaube, Leipzig 1872, pag. 324.

— Der Ausbruch des Vesuv am Nachmittag des 26. April.

Ibid. 1872, pag. 378-79, con una incisione in legno.

HEIM Albert.

Der Ausbruch des Vesuv im April 1872. Mit einer allgemeinen Einführung in die Erscheinungen der Vulkane. Von Albert Heim, Docent d. Geol. an d. Univ. Zürich. Basel 1873, Schweighausersche Buchhandlung.

In-8.° di pag. xv-52, con 4 tav. in 4.°, disegnate e litografate dall'autore stesso. Prezzo 1 M. 50 Pf.

— Der Vesuv im April 1873.

Zeitsch. d. geol. Ges., vol. XXV. Berlin 1873.

HELLWALD F. von.

Historische Nachrichten über den Vesuv.

Riportato dal Dr. Johnston-Lavis, senz' altra indicazione.

HESS Wilhelm.

Der Golf von Neapel, seine classischen Denkmale und Denkwürdigkeiten in Bildern aus dem Alterthum. Leipzig 1878, J. J. Weber.

In-8.° con tav. Cap. XIII: Der Vesuv die Vesuvstädte und ihre Verschüttung, pag. 244-267.

HESSE-WARTEGG Ernst v.

Drahtseilbahn auf dem Vesuv.

Illustrirte Zeitung no. 1924, pag. 414-415, con 5 illustr. Leipzig 1880.

HESSENBERG FRIEDRICH.

Magnesiaglimmer (Biotit) vom Vesuv. Titanit vom Vesuv.

Mineralog. Notizen, N. F. Heft I. Frankfurt 1861, Broenner.

HISTOIRE du Mont Vésuve avec l'explication des phénomènes etc., trad. de l'italien par Duperron de Castera. Paris 1741.

Vedi SERAO.

HOCHSTETTER FERD. von.

Ueber den inneren Bau der Vulkane und über Miniatur-Vulkane aus Schwefel; ein Versuch vulkanische Eruptionen und vulkanische Kegelbildung im Kleinen nachzuahmen.

Neues Jahrb. f. Mineral., Stuttg. 1871, pag. 469-478, con 3 incisioni in legno.

Menziona anche il Vesuvio.

— Die Phlegräischen Felder und der Vesuv. Vortrag. Wien 1863.

In-8.º di pag. 23.

HOFF K. E. A. von.

Geschichte der durch Ueberlieferung nachgewiesenen natürlichen Veränderungen der Erdoberfläche. Gotha 1822-1841, Justus Perthes.

Cinque vol. in-8.º

Il Vesuvio: Vol. II. pag. 184-218; vol. III. pag 394-400, 408-416. Negli ultimi due volumi che hanno il titolo speciale di « Chronik der Erdbeben und der Vulkanausbrüche », pubbl. da H. Berghaus dopo la morte dell' autore, la serie delle Eruzioni vesuviane è trattata più copiosamente che altrove; è peccato che vi sia una lacuna tra gli anni 1806-1822.

Rerghaus chiama questa storia un'opera monumentale di profondo studio e di acuto discernimento.

HOFFMANN FR.

Geognostische Beobachtungen, gesammelt auf einer Reise durch Italien und Sicilien in den Jahren 1830-32. Berlin 1839.

Vedi pag. 68-69, 173-216 e 304. Confr. Archiv f. Mineralogie, vol. XIII. 1839. La parte mineralogica è di G. ROSE.

— Mémoire sur les terrains volcaniques de Naples, de la Sicile et des Iles de Lipari.

Bullet. de la Soc. géol. de France, vol. III. pag. 170-180. Paris 1833.

Di nuovo nel Compte rendu de l' Acad. d. Sciences, vol. 41. pag. 872-876. Paris 1855.

HOMBRES-FIRMAS L. A.

Souvenirs de voyage aux environs du Vésuve.

Bullet. de la Soc. de Géog., II. série tome XVII. pag. 205-213. Paris 1842.

HOOK C. W.

In sunny climes. Vesuvius etc.

The Argosy, vol. 47. pag. 229-244, con 5 illustr. London 1889.

HORN W. O. von (W. OERTEL.)

Zwei Ausbrüche des Vesuv's. Dargestellt für die Jugend und das Volk. Wiesbaden 1863, Niedner.

In-16.° di pag. 89, con 4 incisioni in rame. Prezzo 75 Pf.

HORNADAY W. T.

Up and down Vesuvius.

The Cosmopolitan, vol. I. pag. 102-110, con 6 illustr. London 1886.

HORNE JOHN FLETCHER.

Vesuvius and its eruptions.

In The buried cities of Vesuvius, London 1895, Hazell, in-8.° con illustrazioni, pag. 1-18.

HOERNES Dr. RUDOLF.

Erdbebenkunde. Die Erscheinungen und Ursachen der Erdbeben, die Methoden ihrer Beobachtung. Leipzig 1893, Veit.

In-8.° con incis. in legno e tav. Il Vesuvio, pag. 240-244.

HOWARD J.

Observations on the heat of the ground of Vesuvius.

Philos. Transact. of the R. Soc. of London, vol. LXI. pag. 53. London 1771; Journal de Physique, tome XIII. pag. 224. Paris 1771.

HUELCKER OSKAR.

Ein Tag auf dem Vesuv.

Die Gartenlaube, Leipzig 1875, pag. 841, con un' incisione in legno.

HUMBOLDT ALEXANDER von.

Ueber den Bau und die Wirkungsart der Vulkane.

Abhandl. d. Berl. Akad. aus d. J. 1822-23, Berlin 1825, pag. 137-157, con un appendice di OLTMANNS; vedi questo. Confr. Ansichten der Natur, vol. II. pag. 251-296. Tübingen 1849.

Descrizione dell' Eruzione del 23 Ottobre 1822.

Confr. un articolo con simile titolo nel Taschenb. f. d. ges. Mineralogie, anno XVIII. pag. 3-39. Frankfurt 1824.

I

IFE A.

Fussreise vom Brocken auf den Vesuv und Rückkehr in die Heimath. Leipzig 1820, Koehler.

In-8.°, con una tavola.

INCARNATO CARLO.

Prodigivm | Vesevi | Montis, | Ad praesentium emendationem, | & futurorum memoriam. | Per Carolvm Incarnatvm | nuper aeditum. | Neapoli, Typis Aegydij Longhi. 1632.

In-4.° di carte quattro; il verso dell' ultima è bianco. Nel frontisp. un' incisione in legno. [B. N.]

« Brevissima relazione senza alcuna cosa degna di memoria per la storia del Vesuvio. » (Scacchi.)

INCENDIO [L'] del Monte Vesuvio. Rappresentazione spirituale. Napoli 1632.

Vedi GLIELMO.

INCENDIO [UN] sconosciuto del Vesuvio.

Arch. stor. per le prov. napol., anno XV.pag.642-646, Napoli 1890.

Si riferisce all' incendio del 787.

Anonimo.

INCENDIOS [LOS] | De la | Montana | De | Soma. | En Napoles,Por Egidio Luengo estampador regio. 1632.

In-fol. piccolo di pag. 38. [B. N.]

Anonimo.

« Copiosa storia delle eruzioni precedenti quella del 1631, pochi particolari di quest' ultimo incendio; molte notizie delle operazioni umane. Cagione dell' incendio dice essere lo zolfo ed il bitume accesi da violenti mosse del vento sotterraneo. » (Scacchi.)

Rarissimo.

INCENDIO trentesimo del Vesuvio accaduto gli 8. Agosto 1779.

Vedi P. DELLA TORRE.

[INCREDULO ACADEMICO INCAUTO.]

Incendio | Del Vesvvio, Dell' Incredvlo | Academico Incavto | In Napoli, Per Egidio Longo 1632. Si vendono all' insegna del Boue.

In-16.° di carte dieci; nel frontispizio un' incisione del Vesuvio, con sotto il motto:

Ecco il Vesuuio con li verdi Pampini
Ridotto in fiamme, et in fauille, e ceneri.

Libercolo pseudonimo pubblicato per cura di Vincenzo Bove. [B. N.]

« Si descrivono i particolari dell' incendio del 1631 e si fa menzione delle precedenti eruzioni con versi de' quali, per darne un' idea, riferiamo i primi:

A' quindici del mese di decembrio
Di quest' anno seicento trentunesimo
Di notte tempo fieri cominciarono
I terremoti udirsi, ed avanzandosi
Via sempre si facevano terribili ecc. „

(Scacchi.)

—Le Querele di Bacco [Per L' Incendio Del Vesvvio. | Oda | Dell' Incredvlo Academico | Incavto. | Dedicata | All' Illustris. Sig. e Padrone mio Osseruandis. | Il Sig. D. Fabritio Lanario | Di Aragona, ecc. | In Napoli 1632, Per Lazzaro Scoriggio.

In-4.° di pag. 14 num. e 2 n. n. con le revisioni ecclesiastiche. Nel frontispizio una figura. [B. N.]

Componimento poetico stampato con rara eleganza per quei tempi.

Rarissimo, non riportato dal Soria.

INOSTRANZEFF A. v.

Ueber die Mikrostruktur der Vesuv-Lava vom September 1871, März und April 1872. St. Petersburg 1872.

Jahrb. d. geolog. Reichsanst., vol. XXII. Wien 1872.

Confr. Mineralog. Mittheil., Wien 1872, pag. 101-106.

—Historische Skizze der Thätigkeit des Vesuvs vom Jahre 1857 bis jetzt. St. Petersburg 1872.

Riportato dal Dr. Johnston-Lavis senz' altra indicazione.

[Insensato Academico Furioso.]

L' Afflitta Partenope. Per l' Incendio del Vesuuio | Al suo Glorioso Protettore | Gennaro | Dell' Insensato | Academico Furioso | In Napoli, 1632. | Nella Stampa di Secondino Roncagliolo.

In-16.º di carte otto.

Poema di autore pseudonimo in verso eroico, composto di 43 sestine. [B. S.]

Intorno all'incendio del Vesuvio cominciato il dì 8 Dicembre 1861. Relazione. Per cura dell' Accademia Pontaniana (dal Rendiconto del 1862.) Napoli 1862, Stamperia della R. Università.

In-8.º di pag. 36 con una tabella: *Catalogo delle scosse di terremoto segnate dal Sismografo Vesuviano* 1861-62; una *Carta della regione perturbata dai Fenomeni Vesuviani* ed una delle *Bocche dell' Eruzione del Vesuvio.*

La relazione è firmata dagli Accademici: Ernesto Capocci, Giuliano Giordano, Federico Schiavoni, Raffaele Cappa, Guglielmo Guiscardi, Luigi Palmieri, relatore.

Estratto dal Rendiconto dell'Accademia Pontaniana, anno X. Napoli 1862, pag. 40-61 e 72-83.

Prass 3 L. 50 c.

Istoria dell'incendio del Vesuvio accaduto nel mese di Maggio dell'anno MDCCXXXVII. Scritta per l'Accademia delle Scienze.

Vedi Serao.

ITTIGIUS Thom.

De Montium Incendiis etc. Lipsiae 1671, typ. J. Wittigau.

In-16.º. [B. V.]

Cap. III: De Vesuvio, pag. 70-90.

IZZO Specioso.

Altra relazione del Monte Vesuvio fatta da Specioso Izzo a suo padre Antonino Izzo.

Supplemento al no. 76 della Gazzetta napoletana civica - commerciale. Napoli, 19 Settembre 1804.

J

JACCARINO Domenico.

Lo Ciciarone de lo Visuvio.

Sei sestine, contenute a pag. 197 della Galleria di Costumi Napoletani, verseggiati per musica da Domen. Jaccarino, con note di A. Broccoli. Napoli 1876, tip. dell'Unione, in-8.º

JACOBUCCI Gustavo.

Un episodio della eruzione vesuviana del MDCCCLXXII. Pomigliano d' Arco 1879.

In-8.º di pag. 40. Stampato a Napoli nella Tipografia dei Comuni. Non fu posto in vendita.

JADELOT (l' abbé).

Mécanisme de la Nature, ou système du Monde, etc. A Londres 1787.

Da pag. 215 a 226: *Du Vésuve et des volcans en général.*

JAMES le Dr. CONSTANTIN.

Voyage scientifique à Naples avec M. Magendie en 1843. Paris 1844, Dusillon.

In-8.º Il Vesuvio da pag. 37 a 49.

JAMINEAU ISAAC.

An extract of the substance of three letters concerning the late eruption of Mount Vesuvius in December 1754.

Philos Transact. of the R. Soc. of London, vol. 49., pag. 24-28. London 1755.

— Estratto di tre lettere sull' eruzione del 1754.

Vedi: Compendio delle Transazioni filosofiche, Venezia 1793.

JANNACE VINCENZO.

La Storia | D' hauere timore, e gran spauento dello | foco del inferno, lo quale si è scoperto | per causa de li nostri peccati nella Mon- | tagnia di somma la quale si è aperta, e | buttato lengue di focose cennere | e pietre che hà consumato tridece tra terre, | e casali intorno di se, li quali segni ci hà | mostrato Iddio per nostro beneficio. | E questo, e successo di martedì mati- | no alli 16. di Decembre 1631. | Composta Da Vicenzo Jannace | Cieco di Cippaluni. | In Napoli per Ottauio Beltrano 1632.

In-16.º di carte sei; il verso dell'ultima è bianco. Nel frontisp. una incisione del Vesuvio in fiamme, e nel verso dello stesso un'immagine della Madonna. [B. S.]

Rarissimo, non riportato dallo Scacchi.

JANNASCH P.

Die Auffindung des Fluors in dem Vesuvian vom Vesuv.

Neues Jahrb. f. Mineral., vol. II. pag. 123-135. Stuttgart 1883.

— Zur Kenntniss der Zusammensetzung des Vesuvians.

Ibid., pag. 269-270.

JERVIS GUGLIELMO.

I tesori sotterranei dell'Italia. Torino 1873-1889, Ermanno Loescher.

Quattro vol. in-8.º, con tav. litogr. e incisioni in legno nel testo. Parte seconda: *Regione dell'Appennino e Vulcani attivi e spenti dipendentivi*, pag. 579-608. Monte Somma e Vesuvio. Catalogo dei minerali. Cronologia delle eruzioni dal 79 al 1872, con un'incisione.

JOHNS C. A.

Vesuvius previous to and during the eruption of 1872.

Riportato dal Dr. Johnston-Lavis senz' altra indicazione.

JOHNSTON-LAVIS Dr. H. J.

A visit to Vesuvius during an eruption.

Science Gossip no. 181. London January 1880, pag. 9-10.

— Note on the comparative specific gravities of molten and solidified Vesuvian lavas.

Quarterly Journal of the Geolog. Soc. of London, vol. XXXVIII. 1880, pag. 240-241.

— Volcanic cones, their structure and mode of formation.

Science Gossip no. 190. London October 1880, pag. 220-223, con una figura.

— On the origin and structure of volcanic cones.

Ibid., no. 193. London January 1881, pag. 12-14, con 4 figure.

— Diary of Vesuvius from Jan. 1st to July 16th 1882.

Nature, vol. XXVI. pag. 455-457 con 2 figure. London 1882.

— The late changes in the Vesuvian Cone.

Ibid. vol. XXV. pag. 294-295. London 1882

— Eruption of Vesuvius (January 9, 1884).

Ibid. vol. XXIX. pag. 271, 291. London 1884.

— The geology of Monte Somma and Vesuvius, being a study in vulcanology.

Quarterly Journal of the Geolog. Soc. of London, vol. XL. 1884, pag. 35-112, con 2 incisioni in legno ed una tavola in cromolitografia.

— The physical conditions involved in the injection, extrusion and cooling of igneous matter.

Ibid., vol. XLI. 1885, pag. 103-106.

— The new outburst of lava from Vesuvius. (May 1885.)

Nature, vol. XXXII. pag. 55-108. London 1885.

— Some speculations on the phenomena suggested by a geological study of Vesuvius and Monte Somma.

Geolog. Magaz. 1885, pag. 302-307. London 1885.

— Sounding a crater, fusion points, pyrometers, and seismometers.

Nature, vol. XXXV. pag. 197. London 1886.

— The relationship of the structure of igneous rocks to the conditions of their formation.

Scientif. Proceed. of the R. Dublin Soc., N. S. vol. V. pag. 112-156. Dublin 1886.

— On the fragmentary ejectamenta of volcanoes.

Proceed. of the Geolog. Assoc., vol. IX. pag. 421-432, con 3 figure. London 1886.

— Vesuvian eruption of February 4th 1886.

Nature, vol. XXXIII. pag. 367. London 1886.

— Notes on Vesuvius from February 4th to August 7th 1886.

Ibid., vol. XXXIV. pag. 557. London 1886.

— The relationship of the activity of Vesuvius to certain meteorological and astronomical phenomena.

Proceed. of the Royal Soc. London 1886, no. 243. pag. 1.

— Reports of the committee for the investigation of the volcanic phenomena of Vesuvius and its neighbourhood.

British Assoc. for the Advancement of Science, London 1885-1891.

Sono dieci Rapporti in tutto, di poche pagine ognuno, con qualche figura.

— L'eruzione del Vesuvio nel 2 Maggio 1885.

Annali dell' Accad. O. Costa degli Aspiranti Naturalisti, era III. vol. I. Napoli 1887, con un' incisione fotogr. ed una cromolitogr.

— Diario dei fenomeni avvenuti al Vesuvio da Luglio 1882 ad Agosto 1886.

Vedi: Lo Spettatore del Vesuvio e dei Campi Flegrei. Nuova Serie. Napoli 1887.

— Further observations on the form of Vesuvius and Monte Somma.

Geolog. Magaz., vol V. pag. 445-451, con una figura. London 1888.

— The conservation of heat in volcanic chimneys.

British Association Reports, London 1888.

— Note on a mass containing metallic iron found on Vesuvius.

Ibid., nello stesso volume.

— The ejected blocks of Monte Somma. Part I. Stratified Limestones.

Quarterly Journal of the Geolog. Soc., vol. XLIV. pag. 94-97. London 1888.

— The recent activity of Vesuvius.

Nature, vol. XXXIX. pag. 184. London 1889.

— The state of Vesuvius.

Ibid., pag. 302-303.

— The new eruption of Vesuvius.

Ibid., vol. XL. pag. 34. London 1889.

— L' état actuel du Vésuve.

Bullet. de la Soc. belge de géol. hydrolog. et paléontol. vol. III. 1889, pag. 1-11, con 3 figure.

— Il pozzo artesiano di Ponticelli ; studio.

Rendiconto dell' Accad. d. Scienze fis. e mat. Napoli, Giug. 1889.

— Viaggio scientifico nelle regioni vulcaniche italiane nella ricorrenza del centenario del « Viaggio alle Due Sicilie » di Lazzaro Spallanzani. Napoli 1889.

Programma in 8.° di pag. 10.

— Volcans et tremblements de terre.

Annuaire géolog. univ., tome VI. pag. 355-381. Paris 1890.

— The extension of the Mellard Reade and C. Davison Theory of secular straining of the earth to the explanation of the deep phenomena of volcanic action.

Geolog. Magaz., vol. VII. pag. 246-249. London 1890.

— Fifty conclusions relating to the eruptive phenomena of Monte Somma, Vesuvius and volcanic action in general; also a List of books, memoirs, principal letters and other signed publications of the author from 1876 to 1890.

Naples 1890, printed by Ferrante.

In-8.° di pag. 12.

— Il Vesuviò.

Corriere di Napoli, 10 Giugno 1891.

— L'eruzione del Vesuvio del 7 Giugno 1891. Roma 1891, La Società Laziale tipogr.

In-8.° di pag. 12, con 4 fotoincisioni.

Estratto dalla Rassegna delle Scienze Geologiche in Italia, anno I. vol. I.

— The Eruption of Vesuvius of June 7th 1891.

Nature, vol. XLIV. pag. 160-161, 320-322 e 352, con un'illustrazione. London 1891.

— The Eruption of Vesuvius of June 7th 1891.

The Mediterranean Naturalist, Malta. July-August 1891.

L' éruption du Vésuve du 7 Juin 1891.

L'Italie, Rome, 13 Juin, 18 Juillet 1891. — Le Figaro, Paris, 17 Juin 1891.

— L'éruption du Vésuve; visites d'exploration au volcan.

La Nature, Paris, 8 Août 1891.

— Geological Map of Monte Somma & Vesuvius constructed by H. J. Johnston-Lavis, during the years 1880-88. Scale: 1 : 10000. (6. 33 Inches=1 Mile.) [Secondo titolo:] Carta Geologica di Monte Somma e Vesuvio rilevata da H. J. Johnston-Lavis, durante gli anni 1880-88. Scala: 1 : 10000. London, George Philip & Son.

Pubblicata nel 1891, s. d.

In 6 fogli gr. in-fol. a colori, con testo spiegativo in due lingue.

Edizione di 250 esemplari numerati. Prezzo 52 Lire.

Il testo spiegativo che accompagna questa Carta è edito in italiano ed in inglese, in due libretti separati, coi seguenti titoli speciali:

A short and concise account of the eruptive phenomena & geology of Monte Somma and Vesuvius in explanation of the great Geological Map of that volcano, constructed during the years 1880 to 1888. London 1891, George Philip & Son, in-16.° di pag. 22.

Breve e conciso rendiconto dei fenomeni eruttivi e della geologia del Monte Somma e del Vesuvio da servire come spiegazione della grande carta Geologica di questo vulcano rilevata negli anni 1880-1888. Ibid., in-16.° di pag. 24.

— The South Italian Volcanoes, being the account of an excursion to them made by English and other geologists in 1889 under the auspices of the Geologist's Association of London, with papers on the different localities, by Messrs. Johnston-Lavis, Platania, Sambon, Zezi and Madame Antonia Lavis, including the Bibliography of the Volcanic districts and 16 plates. Edited by H. J. Johnston-Lavis, M. D, F. G. S. etc. Naples 1891, F. Furchheim.

In-8 o di pag. VIII-342 ed una di Errata, con 16 tavole in fotoincisione. Nel frontispizio una vignetta del Vesuvio. Prezzo 15 Lire.

— Bibliography of the geology and eruptive phenomena of the South Italian Volcanoes that were visited in 1889 as well as of the submarine volcano of A. D. 1831. Compiled by Madame Antonia Lavis & Dr. Johnston-Lavis. From the South Italian Volcanoes etc. Naples 1891, printed by Ferrante.

In-8 o di pag. 244.

Estratto dall'opera precedente, di cui forma le pag. 89-332, con frontispizio separato. Prezzo 8 L. 50 c.

— Excursion to the South Italian Volcanoes. The round trip in detail. From the South Italian Volcanoes etc. Naples 1891, printed by Ferrante.

In-8.o di pag. VI-36 ed una di Correzioni.

Estratto dalla stessa opera, di cui forma le pag. 389-424, con frontispizio separato.

— The ejected blocks of Monte Somma. Part I. Stratified Limestones.

Transact. of the Edinb. Geolog. Society., vol. VI. pag. 314-351, con 3 tav. in fototipia. Edinb 1893.

— Notes on Pipernoid structure of igneous rocks.

Natural Science, vol. III. no. 19. pag. 218-221. London Sept. 1893.

— The study of vulcanology, being the introduction to a course of lectures on vulcanology in the R. University of Naples.

Nature, 1. March 1894. Confr. Science, 16. March 1894.

— The causes of variation in the composition of igneous rocks.

Natural Science, vol. IV. no. 24, pag. 134-140. London 1894.

— The eruption of Vesuvius, July 3, 1895.

Nature, vol. LII. pag. 343-345, con 4 illustrazioni. London 1895.

JOHNSTON-LAVIS Dr. H. J. and J. W. GREGORY.

Eozoonal structure of the ejected blocks of Monte Somma.

In-4.o di pag. 22.

Pubblicato nelle Scientif. Transact. of the Roy. Dublin Society, vol. V. no. 7. October 1894, pag. 259-278, con 5 tavole (numerate da XXX a XXXIV) in fotoincisione.

JONGSTE E. A. Classens de.

Souvenirs d'une promenade au Mont Vésuve. Naples 1841, chez Borel & Bompard.

In-8.o di pag. 62, l'ultima bianca. Nell'antiporta sta: *Galerie de scènes et d'impressions du royaume de Naples.* A pag. 41 vi è una poesia sul Vesuvio di Castel, ed a pag. 45 una di Chènedollé. [B. N.]

Un' altra operetta del medesimo autore « Méditations philosophiques, morales et religieuses au pied du Vésuve », annunziata nella copertina, pare sia rimasta inedita.

JORI prof. VINCENZO.

Portici e la sua storia. Napoli 1882, Tipografia dei Comuni.

In-8.º di car. VI e pag. 178.
Prass 3 L.

JUDD JOHN W.

Volcanoes: what they are and wat they teach. London 1881, Kegan Paul.

In-8.º con 96 illustr.
Internat. Scientif. Series.

— Contributions to the study of volcanoes.

Geolog. Magaz., vol. II. London 1876.

K

KADEN WOLDEMAR.

Der Ausbruch des Vesuv am 28. April 1872.

Illustrirte Zeitung no. 1507, pag. 360-361, con 2 illustr.; no. 1508, pag. 380-381, con 3 illustr.; no. 1512, pag. 453, con un'illustr. Leipzig 1872.

—Das Observatorium auf dem Vesuv.

Ibid., no. 1510, pag. 418, con un' illustr. Leipzig 1872.

— Der Bahnhof auf dem Vesuv.

Illustrirte Welt, 1881 fasc. 17, con un' illustr. Stuttgart 1881.

— Vesuv und Aetna. Touristische Aufzeichnungen und Randbemerkungen. I. II.

Westermanns Monatshefte, vol. 64. pag. 529-542, con 7 incis. in legno; pag. 599-615, con 7 incis. in legno. Braunschweig 1888.

— Der Vesuv. Touristische Aufzeichnungen und Randbemerkungen. I. II.

Ibid., vol. 76. pag. 595-616, con 9 incis. in legno; pag. 675-694, con 6 incis. in legno. Braunschweig 1894.

KALKOWSKY ERNST.

Ueber Krystallsystem und Zwillingsbildung des Tenorites (darunter auch Tenorit vom Vesuv).

Zeitsch. f. Krystallog. u. Mineralog. vol. III., con una tav. Leipzig 1879.

KEILHACK.

Ueber gelbe Schlacken vom Vesuv.

Zeitsch. d. geolog. Ges., vol. 44. pag. 161. Berlin 1892.

KENNGOTT A.

Bemerkungen über die Zusammensetzung einer Vesuvlava.

Zeitsch. f. die ges. Naturkunde, vol. XV. Berlin 1860.

— Pyrit, Calcit, Anorthit vom Vesuv.

Vierteljahresschr. d. Naturforsch. Gesellsch. in Zürich, vol. XIV. Zürich 1869.

— Salmiak vom Vesuv.

Ibid., vol. XV. Zürich 1870.

— Ueber die Zusammensetzung des Vesuvian.

Neues Jahrb. f. Mineral., 1891 I. pag. 200-207. Stuttg. 1891.

—Die Formel des vesuvischen Meionit.

Ibid., 1892 I. pag. 49.

KERNOT FED. (farmacista).

L' acqua Filangieri minerale acidola-alcalina con l' analisi quantitativa del Prof. Raffaele Monteferrante. Napoli 1873.

In-8.° di pag. IV-84, con una tabella; frontisp. e dedicat. litogr., accomp. da uno Schizzo topogr. del corso delle lave dal 1631 in poi, sulle traccie della carta di Le Hon.

KIRCHER ATHANASIUS. (S. J.)

Diatribe. | De prodigiosis Crucibus, quae tam | supra vestes hominum, quam | res alias, non pridem post | vltimum incendium | Vesuuij Montis | Neapoli | comparuerunt. | Romae | Sumptibus Blasij Deuersin | 1661.

In-8.° di car. IV e pag. 104, l'ultima bianca, con una tavola a pag. 40, nella quale si trovano le diverse forme di croci comparse dopo l' incendio del 1660. [B. N.].

« Copiosa istoria delle diverse apparizioni di croci, succinta descrizione dell' incendio del 1660, e particolarizzata esposizione delle croci che in seguito di esso comparvero, e che sono attribuite alle esalazioni vesuviane. » (Scacchi.)

A pag. 38 e seg. trovasi la traduzione latina della « Dichiaratione et espressione delle croci » contenuta nell'operetta del P. gesuita ZUPO, intitolata Continvatione de' svccessi ecc.

È interessante ciò che dice di quest'opera il Vetrani nel catalogo alla fine del suo Prodromo Vesuviano.

Rarissimo. Hoepli (Biblioteca Tiberi) 20 Lire.

— La medesima.

Pubblicata in fine dell' opera intitolata **Jocoseriorum naturae et artis** centuriae tres, auctore **Casp. Schott**, Herbipoli (1663), in-4.° con figure. [B. V.]

— Mundus subterraneus. Amstelodami 1665.

Due vol. in-fol., con molte figure.

Praefatio cap. III: *De montis Vesuvii reliquarumque insularum exploratione ab Authore facta,* con una tavola. [B. V.]

« L' autore salì sul Vesuvio poco dopo il tremuoto delle Calabrie del 1638, descrive lo stato del cratere in tale epoca e ne dà una buona figura. » (Scacchi.)

Altra edizione ibid. 1678. [B. V.]

KLAPROTH M. H.

Beiträge zur chemischen Kenntniss der Mineralkörper. Posen u. Berlin 1795-1815.

Sei vol. in 8.°

« Von Vevuvvorkomnissen untersuchte K. blauen vesuvischen Kalkstein, Lava, Leucit, Asche in Bezug auf das Verhalten im Feuer des Porzellanofens und auf ihre chemischen Bestandtheile. Der Name Leucit rührt von Klaproth her, der in diesem Mineral (1796) zuerst das Kali als einen Bestandtheil der Mineralien auffand. » (Roth.)

— Risultato dell' analisi di alcune sostanze minerali.

Giornale letterario di Napoli, vol. XC. pag. 81-104. Napoli 1793.

KLEIN C.

Ueber optische Untersuchungen zweier Humitkrystalle des III. Typus vom Vesuv.

Neues Jahrb. f. Mineral., Stuttg. 1876, pag. 633-635.

KLUGE Emil.

Verzeichniss der Erdbeben und vulkanischen Eruptionen und der dieselben begleitenden Erscheinungen in den Jahren 1855 und 1856.

Allgem. deut. naturh. Zeitsch., vol. III. pag. 331-416.

— Ueber einige neue Forschungen auf dem Gebiete des Vulkanismus.

Zeitsch. d. geol. Ges., vol. XV. pag. 377-402. Berlin 1863.

Menziona anche il Vesuvio.

KNOLL Friedrich.

Wunder der feuerspeyenden Berge in Briefen an eine Frau für Damen und Liebhaber der Natur. Erfurt 1784, G. A. Keyser.

In-16.° Le lettere 14-20 trattano del Vesuvio.

KOBELL F. von.

Analyse eines sinterartigen Minerals vom Vesuv.

Gelehrte Anzeigen, hor. v. Mitgl. der königl. bayer. Akad. d. Wissenschaften, vol. XXI. München 1845.

KOKSCHAROW N. von.

Ueber den zweiaxigen Glimmer vom Vesuv.

Jahrb. d. geolog. Reichsanst., vol. V. Wien 1854, pag. 852. Confr. vol. VI. pag. 410; vol. VII. pag. 822.

Ann. d. Phys. u. Chem., vol. 94. Leipzig. 1855.

— Messungen eines besonders vollkommen ausgebildeten Anorthitkrystalls vom Vesuv.

Bulletin de la classe phys. et mathem. de l' Acad. Impér. des Sciences de St. Pétersbourg, N. S. vol. VII. St. Pétersb. 1864.

— Ueber den Glimmer vom Vesuv.

Materialien zur Mineralogie Russlands, vol. VII. St. Petersb. 1875.

— Der Biotit vom Vesuv gehört dem hexagonalen System.

Neues Jahrb. f. Mineral., Stuttg. 1875, pag. 857-858.

KOPISCH August.

Auf dem Vesuv am 13. November 1828. Improvisation. (Sr. königl. Hoheit dem Kronprinzen von Preussen.)

Werke, vol. II.

Sono dodici strofe in ottava rima.

KOESTLIN C. H.

Examen mineralogico-chemicum materiei, quae Herculaneum et Pompejos anno 79 aere Christ sepelivit. Fasciculus animadversionum physiologici atque mineralogico-chimici argumenti. Stuttgardiae 1780, Metzler.

In-4.°.

Krater [Der] des Vesuv.

Illustrirte Welt, 1879 fasc. 8, con una illustr. Stuttgart 1879.

Anonimo.

KRENNER I. A.

Ueber den Pseudobrookit vom Vesuv.

Földtani Közlöng 1888, pag. 81-83. In lingua ungherese.

Confr. Zeitsch. f. Krystallog. u. Mineralog., vol. XVII. pag. 516. Leipzig 1890.

KRESSNER.

Geograpisch orographische Uebersicht über das vulkanische Terrain im Neapolitanischen.

Berg-u. Hüttenmänn. Zeitung, N. F. vol. XVII. pag. 237. Freiberg. 1863.

KREUTZ Felix.

Mikroskopische Untersuchungen der Vesuv - Laven vom Jahre 1868.

Sitzungsb. d. Akad. d. Wissensch., vol. 59. pag. 177-188. Wien 1869.

—Ueber Vesuvlaven von 1881 und 1883.

Mineralog. u. petrogr. Mittheil. N.F. vol. VI. pag. 133-150. Wien 1884.

KURR G. von.

Ueber den letzten Ausbruch des Vesuvs im December 1861.

Jahreshefte d. Vereins f. vaterländ. Naturkunde in Würtemberg, vol. XIX. Stuttgart 1863.

L

LA-CAVA Pasquale.

Sulla efflorescenza della soda clorurata che trovasi in taluni fumajuoli attivi del Vesuvio. Memoria letta nella tornata de' 20 Agosto 1840.

Annali dell' Accad. degli Aspiranti Naturalisti, Napoli 1840, pag. 1-16. [B. V.]

Confr. Rendiconto della R. Accad. d. Scienze. Napoli 1840.

— Rapporto sui cambiamenti avvenuti al Vesuvio dal 27 decembre al 19 marzo 1843.

Annali dell' Accad. degli Aspiranti Naturalisti, Napoli 1843, pag. 1-12. [B. V.]

LACROIX A.

Les enclaves des roches volcaniques.

Annales de l' Acad. de Mâcon, tome X. 1893.

LALANDE Jos. Jér. Lefrançois de.

Relation de la dernière éruption du Vésuve, Août 1779.

Journal des Savants, Paris, Janvier 1781, pag. 103-114.

— Du Mont Vésuve et de la nature des laves.

Nel «Voyage en Italie,» 8 vol. in 8.° avec atlas, Paris 1779; vol VII. pag. 153-206; 2, édit. ibid. 1786, vol. VII. pag. 479-544. A pag. 500 sono riportate le misure geodetiche di Richeprey.

LAMANNIS dott. Gabriele.

Memorie su la necessità di stabilire i parafulmini sulla reale polveriera della Torre dell'Annunziata. Napoli 1808, presso Domenico Sangiacomo.

In-8º di pag. 24.

LAMBRUSCHINI R.

L' éruption du Vésuve en 1832.

Biblioth. univ., Lausanne 1833.

LAMOTHE ALEXANDRE de.

Le fou du Vésuve et autres contes.4.éd.Paris 1879,Bleriot.

In-12º di pag 318. Prezzo 3 fr. Contiene una descrizione dell'incendio del 79 sotto forma di racconto di un Pompeiano imaginario.

LANCELOTTI JOH. (juriscons. neapolit.)

Epistolae tres : I. De incendio Vesuvii. II. De Stabiis. III. De petitione magistratuum. Editio altera. Neapoli 1784.

In-8.º di pag. 23 e di car. IV. [B. N].

Elegante descrizione dell'eruzione del 1767, dopo la quale fu eretto il monumento di San Gennaro sul Ponte della Maddalena

Hoepli (Bibl. Tiberi) 3 L.

LANDGREBE Dr. G.

Mineralogie der Vulkane. Cassel 1870, Luckhardt.

In-8.º

LANELFI.

Incendio | Del | Visvvio | Del Lanelfi | In Napoli appresso Ottauio Beltrano 1632.

In-8.º di carte otto; nel frontispizio la figura astronomica della *Magna Congiuntione*, ed altre due nel testo [B. N.].

« Discorso in cui si dà una relazione spesso inesatta dei particolari dell'incendio. È notevole la modestia ben intesa dell'autore il quale si sottoscrive *l' Inutile Lanelfi.* » (Scacchi.)

« È piacevol cosa il veder questo autore seriamente applicarsi non meno a far dipendere l' incendio de' 16 Dicembre 1631 dall' ecclisse solare de' 24 Ottobre, dominato da malefici pianeti, che a voler dimostrarlo per mezzo di certe astrologiche figure. » (Soria.)

LANG OTTO.

Die vulcanischen Herde am Golfe von Neapel.

Zeitsch. d.geol. Ges., vol. 45. pag. 177-194,con una tabella. Berlin 1893.

— Ueber den zeitlichen Bestandwechsel der Vesuvlaven und Aetnagesteine.

Zeitsch. f. Naturw., vol. 65. pag. 1 80. Berlin 1892.

LANGDON WILLIAM CHAUNEY

A Vesuvian Episode.

The Atlantic Monthly, vol. LXVI. pag. 122-125. Boston 1890.

LASAULX A. von.

Dünnschliffe der Vesuv-Lava der Eruption vom April dieses Jahres.

Sitzungsberichte d niederrhein. Gesellsch. in Bonn, vol. XXIX. pag. 120. Bonn 1872.

— Mikroskopische Untersuchung der neuesten Lava vom Vesuv.

Neues Jahrb. für Mineral. etc., vol. XL. pag 408-410, con 4 illustr Stuttgart 1872.

LASOR A VAREA [o SAVONAROLA].

Universus terrarum orbis scriptorum calamo delineatus. Patavii 1713.

Due vol. in-fol.

Nell' articolo *Vesuvius* si trova un saggio di bibliografia vesuviana.

LASPEYRES H.

Die Grundform des Biotit vom Vesuv. (Theil des Aufsatzes: Die Grundformen der Glimmer und des Klinochlor).

Zeitschr. f. Krystallog u. Mineralog. vol. XVII. pag. 541. Leipzig. 1890.

LATINI ANTONIO.

Lo scalco alla moderna, ovvero l'arte di ben disporre li conviti. Napoli 1692-94.

Due vol. in-4.o Nel II. vol. da pag. 234 a pag. 238 trovasi la descrizione dell'eruzione del Vesuvio del 12 Aprile 1694.

LAUGEL A.

Sur l' éruption du Vésuve du 8 décembre 1861.

Le Moniteur de la Côte d' Or, Janvier 1862.

LAUGIER A.

Examen chimique d'un fragment d' une masse saline considérable rejetée per le Vésuve dans l' éruption de 1822.

Mém. du Mus. d' hist. nat., vol. X. Paris 1823; Annales de Chimie N. S. vol. XXVI. Paris 1824; Quarterly Journal of Science, Lit. and Arts, vol. XVIII. London 1825.

LAVINI.

Analisi della cenere del Vesuvio delle eruzioni 1794 e 1822.

Memorie dell' Accad. d. Scienze di Torino, vol. XXXIII. pag. 183-198. Torino 1829.

LAVINY conte GIUSEPPE.

Rime. In Roma 1750, nella stamperia di Gio. Zempel.

In-8.o Vedi pag. 14 e seg.

LAWRENCE EUGENE.

The Lands of the Earthquake.

Harpers Magazine, vol. 38. pag. 466-482, con due illustr. New-York 1868. Menziona anche il Vesuvio.

LEBERT H.

Le golfe de Naples et ses volcans, et les volcans en général. Lausanne 1876, B. Benda.

In-8.o di pag. 120. Vedi pag. 65-94: *Des volcans du Golfe de Naples.*

LE BLANC.

Sur les emanations à gaz combustibles.

Vedi FOUQUÉ.

LECOUTOURIER.

Phénomènes observés au Vésuve (par M. Palmieri).

Musée des Sciences, Paris, Mai 1856.

LE HON H.

Histoire complète de la grande éruption du Vésuve de 1631, avec la carte, au 1/25,000, de toutes les laves de ce volcan, depuis le seizième siècle jusqu' aujourd' hui; par

H.Le Hon, chev. de l'ordre de Léopold, membre de la Société géologique de France etc. etc. Bruxelles 1865, M. Hayez, imprimeur de l'Acad. Royale.

In-8° di pag. 64, con una grande carta topogr. delle lave 1631-1861 in cromolitografia. Prezzo 4 fr. 50 c.

Estratto dal Bulletin de l'Académie royale de Belgique, II. série, tome XX.

Weg 4 M.; Hoepli 4 L.

Vedi CAMERON.

LÉMERY LOUIS.

« Nell'Hist. de l'Acad. Roy. des Sciences de Paris 1705, pag. 66 della parte storica vi è di lui una notizia poco esatta del sale ammoniaco del Vesuvio, e pare che avesse osservato un miscuglio di sale ammoniaco e sal marino.»(Scacchi.)

LEMMO GAETANO.

Prodigioso Miracolo del nostro gran Santone, e Difensore S. Gennaro, D'averci liberato dall' Incendio del Vesuvio, e dal Terremoto nell'anno 1794.

Foglio volante in-8.° di pag. 4, con la data del 18 Giugno 1794. [B.N.]

— Pietosa Istoria Del danno accaduto nel paese detto Somma, non già del foco ; ma di acqua, pietre, arena, e saette, che ha spianato detto paese, con Ottajano.

Foglio volante in-8.° di pag.4, con la data del 25 Giugno 1794. [B.N.]

« Due sciocche poesie, ma di una certa importanza storica, parlandosi pure delle alluvioni avvenute in Somma e Ottajano alla fine della grande eruzione del 1794 » (Palmieri.)

Entrambe sono rarissime.

LEO [DI] MARCIANO.

Il Vesuvio nell'ultima eruzione degli 8. Agosto 1779. Canto. Nella stamperia di Gioacchino Milo.

In-4.° di pag. 26. S. l. n. d. (Napoli 1779.) Poema in ottava rima, con note, dedicato al Principe di Torella. A tergo del frontisp. una epigrafe di Orazio ; alla fine un sonetto dell' abate Scipione Gala in lode dell'autore. [B. V.]

Hoepli 3 L.

— La stessa opera.

Altra edizione,pure s. l n. d. In-4° di pag. 24, in carta più ordinaria e senza le due pag. di dedica. Nel frontisp. sta : *Si vendono nella Stamperia medesima sopra le Chiancho dolla Carità a grana 6. l'uno;* nell'altra edizione sta alla fine.

LEONHARD C. C. von.

Vulkanen-Atlas zur Naturgeschichte der Erde. Stuttgart 1845, Schweizerbart.

In-4.°, con 15 tavole, in parte colorate.

LEOPARDI GIACOMO.

La Ginestra, o il fiore del deserto. Canto.

Nelle sue Opere, vol. I. pag. 159-168. Firenze 1889, Successori Le Monnier, in-16.°

LETTERA sull' analisi della cenere eruttata nel 1794.

Vedi FERRARA.

LETTERA NARRATORIA a pieno

la verità de' successi del Monte Vessuuio ecc.

Vedi PADAVINO.

LETTERA RAGIONATA ad un amico. Nella quale si da un esatto ragguaglio dell' eruzione del Vesuvio accaduta a' 15 Giugno 1794. E degli altri fenomeni occorsi tanto ne' Paesi adjacenti ad esso Monte, quanto in questa nostra Capitale. Napoli 1794.

In-8.° di pag. 24. Nel verso del frontispizio l' epigrafe: *Mens agitat molem... Virg.*

La lettera è firmata G. M. C.

LETTERE DUE sull'eruzione del Vesuvio de' 15. Giugno 1794.

Vedi DUCA DELLA TORRE (SEN.).

LETTRE touchant le mont Vésuve et tremblement à Naples le 5 juin 1688.

Nel « Voyage fait en Italie en 1688, » tome III. pag. 391-418. La Haye 1717. Anonimo; confr. Misson.

LETTRE sur l' éruption du Vésuve en Août 1756, par Mademoiselle...

Journal étranger, Paris, Mars 1757, pag. 159-168. Anonima.

LETTRE sur une éruption du Vésuve.

Journ. de phys., vol. 63. pag. 58-59, 203-206. Paris 1806.

Lettera anonima, datata da Napoli 17 giugno 1806.

LIBERATORE R.

Delle nuove ed antiche terme di Torre Annunziata. Articolo inserito nel fasc. XII. degli Annali Civili. Napoli 1835.

In-8.° di pag. 56, con una carta litografata. A pag. 49-56 il *Parere sulle facoltà salutifere dell'Acqua termo-minerale Vesuviana-Nunziante* del Prof. VINCENZO LANZA. Parla anche della struttura geologica del Capo Uncino a Torre Annunziata.

LICOPOLI dott. GAETANO.

Storia naturale delle piante crittogame che nascono sulle lave vesuviane. Memoria scritta per concorso e premiata dalla R. Accademia delle Scienze fisiche e matematiche di Napoli. Con tre tavole. Napoli 1871, Stamp. del Fibreno.

In-4.° di pag. IV-58, con 3 tavole litografate. Memoria estratta dal vol. V. degli Atti di questa Accademia.

Vale 5 Lire.

— Le crittogame delle lave vesuviane.

Atti dell' Accad. d. Scienze fisiche e matem., vol. V. no. 2. Napoli 1873.

LINGG HERMANN.

Auf dem Vesuv.

Gedichte I. Band, pag. 191-193. Stuttgart 1871, Cotta.

LIPPI CARMINANTONIO.

Dell'utilità della parte volcanica. [Napoli] 1807.

In-4.° di pag. 24. Tratta dell'esame di sostanze volcaniche ed in particolare di quelle del Vesuvio.

— Qualche cosa intorno ai Volcani in seguito di alcune idee geologiche. All'occasione dell' eruzione del Vesuvio del 1. Gennaio 1812. Napoli 1813, presso Domenico Sangiacomo.

In-8.° di pag. 167 e una bianca.

Breve descrizione dell' eruzione, seguíta da un articolo geognostico. volcanico.

— Fu il fuoco o l' acqua che sotterrò Pompei ed Ercolano? Scoperta geologico - istorica, fatta dall'autore il dì 14 e 26 Ottobre 1810, e da lui scritta nelle lingue latina, inglese, francese, italiana, tedesca e spagnuola. In due lettere. Seguíte dalle scritture pro et contra, presentate all'Accademia di scienze di Napoli, per di lei ordine; e dalle decisioni di questa Società, relative all'argomento. Prima edizione italiana. Con una tavola. Napoli 1816, Presso Domenico Sangiacomo.

In-8.° di pag. IV - 384. Annessa la *Circolare Esaglotta*, inviata a tutte le Accademie di Europa ecc. Ibid. 1816, in-8.° di pag. 16, con una tavola: *Copertura di Pompei.*

Sul sotterramento di Pompei ed Ercolano per via umida, ma non per causa del Vesuvio. L' Accademia confutò codeste stranezze.

— Esposizione de' fatti che da novembre 1810 a febbraio 1815 hanno avuto luogo nell'Accademia di Scienze di Napoli relativamente alla scoperta geologico-istorica di C. Lippi, dalla quale risulta che le due città di Pompei ed Ercolano non furono distrutte e sotterrate dal Vesuvio.

In-4.° di pag. 18.

Opuscolo diventato molto raro. Non porta nè data, nè nome di editore, solamente alla fine sta: *Napoli 18 maggio 1815, C. Lippi.*

Dura 5 L.; Hoepli 5 L.

— Sulla pretesa Zurlite. Apologia. Napoli 1819.

In-8.° di pag. 16, l'ultima bianca. Nel frontispizio l'elenco delle opere dell'autore.

Letta alla R. Accad. d. Scienze il 12 febbraio 1819. Confutazione di un presunto minerale vesuviano presentato nel 1810 dal prof. Remondini e già confutato da Tondi nel 1811.

— Il carbone fossile è la cagione de' vulcani. Napoli 1820.

In-8.°

LOBLEY I. LOGAN. (Prof., F. G. S. etc.).

Mount Vesuvius. A descriptive, historical and geological account of the volcano. With a notice of the recent eruption, and an appendix containing letters by Pliny the younger, a table of dates of eruptions, and a list of Vesuvian minerals. London 1868, Stanford.

In-8.° di pag. VI-55 con 3 tavole. Prezzo 5 s.

Prima edizione, pubblicata dalla Geologist's Association of London.

Hoepli (Bibl. Tiberi) 7 L. 50 c.

— Mount Vesuvius. A descriptive, historical, and geological account of the volcano and its surroundings. With maps and illustrations. London 1889, Roper & Drowley.

Seconda edizione. In-8.º di pag. 400, con 20 tavole incise in legno ed una piccola carta del Vesuvio in colori. Nel frontisp. un'epigrafe. Prezzo 12 s. 6 d.

LONGO Gio. Batt.

Il | Lacrimoso Lamento | Del Disaggio | Che à fatto il Monte di Somma, | con tutte le cose occorse si-| no al presente giorno. | Composta | Per Gio. Bat. Longo Napolitano. In Napoli. Per Domen. Maccarano. 1632.

In-16.º di carte otto.

Nel frontispizio una figura del Vesuvio in eruzione. [B. N.]

« Quarantasette ottave nello stile dei cantastorie in cui si racconta goffamente l'incendio. Nell' esemplare che ho veduto di quest'operetta, legato con altri opuscoli, seguono cinque carte con trentaquattro ottave sullo stesso argomento e probabilmente dello stesso autore. Cominciano con questo verso: *Prego la Divina maiestate* » (Scacchi.)

Rarissimo.

LONGOBARDI Placidus.

Musarum primi flosculi. Napoli 1714.

In-4.º Componimenti riguardanti il Vesuvio a pag. 46, 90, 129, 132.

LORENZO [De] Giuseppe.

Efflusso di lava dal gran cono del Vesuvio cominciato il 3 luglio 1895.

Rendiconto dell' Accad. d. scienze fis. e matem., serie III. vol. I. pag. 183-194. Napoli 1895.

— Sulla lava pahoehoe effluita il 24 maggio 1895 dal cono terminale del Vesuvio.

Rendiconto dell' Accad. dei Lincei, Roma, Luglio 1895.

LOTTI Giovanni.

L' Incendio | Del Vesvvio | In Ottava Rima | Di Giovanni Lotti | Academico Errante. | In Napoli per Gio. Domenico Roncagliolo 1632.

In 16.º di carte dodici, con una incisione nel frontispizio, rappresentante la crocifissione. [B. N.]

« Sono sessanta mediocri ottave in cui non si raccoglie alcuna cosa importante per la storia dell' incendio. » (Scacchi.)

Nel catalogo del Vetrani quest'opuscolo sta per errore sotto Zotti.

LUC J. A. de.

Lettres physiques et morales sur l'histoire de la terre etc. La Haye 1778.

Nel vol. II. pag. 416-427 stanno le osservazioni del fratello di De Luc sull' eruzione e lo stato del cratere del Vesuvio nel febbraio 1757. *Lettre no. 48: Formation des montagnes volcaniques. Observations au Vésuve et à l'Etna.* Vedi Meister.

— Remarks on the geological theory supported by M. Smithson in his paper on a Saline substance from Mount Vesuvius.

Philos. Magaz., vol. 43. London 1814.

LUCA [DE] FERDINANDO.

Ricerche sui Vulcani. Memoria.

Rendiconto delle adunanze e de' lavori dell'Accademia delle Scienze di Napoli, anno V. pag. 45-65. Napoli 1846.

— Nuove considerazioni sui Vulcani e sulla loro cagione. Memoria letta nella R. Accad. delle Scienze di Napoli nel 1846 e riprodotta con qualche aggiunzione nel 1850. Napoli 1850, stamp. della Società Filomatica.

In-8.°

LUCA [DE] P.

Memoria sull' eruzione del 1832.

Nuova Antologia, Firenze 1833; Bulletin de la Soc. Géol. de France, Paris 1833.

LUCA [DE] S.

Ricerche chimiche sopra talune efflorescenze vesuviane. Napoli 1871.

Rendiconto della R. Accad. delle Scienze fis. e mat., Napoli 1871.

— Sopra talune materie raccolte in una fumarola del cratere vesuviano.

Ibid., 1876.

— Ricerche chimiche sopra una particolare argilla trovata negli scavi di Pompei.

Ibid., 1878.

LUDOVICI D.

Carmina et Inscriptiones. Opus posthumum. Napoli 1746.

Due vol. in-4. Del Vesuvio trattano le pag. 46-47, 63-67, 143-145 del primo vol.

LUDWIG E. et A. RENARD.

Analyses de la Vésuvienne d'Ala et de Monroni.

Bullet. du Mus. d'hist. nat. belge, vol. I. pag. 131-183. Bruxelles 1882.

LYELL Sir CHARLES.

On the structure of lavas which have consolidated on steep slopes; with remarks on the mode of origin of Mount Etna, and on the theory of craters of elevation. London 1859.

In-4.° con tav.

Philos. Transact. of the R. Soc. of London 1858, part. II. pag. 703-786. Il Vesuvio è menzionato a pag. 4, 6, 27, 30, 49, 55.

M

MAC DONALD MICHEL.

Le Vésuve. Ode.

In-8.° di car. IV. S. l. n. d. (Napoli verso il 1750.) Trovasi riunita alla satira « Les Richesses » dello stesso autore.

Vedi MECATTI, Racconto storico filosofico del Vesuvio. Napoli 1752.

MACKINLAY ROBERT.

Letter dated at Rome the 9th January 1761, concerning the

late eruption of Mount Vesuvius etc.

Philos. Transact. of the R. Soc. of London 1761, vol. LII. pag. 44. [B. S.]

MACRINO Giuseppe (giureconsulto napoletano).

De Vesuvio. Item poetica opuscula ejusdem. Neapoli 1693, typis Hieron. Fasuli.

In-8° di pag. xxx-156. [B. N.]

« L' autore comincia dal dare la descrizione topografica del Vesuvio, aggiungendovi non poche notizie erudite; discorre degli ordinarj fenomeni degl' incendj vulcanici che fa derivare dalle miniere di nitro, zolfo e bitume; mette in campo e lascia indecisa la questione se il Vesuvio abbia sotterranee communicazioni con i Campi ed Isole Flegree; fa un paralello tra il Vesuvio e l' Etna con qualche buona veduta; dice che le acque uscite dal Vesuvio nel 1631 siano state le piovane cadute nel cratere; enumera quattordici incendj vesuviani compreso quello del 1660, e dà qualche notizia degli altri vulcani. Seguono alcune poesie latine di vario argomento non ispregevoli. » [Scacchi.]

Riportato dal Soria col nome di Macrini.

Cioffi 6 L.; Prass 6 L.

MAGALOTTI conte Lorenzo.

Lettera al Sig. Vincenzo Viviani.

Vedi: Dei Vulcani o Monti ignivomi, Livorno 1779.

Graziosa lettera del 3 di Aprile 1663, in cui racconta la sua salita sul Vesuvio. Roth la riporta erroneamente sotto Malagotti.

MAGNATI D. Vincenzo.

Notizie istoriche de' Terremoti succeduti ne' secoli trascorsi, e nel presente ecc. In Napoli 1688, Ant. Bulifon.

In-16.° Il Vesuvio è menzionato a pag. 16, 81, 150-152, 168.

MAIONE Domenico.

Breve Descrizzione della Regia Città di Somma, composta dal M. Rev. D. Domenico Maione, dottor dell'vna e l'altra legge, e della S. Teologia ecc. In Napoli. Per Nicolò Antonio Solforano 1703.

In-4.° di car. x e pag. 56, con una tavola topogr. Nel cap. XII: *Epilogo del Monte di Somma o Vesuuio*, si trovano alcune note bibliografiche. Dedicata al marchese Fr. Galluccio di Villaflores. [B. N.]

Raro. Prass 15 L.

MAJONE Giovanni.

Della esistenza del Sebeto nella pendice settentrionale del Monte di Somma. Napoli 1865.

In-4.° di pag. ii-34, con una tavola ed una carta.

Cioffi 2 L.

MALLET Robert.

The Great Neapolitan Earthquake of 1857. London 1862.

Due vol. in-8.° con fig. e tav.

— On some of the conditions influencing the projection of discrete solid materials from volcanoes and on the mode in which Pompeii was overwhelmed.

Journal of the R. Geolog. Soc. of Ireland, vol. IV. part. III. pag. 144-169. Dublin 1876.

— On the mechanism of production of volcanic dykes, and on those of Monte Somma.

Philos. Magaz., vol. XII. London 1876; Quarterly Journal of the Geol. Soc., vol. XXXII. London 1876.

Vedi Palmieri, The Eruption of Vesuvius in 1872.

MALPICA Cesare.

La notte del 3 Gennajo in cima del Vesuvio.

Poliorama Pittoresco, Napoli 19 Gennajo 1839, pag. 181-183 con fig.

Descrizione poetica.

— Inaugurazione del Reale Osservatorio Meteorologico alle falde del Vesuvio il 28 Settembre 1845.

Annali Civili, vol. 39, fasc. 77. Napoli 1845, con le iniziali C. M.

MANNI Pasquale (medico).

Saggio fisico-chimico della cagione de' baleni e delle pioggie che osservansi nelle grandi eruzioni vulcaniche. In occasione dell'eruzione del Vesuvio a Giugno 1794. Napoli 1795, nella Stamperia Porsiliana.

In-8.º di pag. xvi, con note di Antonio Casazza di Montefuscolo. [B. N.] Pubblicato prima nell'Effemeridi Enciclopediche.

Hoepli 4 L.; Prass 4 L.

MANTOVANI P.

Un' escursione al Vesuvio durante l' eruzione del Gennaio 1871. Roma 1871, Ermanno Loescher e C.

Estratto dal Bollett. nautico geografico, vol. V. Roma 1871.

— La pioggia di cenere caduta a Napoli e la lava del Vesuvio dell' Aprile 1872.

Ibid., vol. VI. Roma 1872.

MARANA.

Des Montagnes de Sicile et de Naples, qui jettent des feux continuels : de la nature de leurs effets.

Contenuto in **L'Espion** dans les cours des princes chrétiens etc. par . . .; tome premier, pag. 155-157. A Cologne 1739, chez Erasme Kinkius, in-8.º [B. S.]

MARC-MONNIER.

Vedi Monnier.

MARENA Thom. Anton.

Brevissimvm Terraemotvvm Examen etc. Neapoli apud Jo. Domin. Roncaliolum 1632.

In-4.º di carte dieci; nell'ultima vi è un'imagine della Madonna ed una di S. Giorgio. [B. N.]

« Si parla, secondo la maniera dei tempi, del tremuoto che si ritiene essere la cagione dell'eruzioni vulcaniche. Si discorre brevemente dell'incendio del 1631, e si attribuisce agli stessi tremuoti l'uscita dell'acqua dal vulcano. » (Scacchi.) Rarissimo; non citato dal Soria.

MARI avv. Camillo.

Il Vesuvio. Canto. Napoli 1869, tipogr. all' insegna di Diogene.

In-16.º di pag. 16. Alla fine si legge la data: *Napoli 1862.*

MARIGNAC C. de.

Notices minéralogiques. (Epidote, Humite ou Chondrodite du Vésuve, Pinite, Gigantolite.)

Supplém. à la Biblioth. Univ. et Revue Suisse, II. série, vol. IV. Genève 1847; Journal de Pharm. et des sciences access., II. série, vol. XII. Paris 1847.

MARRIOTT H. P. FITZGERALD.

An Ascent of Vesuvius.

Month, London, December 1891.

MARTENS GEORG von.

Italien. I. Band: Italisches Land. Stuttgart 1846.

« Der Verf. führt nach dem Theatrum Europaeum in den Berichtigungen Notizen über den Vesuv von 1632, 1651-52 und 1654-55 an, die sonst nirgend erwähnt sind. » (Roth.)

MARTINO FLAMINIO.

Ottave | Sopra L'Incendio | Del Monte Vesvvio | Di Flaminio Martino | di Carles, della Città di Tiano. | Dedicate al Signor | Don Francesco Silvestri | Caualiere di natione Spagnuola, mio Padrone Osseruandissimo. In Nap. Per Egidio Longo 1632.

In-16.° di carte dodici. [B. N.]

« Sessantotto ottave men che mediocri in cui sono menzionati i principali fenomeni dell'incendio. » (Scacchi.)

Rarissimo; non riportato dal Soria. Unica copia veduta.

MARTINO [DE] CESARE.

Osservationi | Giornali | Del Svccesso Nel | Vesvvio | Dalli xvi. di Decembre MDCXXXI. sino | alli x. di Aprile MDCXXXII. | D' Ordine Dell' Illvstrissimo Sig. | Marchese Di Bel Monte Regente | Carlo Di Tapia | Di Cesare De Martino | Filosofo, & vno delli Medici della sanità di | questa fedelissima Città di | Napoli. | In Napoli 1632. Appresso Ottauio Beltrano.

In-4.° di pag. 30 num. e 2 n. n.; nell'ultima vi è una figura. [B. N.]

« Ragionamento filosofico ed astrologico sulla cagione dell' incendio; relazione del medesimo, male scritta e di niuna importanza. » (Scacchi.)

Rarissimo; non riportato dal Soria. Roth lo chiama erroneamente DE MARTINIO.

MASCOLO GIO. BATT.

Joannis Baptistae | Mascvli Neapolitani | E Societate Jesv | De Incendio Vesvvii | excitato XVII. Kal. Januar. anno trigesimo primo saeculi De- | cimiseptimi. | Libri X. | Cum Chronologia superiorum incendiorum; et | Ephemeride vltimi. | Ad Illust., & Reu. Dom. | D. Petrvm Aloysium Carafam | Episcop. Tricaricensem, & Nuntium | Coloniensem. | Neapoli 1633. Ex Officina Secundini Roncalioli.

In-4.° di car. IV e pag. 312, seguite dalla *Chronologia* degl'incendii vesuviani e le effemeridi dell'ultimo, pag. 1-37 con propria paginazione, e dall' *Index* di car. v n. n. Con due tavole incise in rame, simili a quelle che vedonsi nel Trattato del Giuliani, però le leggende da italiane sono cambiate in latine e nella seconda tavola vi è una diversità.

Nel frontespizio sta stampato per errore *De* | *cimisextimi*; ma questo errore è stato corretto pure a stampa *De* | *cimiseptimi* con caratteri a mano in modo da non distruggere le tracce dell' errore. [B. N.]

« La storia dell' incendio è diffusamente esposta con molti particolari degni di memoria, e nelle effemeridi trovasi indicato ogni movimento del Vesuvio sino al mese di Giugno del 1632. Per la cagione dell' incendio, dopo discusse le dottrine dell' umido, del secco e del crasso, si conchiude essere stato cagionato dai demonj, e la materia dell'incendio si dice essere stato lo zolfo ed il petrolio di cui se ne trova non poco nuotanto sulle acque del prossimo mare.» (Scacchi.)

« L' opera fa meglio conoscere l' infelicità delle lettere in quel secolo, che non la calamità dall' incendio prodotta. » (Galiani.)

Bocca 7 L.; Cioffi 8 L.; Kirchh. & W. 5 M.; Hoepli 15 L.

MASINO MICHEL' ANGELO.

Distinta | Relatione | Dell'Incendio Del Sevo Vesvvio, | Alli 16. di Decembre 1631 successo. | Con la relatione del incendio della Città di Pozzuoli, | e cause delli Terremoti, al tempo di Don Pietro de Toleto Vicerè | in questo Regno nell' anno 1534. | Scritta dal Dottor Don Michel' Angelo Masino di Caluello. | In Napoli. Per Gio. Domenico Roncagliolo. 1632.

In-4.° di carte diciotto, con una incisione nel frontispizio ed una nel testo. La relazione è dedicata al Cardinale Spinula. [B. N.]

« Libro assai sciocco. » (Galiani.)

Soria lo riporta sotto MASINI.

MASSARIO GIO. PIETRO.

Sirenis | Lacrymae | Effvsae In Montis Vesevi | Incendio, | Et | Gratiarum actio pro recepto | beneficio. | Avctore | D. Io. Petro Massario | V. I. D. Oratinen. & Ciue Neap. | Neapoli, Typis Aegidij Longhi 1632.

In-4.° di pag. 28; nel frontisp. evvi un' incisione del Vesuvio.

Descrizione dell'eruzione in esametri.

MASTRACA.

Il Vesuvio e sue principali Eruzioni dall' anno 79 sino a nostri giorni accompagnato da centoventi tavole rappresentanti li monumenti più rimarchevoli di Pompei, Ercolano e del Museo di Napoli, pubblicato in due volumi dal S. Mastraca. Testo italiano di Erasmo Pistolesi. Lagni 1842, typ. de Giroux et Vialat.

Due vol. in-fol. piccolo, il primo di pag. 153, il secondo di pag. 143, con 120 tav. incise in rame. Il frontisp., il testo e l' indice sono stampati in italiano, francese ed inglese ; le traduzioni sono dovute a H. Sandré ed a Mrs. Spry Bartlet; le pagine, divise in 3 colonne, sono stampate solo nel recto.

MASTRIANI Francesco.

L'Eruzione del Vesuvio del 26 Aprile 1872. Napoli 1872.

In-16.º di pag. 102, con una tavola colorata ed una carta.

Prezzo 1 L. 50 c.

MASTROJANNI Gennaro.

L' Incendio del Vesuvio di Maggio, e l' Accensione dell' Aria di Dicembre, del caduto Anno: Descritti, e rapportati in felice Augurio per le Nozze di Sua Maesta Dio guardi da D. Gennaro Mastrojanni, giureconsulto, e paroco di Conflenti. Dedicato all'Eccell. Signor D. Bernardo Tanucci, secretario di giustizia. In Napoli 1738.

In-4.º di pag. 30, seguíte da una pag. coi nomi degli autori citati.

In versi; da pag. 17 a pag. 30 evvi un' ecloga latina *Meliboeus*. [B. N.]

Raro; ignoto a Soria ed a Scacchi.

MATTEUCCI prof. R. V.

Sulla fase eruttiva del Vesuvio cominciata nel Giugno 1891. Memoria (con 2 tavole) presentata nell' adunanza del dì 7 Novembre 1891.

Atti dell' Accad. d. scienze fis. e mat., serie II. vol. V. Napoli 1891.

Weg 3 M.

— Nuove Osservazioni sull' attuale fase eruttiva del Vesuvio (Novembre 1891 - Luglio 1892). Torino 1892, tipogr. del Collegio degli Artigianelli.

In-4.º di pag. 8, con 4 illustraz. Estratto dal Bollettino mens. della Soc. meteor. ital., serie II. vol. XII. Torino 1892.

— La fine dell' eruzione vesuviana (1891-1894). Torino 1894, tipogr. del Collegio degli Artigianelli.

In-16.º di pag. 8.

Estratto dal medesimo, vol. XIV. Torino 1894.

— Due parole su l' attuale dinamica del Vesuvio.

Ibid., nello stesso volume.

— Die vulkanische Thätigkeit des Vesuvs während des Jahres 1894.

Mineralog. u. petrogr. Mittheil., N. F. vol. XV. p. 77-90. Wien 1895.

— Ueber die Eruption des Vesuv am 3. Juli 1895.

Zeitsch. d. geol. Ges., vol. 47. pag. 363-367. Berlin 1895.

MAUGET A.

Lettres à M. Sainte-Claire Deville sur l' éruption du Vésuve du 27 Mai 1858.

Bullet. de la Soc. géol. de France, vol. XV. Paris 1858; Compt. rend. de l' Acad. d. Sciences, vol. 46. pag. 1098. Paris 1858.

— Sur les phénomènes consécutifs de la dernière éruption du Vésuve.

Compt. rend. de l'Acad. d. Sciences, vol. 56. pag. 926-928. Paris 1862.

— Sur les phénomènes consécutifs de l'éruption de Décembre 1861 au Vésuve.

Ibid., vol. 63. pag. 7-8. Paris 1866.

— Faits pour servir à l'histoire éruptive du Vésuve. Récit d'une excursion au sommet du Vésuve le 11 Juin 1867.

Ibid., vol. 66. pag. 163-166. Paris 1868.

MAURI prof. Alessandro.

Memoria sulla Eruzione Vesuviana de' 21 Ottobre 1822. Napoli 1823, presso Pasquale Tizzano.

In-8.º di pag. vi-22.

« Bericht ohne Bedeutung, in dem viel von Bitumen und Schwefelkiesen die Rede ist. » (Roth.)

Dura 2 L.

MAURION DE LARROCHE.

Une ascension au Vésuve. (Souvenirs de voyage.)

Mém. de la Soc. d. Sciences nat. et méd. de Seine et Oise de 1885-90, tome XIV. pag. 110-130. Versailles 1891.

MAZZOCCHI A. S.

In vetus marmoreum sanctae Neapolitanae ecclesiae calendarium commentarius. Napoli 1744.

Due vol. in-4.º con tav.

Diatriba V: *De Vesuviani incendii ceterarumque vulcanicarum flammarum origine* etc., pag. 392-402.

MECATTI Giuseppe Maria.

Racconto storico-filosofico del Vesuvio e particolarmente di quanto è occorso in quest'ultima Eruzione principiata il dì 25. Ottobre 1751. e cessata il dì 25. Febbrajo 1752. al luogo detto l' Atrio del Cavallo dell'abate Giuseppe Maria Mecatti Protonotario Apostolico, Cappellano d'Onore degli Eserciti di S. M. Cattolica, Accademico Fiorentino, Apatista, e Pastor Arcade. A Sua Altezza Reale il Serenissimo Infante di Spagna D. Filippo Borbone Duca di Parma, Piacenza, Guastalla ec. ec. ec. In Napoli 1752. Presso Giovanni di Simone.

In-4.º di car. iv e pag. 732 con numeraz. romana; alla fine due carte, una con l'*Avviso dello Stampatore pe' Signori Forestieri*, l'altra con le *Correzioni e Aggiunte*. Con 10 tavole incise in rame (la tav. viii. in legno), cinque in-fol. grande e cinque in-fol. piccolo, ed alcune incisioni in legno intercalate nel testo. [B. S.]

Tenendo conto di parecchie irregolarità nell'impaginazione, il numero delle pagine ammonta solamente a 694. Da pag. 476 la numerazione salta a 487, e da 541 a 562 per uno spostamento delle lettere XL in LX, continuando così per un centinaio di pagine fino alla pag. 663, dove cambia un' altra volta e viene riportata al no. 625; ma poco dopo, alla pag. 632, fa un altro salto fino al no. 671, e seguita così fino alla fine, di modo che le pag. 625 a 632 si trovano ripetute nel volume, sebbene diverse. Le pag. 524 - 525 portano i num. 574 - 575; la pag. 165 è segnata CLVX. La numerazione romana non fu estranea a questa confusione.

Libro interessante, ma strano, irregolare, pieno di sorprese per il bibliografo. Scacchi asseriva essere difficile il trovare un esemplare veramente integro; ed io aggiungo che sarà altrettanto difficile l'incontrare due esemplari perfettamente uguali tra loro. Il collazionamento è cosa assai complicata: l'opera non ha indice generale nè per il testo nè per le tavole; queste, tranne le prime due, non sono numerate nè portano indicazione per collocarle, cagione per cui tanti esemplari sono confusamente legati; le Aggiunte, che cambiano nome a piacere dell'autore, si trovano tanto con paginazione progressiva quanto con la loro propria, presentandosi allora con nuovi frontispizi come opere nuove. Aggiungasi a codeste amenità la frequenza d'impaginazione errata, e si avrà un complesso di cose da confortare chiunque abbia voglia di occuparsi di quest'opera. Io me ne sono occupato per parecchio tempo e, dopo aver esaminato e confrontato una ventina di esemplari, tutti diversi tra loro, sono arrivato ai seguenti risultati, che comunico volentieri a prò dei futuri bibliografi del Vesuvio nonchè dei fortunati possessori di copie più o meno incomplete di questo curioso libro.

L'opera venne pubblicata in diverse parti, per associazione, abbracciando in forma di Diario e con diversi articoli intercalati il periodo dal 1751 fino al 1766. L'autore, oltre all'essere lo storiografo del Vesuvio, serviva pure da cicerone e da insegnante della lingua italiana a nobili forestieri e faceva eziandio il librajo-editore; egli vendeva alla spicciolata l'opera, le sue diverse parti ed aggiunte e perfino le tavole separate. Ciò spiega l'esistenza di tante copie incomplete, sia per il testo come per le tavole.

L'opera consta di due tomi: Il primo è intitolato Racconto storico-filosofico del Vesuvio; il secondo, che serve d'aggiunta, è diviso in due parti, intitolate Osservazioni, e Narrazione Istorica. Ne vennero fatte parecchie edizioni. La prima è quella sopra descritta, con la paginazione progressiva da 1 a 732; a testimonianza si legga ciò che dice l'autore a pag. 421-422 dell'opera. Mentre che questa edizione era in corso di stampa, l'autore, per contentare i suoi nuovi associati, ne fece una nuova tiratura testuale, meno qualche variante; il Discorso IV. vi è in parte rifatto e le pag. 344-345 vanno bene, mentre che nella prima edizione esse non combaciano per causa della ripetizione di dodici righe in testa alla pag. 345. In questa nuova tiratura, il cui frontispizio è identico alla prima, s'incontrano peraltro gli stessi errori d'impaginazione e può darsi che non si siano ristampati che i primi fogli.

È bene far notare: Tutte le edizioni del Mecatti hanno tavole; la nota che s'incontra talvolta nei cataloghi dei libraj-antiquarj « pubblicato senza tavole » è erronea e bisognava dire « esemplare mancante di tavole. » Anche Roth, il quale peraltro descrive bene le opere del Mecatti, è in errore asserendo che la prima edizione non ha che una tavola sola: l'esemplare veduto da lui non ne aveva che una sola. Alla B. S. trovasene uno con tutte le dieci tavole, una vera rarità che non si riscontra in nessun altra biblioteca di Napoli.

È fuor di dubbio che in principio l'autore aveva l'intenzione di scrivere un volume solo, anzi il solo Diario dell'eruzione del 1751-1752, diversamente il Racconto porterebbe l'indicazione *Tomo Primo* invece di avere *Il Fine* a pag. 411. L'autore stesso dice nel V.º Discorso: « In sul principio io incominciai a scrivere, come per baja; e poi proseguii, come per gara, e per picca. » Pubblicatosi però il Racconto nel principio del 1752 ed esauritasene tosto l'edizione, il Mecatti, incoraggiato dal buon esito, pose mano alla continuazione, o alle Aggiunte, che egli intendeva pubblicare periodicamente, descrivendo in esse le nuove fasi eruttive del Vesuvio. Questa continuazione, dapprima col titolo Osservazioni, fu pubblicata contemporaneamente alla ristampa del Racconto e con due impaginazioni: una, principiando colla pag. 413, da servire per gli associati al Racconto; l'altra, con paginazione propria, da vendersi separatamente. Nel 1755 egli incominciò la pubblicazione di una nuova aggiunta col titolo Narrazione Istorica, la quale continua la descrizione delle eruzioni, con qualche digressione, fino all'anno 1766. Questa Narrazione venne stampata tre volte: come aggiunta alla prima edizione dell'opera; insieme alle Osservazioni; e separatamente.

Nel Racconto si trovano alcuni articoli che non sono del Mecatti: Una *Lettera* (sulle lave) di Francesco Geri, giardiniere maggiore di S. M. Siciliana e direttore a Portici, pag. 45-48; una *Lettera* (sulle lave) di Giovanni Morena, pag. 49-52; tre *Lettere* del conte Catanti relative alla visita da esso fatta al Vesuvio, pag. 55-69; due *Lettere* scritte da un amico anonimo di Firenze, pag. 78-80 e 94 96; l'*Introduzione al Catalogo delle Eruzioni del Vesuvio* del conte Catanti, patrizio pisano, seguíta dal *Catalogo* stesso, pag. 159-171; *Osservazioni* di Mons. Delaire, fatte sul Vesuvio negli anni 1745 a 1752, pag. 360-370; *Osservazioni* del conte Corafa, fatte sul Vesuvio negli anni 1751-1752, pag. 371-387; *Osservazioni* di Francesco Geri nel Marzo 1752, pag. 388-399. Nella Narrazione Istorica trovasi a pag. 532 un'ode francese *Le Vésuve* di Mac Donald, colla traduzione in italiano dell'abate Mecatti. Inoltre le pagine 211-214 del Racconto contengono un estratto del « Giornale dell'Eruzione del Vesuvio nell'anno 1660 » del gesuita P. Zupo, con una incisione in legno del fondo del Vesuvio a pag. 118, tolta dalla « Continuazione » del medesimo libro, che Mecatti ascrive erroneamente al dott. Carpano

Per terminare la mia descrizione, credo utile di dare l'elenco delle dieci tavole, coll'indicazione del loro collocamento, distinguendo con un asterisco quelle del formato in-fol. grande.

Tav. I. *Prospetto del Vesvvio e sve adiacenze prima dell' ervzione dell' anno 1631*, a pag. 108.

Tav. II. *Prospetto del Vesvvio e*

sve adiacenze dopo dell' eruzione dell' anno 1631, a pag. 211. Queste due tavole sono imitate da quelle del « Trattato Del Monte Vesvvio e de' suoi Incendi » di Giambernardino Giuliani.

Tav. *III. *Veduta del Monte Vesuvio dalla Parte di Mezzogiorno con la nuova bocca fatta all' Atrio del Cauallo*, disegnata da Francesco Geri, a pag. 337.

Tav. IV. *Spaccato, e Misura del Monte Vesuvio dalla Superficie fino al Mare*, diseg. dal medes., pag. 338.

Tav. *V. *Veduta del Corso della Laua eruttata Dal Monte Vesuvio l' Anno 1751 all' Atrio del Cauallo*, diseg. da Ignazio Vernet, a pag. 410, oppure alla fine.

Queste cinque tavole appartengono al Racconto.

Tav. VI. *Veduta del nuovo Monte creatosi nel Vesuvio l' Anno 1754*, diseg. da Gius. Aguir, a pag. 437.

Unica tavola appartenente alle Osservazioni.

Tav. *VII. *Veduta del Vesuvio da Mezzogiorno nella Eruzione dell' anno 1754*, diseg. dal Marchese Galiani, a pag. 538, oppure in testa alla Narrazione Istorica.

Tav. VIII. *Montagna, e Monticelli erettisi nel Vesuvio nell' Eruzioni del 1756*, a pag. 579. Unica tavola intagliata in legno.

Tav. *IX. *Prospetto del Vessuuio nell'Eruzione della notte de' 30 Marzo 1759, presa la Veduta dal Molo di Napoli*, senza nome di disegnatore, a pag. 643.

Tav. *X. *Prospetto del Vesuvio nell' Eruzione occorsa alla Fine dell'Anno* MDCCLX. *preso il punto di Veduta dalla Torre della Nunziata*, con la dedica al Sig. Oliviero Hope, diseg. da Ant. Iolli, a pag. 691.

Queste quattro tavole appartengono alla Narrazione Istorica.

Nella carta *Avviso dello Stampatore* alla fine del volume, l'autore avverte: *Chi desiderasse le stampe delle carte colorite, e come miniate, vagliono sei carlini l' una grandi, e piccole.* Non mi è mai capitato alcuna di esse. In qualche copia ho trovato una tavola in-fol. gr., intitolata: « Vedvta del Monte Vesvuio dalla parte di Oriente con le nvoue bocche, e corsi di bitvme, nel 1755 »; questa tavola, sebbene rassomigliante alle altre, non appartiene al libro del Mecatti.

Il valore dell' opera si regola secondo il suo stato d' integrità. Un esemplare completo e ben conservato vale da 40 a 50 Lire.

— Racconto storico-filosofico del Vesuvio e particolarmente di quanto è occorso in quest'ultima Eruzione principiata il dì 25. Ottobre 1751. e cessata il dì 25. Febbrajo 1752. al luogo detto l' Atrio del Cavallo. In Napoli 1752. Presso Giovanni di Simone.

In-4.° di car. III e pag. 411 con numeraz. rom. e una bianca. Con 5 tavole (I-V della prima edizione sopra descritta) ed alcune incisioni in legno. Alla fine vi è una carta: *Avviso dello Stampatore pe' Signori Forestieri*, che s'incontra pure nelle altre edizioni. [B. N.]

Primo tomo dell' opera in edizione separata, più comune del secondo. Ne esistono due tirature. la prima è concorde alle pag. 1-411 dell'edizione sopra descritta; nella seconda i tipi della prefazione sono più minuti e si è ovviato alla ripetizione di dodici righe nelle pagine 344-345. Nel rimanente esse sono conformi.

Dura 25 L.; Hoepli 15 L.

— Osservazioni che si son fatte nel Vesuvio dal Mese d' Agosto dell' Anno 1752. fino a tutto il Mese di Luglio dell'Anno 1754. nel principio del quale è occorsa un' altra Eruzione; con alcune Lettere, ed Annotazioni sopra i Ritrovamenti fatti a Portici in quest' Anno 1753. e 1754. che possono servire d' Aggiunta al Racconto Istorico-Filosofico del Vesuvio. Alle Altezze Serenissime di Carlo Eugenio e di Elisabetta Sofia di Brandemburg-Bareit-Culmbach ecc. In Napoli. Presso Giovanni di Simone 1754.

In-4.° di car. IV e pag. 298 con numeraz. rom. Con 5 tav. (VI-X della prima edizione sopra descritta) ed alcune incisioni in legno. Le pag. 40, 42 e 286 sono male impaginate. [B. N.]

Secondo tomo dell' opera in edizione separata e che comprende le Osservazioni e la Narrazione Istorica. Ristampa testuale di queste parti, fatta sulla prima edizione, tranne due varianti. La prima s'incontra alla pag. 47, corrispondente alla pag. 459 della prima edizione; mentre che in questa si legge: *Indice di tutto ciò che contiene l' Aggiunta delle Osservazioni* ecc., nella ristampa si legge: *Indizij della nuova Eruzione che si è fatta il dì 3. del mese di Dicembre all' Atrio del Cavallo, che servono per Osservazione di quel che è seguito nel rimanente del mese di Novembre 1754. nel Vesuvio.* Questa variante non s' incontra nelle copie tirate in carta reale.

La seconda variante, che è più rilevante, trovasi a pag. 201 della ristampa; i due capitoli: *Narrazione Istorica di quel, che è occorso nel Vesuvio nell' Eruzione del mese d' Agosto dell' anno 1758* (pag. 201-204), e *Narrazione Istorica di quel ch'è occorso al Vesuvio nell'Eruzione del mese di Gennajo dell' anno 1759* (pag. 205-208), mancano alla prima edizione, dove dovrebbero trovarsi tra le pag. 642 e 643.

Si noti che il frontispizio porta la data del 1754, mentre che il Diario arriva fin all' anno 1766; che a pag. 220 sta *Il Fine*, mentre che il testo riprende alla pagina seguente col *Discorso V.*; e che le parole *dal Mese di Agosto* nel frontispizio sono cambiate in *dal mese di Marzo 1752* nel testo.

Ne furono tirate alcune copie in carta più forte, chiamata reale, che sono piuttosto rare. [B. N.; B. S.]

Questo volume s' incontra di rado con tutte le tavole.

Dura, esempl. con una sola tavola, 10 L.

— Discorsi storici - filosofici sopra il Vesuvio estratti dal libro intitolato Racconto storico filosofico del Vesuvio. A' quali Discorsi si sono aggiunte varie Osservazioni fatte dal medesimo nella Piattaforma del Vesuvio l' anno

1753. e varie Notizie circa ai Ritrovamenti fatti in detto anno nella Real Villa di Portici. A Sua Eminenza Giuseppe Maria del titolo di San Pancrazio della santa romana chiesa prete Cardinale Feroni. In Napoli. Presso Giovanni di Simone 1754.

In-4.º di car. IV e pag. 594 con numeraz. rom., seguite da due carte: *Correzioni e Aggiunte* ed *Avviso dello Stampatore pe' Signori Forestieri.* Con le 10 tavole della prima edizione sopra descritta ed alcune incisioni in legno. Anche in questa edizione, grazie alla numerazione romana, lo stampatore ha fatto diversi peccadigli nella impaginazione, la quale è ancor più confusa di quella delle altre edizioni. Fino alla pagina 256 essa procede regolarmente; indi seguono alla rinfusa le pag. 259-260; 257-258; 263; 254; 261-262; 265-277; 273; 279-340; 361-456; 433-449; 454-455; 452-453; 458-459; 456-473; 424-429; 480-529; 531; 530; 532-594. Fortunatamente il testo procede senza interruzione.

L'autore, come si scorge dal frontispizio (ed anche dalla prefazione), ha voluto dare con questo volume un' edizione abbreviata del Racconto, pressochè esaurito in soli due anni, tralasciando in essa tutto il Diario nonchè i carteggi sopra diversi quesiti e risposte spettanti all' eruzione. Di fatti vi mancano le pagine 1-96 e 121-136; il rimanente è conforme al contenuto del Racconto, perfino nella ripetizione di dodici righe nel Discorso IV.º, da pag. 232 a 233, ciò che potrebbe far dubitare di una effettiva ristampa del testo di esso, se non vi fosse nei Discorsi la diversità nell'impaginazione e nei registri.

A pag. 299 sta *Il Fine*; però l'autore avendo voluto continuare anche quest' edizione coi soliti supplementi, aggiunse le Osservazioni con paginazione progressiva, da 301 a 368 (la pag. 300 è bianca). Le due varianti menzionate nella descrizione delle Osservazioni s' incontrano pure nei Discorsi, dove sono conformi alla ristampa. Segue la Narrazione Istorica, la quale, colle sue aggiunte, arriva fino alla pag. 516, dove sta un' altra volta *Il Fine;* tuttavia il testo riprende col Discorso V.º, da pag. 517 a 550, per continuare con un nuovo capitolo della Narrazione e con un' ultima aggiunta che arriva fino all' anno 1766.

Questo volume pare stampato solo in carta reale ed in piccolo numero di copie, visto la scarsezza di esse. È difficile a trovarsi completo nel testo e con tutte le tavole.

Prass, esempl. in carta reale, completo e con le 10 tavole, 40 L.

— Storia delle ultime sei eruzioni del Vesuvio. Cioè di quella dell' anno 1754. e del 1756. delle due occorse, una nel mese di Gennajo, e l'altra nel mese di Agosto del 1758. e di due altre, la prima nel mese di Gennajo, e l' altra alla fine del mese di Marzo del 1759. da aggiugnersi al Libro delle Osservazioni sopra il Vesuvio. Arrichita di figure significanti l' Eruzioni, di cui si tratta, e dal medesimo Dedicata a Sua Eccellenza il Signor Carlo Riccardi, marchese di Chianni, Rivalto, Montevaso e Mela ecc. ecc. In Napoli 1760. Nella Stamperia Simoniana.

In-4.° di car. IV e pag. 270 con numeraz. rom. Con 4 tavole (VII-X della prima edizione sopra descritta). Veramente non sono che 249 pagine, essendo la pag. 144 erroneamente segnata col no. 164 e così di seguito. [B. S.]

Questa Storia non è altro che la ristampa testuale della terza parte dell'opera, ossia della Narrazione Istorica, con frontispizio e paginazione propria. Si noti che questa Narrazione esiste con tre paginazioni diverse: nella prima edizione dell' opera comprende le pag. 461-732; nella ristampa, dove trovasi unita alle Osservazioni, comprende le pag. 49-298, nell' edizione qui descritta ha 270 pag. La discrepanza nel numero delle pagine delle diverse edizioni si spiega coll' impaginazione erronea.

— Continuazione delle Osservazioni sopra diverse Eruzioni del Vesuvio. Arrichita di Figure significanti l' Eruzioni, di cui si tratta, e dal medesimo dedicata a Sua Eccellenza il signor Carlo Riccardi, Marchese di Chianni Rivalto, Monte Vaso, e Mela, ecc. ecc. Patrizio Fiorentino, ciamberlano di S. M. Imperiale. In Napoli 1761. Nella Stamperia Simoniana.

In-4.° di car. IV e pag. 298 con numeraz. rom. Con 5 tav. (VI-X della prima edizione sopra descritta) ed alcune incisioni in legno. Le pag. 40, 42 e 286 sono male impaginate. [B. N.]

Quantunque il frontispizio di questo volume faccia supporre che si tratti di un seguito alle sopra citate Osservazioni, la cosa non è così: il contenuto del volume è identico a quello delle Osservazioni stesse. Non è neppure una ristampa, poichè vi s' incontrano gli stessi errori d' impaginazione. Abbiamo qui il caso curioso di un' opera che ha servito a farne due nello spazio di sette anni, senz'altro di cambiato che il frontispizio e la dedica.

Questo volume non è comune e vale colle tavole da 15 a 20 Lire.

MEISTER.

Beobachtungen über den Vesuv.

Magazin d. Wissensch. u. d. Litterat., vol. II. pag. 1-26 con una tavola. Göttingen 1781. Contiene le Osservazioni di DE LUC e di DUCHANOY in traduzione tedesca.

MELE FRANCESCO.

Francisci Mele | Bitontini V. I. D. | Pro expectatissimo | aduenctu Reuerendiss. | D. Io. Donati Iannoni Alitti, | Et D. Iosephi Mele | V. I. D. Genitoris sui. | De conflagratione Vesseui | Poema | Perillustri, ac prestantissimo viro | D. Io. Andreae De Pavlo | Iuris ciuilis in Neap. Gymnasio ma- | tutino Interpreti primario. | Dictatum. | Neap.

Ex Typographia Francisci Sauij, 1632.

In-16.º di carte dodici. [B. N.] Eleganti esametri. Raro.

MELLONI Macedonio.

Considerazioni intorno a certi fenomeni di direzione che si manifestano ne' Vulcani a doppio ricinto. Comunicate al Settimo Congresso degli Scienziati Italiani, e pubblicati nel Museo di Scienze e Letterature, fasc. XXVII; Napoli, 18 Dicembre 1845.

In-8.º di pag. 14. Il nome dell'autore sta alla fine.

MELLONI et PIRIA.

Recherches sur les fumaroles. Lettre à M. Arago.

Comptes rendus de l'Acad. d. Sciences, vol. XI. pag. 352-356. Paris 1840.

MELOGRANI Giuseppe.

Dell'origine e formazione de' Vulcani. Memoria.

Atti del R. Istit. d'incorag. alle scienze di Napoli, tomo I. pag. 162-185. Napoli 1811.

Parla delle eruzioni del 79 e del 1805.

Memoria per la remissione della strada che dal Comune di Resina conduce al Monte Vesuvio.

In-4.º di pag. 20. S. l. n. d. (Napoli 1841.)

Memoria sullo Incendio Vesuviano del mese di maggio 1855 fatta per incarico della R. Accademia delle scienze dai socii G. Guarini, L. Palmieri ed A. Scacchi. Preceduta dalla relazione dell'altro incendio del 1850 fatta da A. Scacchi e pubblicata per la prima volta nel Rendiconto della medesima Accademia. Napoli 1855, stab. tipog. di Gaetano Nobile.

In-4.º di pag. VIII-208 con 7 tav. litografate. Prezzo 2 Ducati.

Traduzione tedesca in Roth, Der Vesuv und die Umgeb. von Neapel.

Prass 7 L.; Weg 4 M. 50 Pf.

MENARD De La Groye.

Observations avec réflexions sur l'état et les phénomènes du Vésuve, pendant une partie des années 1813 et 1814; par F.-J.-B. Menard de la Groye; membre, associé ou correspondant de plusieurs sociétés scientifiques. Extrait du Journal de Physique. Paris 1815, chez Mad. Ve Courcier, impr. libr.

In-4.º di pag. IV-98 e 4 n. n. per la *Table*. Pubblicato prima nel Journal de physique etc., vol. 80. pag. 370-409; 442-472; vol. 81. pag. 27-55.

Nella B. V. trovasi un esemplare con le annotazioni e le correzioni fatte dalla mano dell'autore, dedicato a Teodoro Monticelli.

Vedi Annali del R. Osservatorio Meteorologico Vesuviano.

Vale 5 a 6 Lire.

MERCALLI Giuseppe.

Vulcani e fenomeni vulcanici in Italia. (Geologia d'Italia di Negri, Stoppani e Mercalli, vol. III.) Milano 1883, Fr. Vallardi.

In-8.° con illustraz.

Del Vesuvio parlasi a pag. 51-89.

— Notizie sullo stato attuale dei vulcani attivi italiani.

Soc. ital. d. Scienze nat., vol. 27. pag. 184. Milano 1884-85.

— Il terremoto sentito a Napoli nel 25 Gennajo 1893 e lo stato attuale del Vesuvio. Torino 1893, tip. S. Giuseppe.

In-16.° di pag. 7 ed una bianca.

Estratto dal Bullet. mens. di Moncalieri, serie II. vol. XIII. no. 5.

— Notizie vesuviane (anni 1892-93).

In-8.° di pag. 15, con una figura intercalata.

Estratto dal Bullet. della Soc. sismolog. ital., vol. I. Roma 1895.

— Le stesse (anno 1894).

In-8.° di pag. 8.

Estratto dal medesimo volume.

— Le stesse (Gennajo a Giugno 1895).

In-8.° di pag. 8, con una figura intercalata.

Estratto dal medesimo volume.

— Le stesse (Luglio a Dicembre 1895).

In-8.° di pag. 28, con due figure intercalate.

Estratto dal Bullet. della Soc. sismolog. ital., vol. II. Roma 1896.

— L'Eruzione del Vesuvio cominciata il 3 Luglio del corrente anno (1895).

In-8. di pag. 15.

Estratto dalla Rassegna nazionale, Roma 1. ottobre 1895.

MÉRY.

Les Amants du Vésuve. Paris 1856, Librairie nouvelle.

In-16.° di pag. 95. Prezzo 50 c.

Novella storica del 1646. Il volumetto fa parte della coll. Hetzel.

MESCHINELLI L.

La flora dei tufi del Monte Somma.

Rendiconto dell' Accad. d. Scienze fis. e mat., serie II. vol. IV. fasc. 4. Napoli 1890.

È nota la esistenza di fossili vegetali nei tufi dell' antico Monte Somma, molti dei quali si conservano nel Museo geologico della R. Università di Napoli. Dalle ricerche dell'autore risulta che le filliti del Somma trovano esatto riscontro nella flora attuale.

MESSINA Nicolò Maria.

Relatione | Dell' Incendio | Del Vesvvio | Seguito nel 1682. dalli 14. di Agosto sino | alli 26. dell' istesso. | Fatta dal P. M. Nicolò Maria Messina da Molfetta. | In Napoli, Per Franc. Benzi. 1682.

In-4.° di carte due; nel frontisp. evvi un'incisione in legno, alla fine un'altra. [B. S.]

Dedicato al P. Giuseppe Amati dell' Univ. di Siena. Cita le eruzioni dall'anno 81 (*sic*) sino all'anno 1682. Il titolo di quest' opuscolo rarissimo è simile a quello della Relazione pubblicata nello stesso anno a Roma, ma il contenuto è diverso.

METHERIE I. C. de la.

Note sur quelques cristaux de Ceylanite trouvés parmi

les substances rejetées par le Vésuve.

Journal de physique etc., vol. LI. Paris 1800.

— Observations sur les dernières éruptions du Vésuve.

Ibid., vol. LXI. Paris 1805.

MEUNIER St.

Fer natif trouvé au Vésuve.

Le Naturaliste, X. année, pag. 89-91 con una figura. Paris 1888.

MIERISCH Bruno.

Die Auswurfsblöcke des Monte Somma. Inaugural-Dissertation. Wien 1886, Alfred Hölder.

In-8.° di pag. 78 con 15 figure.

Mineralog. u. petrogr. Mittheil., vol. VIII. pag. 1-78, con figure. Wien 1887.

MILANO notar Paulo.

Vera Relatione | Del Crvdele, | Misero, e lacrimoso Prodigio successo nel | Monte Vesvvio circa otto | miglia distante dalla nobilissima & | delitiosissima Città di Partenope | detta Napoli. | Nella qual breuemente s' esprime quante Ter- | re siano per tal' effetto distrutte, quant' han | patito notabil danno, e quante | genti siano iui morte. | Con breue descrittione anco quante volte sia | successo nei tempi antichi. | In Napoli. Per Gio. Domenico Roncagliolo 1632.

In-4.° di carte quattro. Nel frontisp. evvi un fregio. [B. S.]

« Vi è una buona relazione dell'incendio vesuviano. Egli ed Ascanio Rocco sono i più antichi scrittori che hanno adoperato la parola Lava per dinotare i torrenti di liquefatte materie che sboccano da' vulcani chiamandoli Lave di bitume; Rocco li chiama Lave di fuoco. » (Scacchi.)

MILENSIO Felice.

Vesevvs, | Vel de | Barnaba Caracciolo | Dvce Siciniani, | Nunc demum Ducis titulo, et stemma- | te redimito, | Carmen. | F. Felice Milensio | Augustiniano Aucthore. | Neapoli 1595, Ex Typog. Stelliolae ad Portam Regalem.

In-4.° di carte sei, l' ultima col Registro delle lettere e colla indicazione: *In Napoli. Nella Stamparia dello Stigliola; à Porta Regale: 1595.* [B. N.]

Questo scritto fa parte di un'altra opera dello stesso autore, intitolata: **Dell' Impresa dell' Elefante** dell' ill.^{mo} e rev.^{mo} Sig. Cardinal Mont' Elparo, dove comprende le pagine da 121 a 130.

Rarissimo; è uno dei più antichi opuscoli stampati sul Vesuvio, non riportato da nessun bibliografo.

MILESIO Giacomo (minorita irlandese).

Vera | Relatione | del miserabile, e memorabile caso. | Successo nella falda della nominatissima | Montagna di Somma, altrimenti detto | Mons Visuuij, circa sei miglia distante | dalla famosissima e gentilissima Città di | Partenope, detta Napoli, Capo del deli- | tiosiss. Regno, e Patria di Terra di Lauore. | Scritta dal R. P. F. Giacomo Milesio da Ponte Hiberne- | se di Minori Osservanti Riformato, habitan- | te nel Regio Conuento della Croce di Palazzo in Napoli. Ottauio Beltrano la dedica e dona al medesimo Padre. | In Napoli, Per Ottauio Beltrano, 1631.

In-8.° di carte quattro. Nel frontisp. è una rozza vignetta del Vesuvio colla lava che copre le città vicine; nell' ultima pagina una figura allegorica del Sebeto col motto:

Voltami a tuo modo
fin che mi vedrai bene. [B. N.]

— Il medesimo opuscolo.

Altra edizione del 1631, edita da Domenico Maccar(ano).

In-16.° di carte quattro, con la vignetta del Vesuvio nel frontispizio [B. N.]

— La | Seconda Parte | Delli Avisi | Del Reuerendo Padre Pontano Hibernese | habitante nella Croce di Palazzo | Di tutto quello, ch' è successo in tutta la | Seconda Settimana. | Et così l'hauerete d'ogni sette in otto giorni. | Ottauio Beltrano la dedica, e dona al medesimo Padre. In Napoli, Per Ottauio Beltrano, 1632.

In-8.° di carte quattro. Nel frontisp. la figura della Madonna. [B. V.]

« Questa seconda parte pare dello stesso autore della precedente operetta e sono entrambi infelici. » (Scacchi.)

— Warhaffte Relation | Dess erbärmblichen vnd|erschröcklichen zustands, so sich in der Seyten | dess weitberümbten Bergs Vesuuij, anderhalb Teutsche | Meyl von der Königl. Hauptstatt Neapoli in Welschland, von | Afftermontag den 16. Monats Decembris 1631. biss auff den | andern Afftermontag den 23. dito, alles von Tag | zu Tag, Stund zu Stund, be- | geben.| Durch den Ehrwürdigen P. Fr. Jacobum Mile- | sium à Ponta, Hibernum, Reformirten Barfusser | Ordens, in dem Königl Closter zum H. Creutz in Neapoli, | vmbständig in Welscher Sprach beschriben, | vnd allda getruckt. | Anjetzt aber neben etlich glaubwürdigen Handschrifften, | particular Schreiben vnd extracten, allen Gottesförchtigen | Christen zu trost, den Sündern aber zu hailsamer nachrich- | tung vnnd Spiegel trewlich ver- | teutscht. München, | Bey Melchiorn Segen, Buchhandlern. | 1632.

In-4.° di pag. 17 ed una bianca. Nel frontisp. si leggono tre citazioni dal *Psalm.* [B. S.]

Rarissima operetta, non citata da nessun bibliografo vesuviano. Essa contiene: *An den Gottsförchtigen Leser*, pag. 1-3; *Relation, Was sieh von Tag zu Tag mit dem Berg Vesuuio begeben*, pag. 4-9; *Copey zweier Schreiben einer Ordens Person von Neapoli, de 18. Decembris, 1631*, pag. 10; *Copey eines andern Schreibens*, pag. 11-13; *Extract auss den Röm. Wochentlichen Schreiben, vom 27. Decemb. nechst verschinen Jahrs*, pag.13-14; *Copey eines Handschrifftlichen Particularschreibens*, pag. 14-15; *Copey eines andern Schreibens*,pag. 16-17; *Extract zweyer Schreiben einer Ordensperson von Rom, das erste vom 27. Decemb. 1631, das ander vom 3. Januar 1632*, pag. 17.

— Recit | Veritable | Dv Miserable et | Memorable Accident | arriué en la descente de la tres-renom- | mée Montagne de Somma, autrement | le Vesuue, enuiron trois lieües loing | de la ville de Naples. | Depuis le Lundy 15. Decembre 1631, sur les 9. heures du | soir, iusques] au Mardy suiuant 23. du mesme: dé- | crit iour par iour, et heure par heure. | Par le R. P. Iaqves Milesivs Hiber- | nois, Obseruantin Reformé, residant au | Conuent Royal de la Croix du | Palais, à Naples. | A Lyon, | chez Iean Ivllieron imprimeur | ordinaire du Roy. | 1632. Traduit de la copie imprimée à Naples. In-16° di pag. 13 e una bianca. [B. S.] Rarissimo.

Ristampato nel Mercure françois 1631, pag. 67-73, e 1632, pag. 478-480.

MILL Hugh Robert.

Report to council of the Scottish Geographical Society, giving notification of a grant of 20 L. by the general committee of the British Association for the advancement of science, for the investigation of the Volcanic Phenomena of Vesuvius.

The Scottish Geograph. Magaz., vol. III. pag. 522. Edinburgh 1887.

MILNE J.

On the form of Volcanos.

Geolog. Magaz., vol. V. pag. 337-345, con illustr. London 1878.

MINERVINO Ciro Saverio.

Lettera sopra la ultima eruzione del Vesuvio dell'anno 1779.

Vedi: Dei Vulcani o Monti ignivomi, Livorno 1779.

— Due lettere al M. Rosini, 17 e 21 Giugno 1794.

Giornale Letterario di Napoli, vol. XI. pag. 86-97. Napoli 1794.

« Gute Beschreibung des Ausbruches von 1794 ohne neue Thatsachen. » (Roth.)

MINTO (Earl of).

Notice of the barometrical measurement of Vesuvius, and the new cone wich was formed in the eruption of 1822.

The Edinburgh Journal of Science, vol. VII. pag. 68. Edinb. 1827

MIOLA Alfonso.

Ricordi Vesuviani. Carme. Pel Centenario di Pompei 25 Settembre 1879. (Napoli) tip. Nobile.

In-8.° di pag.8. Fuori commercio.

MISSON Maximilien.

Nouveau Voyage d' Italie. Seconde édition. A La Haye 1694.

Quattro vol. in-12.°, con incisioni in rame. Vedi tome I., lettre xxii., pag. 311-320: *Le Mont Vésuve*, con una tavola. [B. N.]

[MITROWSKI Graf I. G.]

Phisikalische Briefe über den Vesuv und die Gegend von Neapel. Leipzig 1785, in d. von Schönfeldschen Handl.

In-16.° di pag. iv-142 ; nel frontisp. una graziosa vignetta incisa in rame rappresentante il Vesuvio in eruzione. [B. S.]

Anonimo. Sono otto lettere; le prime sei trattano del Vesuvio. A pag. 93-105 trovansi le lettere di un tale P. R., testimonio oculare dell' eruzione del 1779.

MITSCHERLICH R.

Ueber eine Vesuvianschlacke.

Zeitsch. d. geolog. Ges., vol. XV. Berlin 1863.

MOCCIA Paolo (prete secolare).

Ad Andream Fontanam de Vesuviano incendio anni 1767. Epistola.

Quattro fogli volanti, riportati dal Soria coll'anno 1767 e dal Roth (erroneamente) coll' anno 1707.

MODESTO Fra P.

All' Eccellentissimo Signor D. Francesco Conte Esterhazy di Galantha, consigliere intimo attuale, ciamberlano di servizio, ed ambasciatore di S. M. Imp. e Reale Apost. presso la Real Corte di Napoli. Il P. Fra Modesto, che non fu, e dubita non esser mai Priore.

In-8.° di pag. 26, senza frontisp. Nel verso dell' antiporta si trova un'epigrafe in tre lingue. Alla fine sta la data : *Calabria 3. Gennaro 1795*, e la firma: *Umiliss. ed obbligatiss. Servo P. Fra Modesto , Estraordinario Procuratore de' Serafici.* [B. N.]

Questa lettera sulla cenere vesuviana non ha alcun interesse per la scienza.

MOEHL Heinrich.

Erdbeben und Vulkane. Berlin 1874, Lüderitz.

In-8. con una tavola.

(Sammlung gemeinverst. wissenschaft. Vorträge, Heft 202).

MOLES Fadrique.

Relacion | Tragica | Del Vesvvio. | Al Excelentissimo Señor | Dvque De Medina De Las Torres, | Por Don Fadriqve Moles | Cavallero De La Orden | De San Juan. | En Napoles, Por Lazaro Escorigio. 1632.

In-4.° di pag. 68; nel frontisp. uno stemma. [B. N.]

« Descrizione del Vesuvio, delle eruzioni anteriori ed una dettagliata relazione dei primi otto giorni di quella del 1631. » (Scacchi.)

MOLTEDO Fr. Tr.

Sulle origini di Torre del Greco. Memoria di Francesco Tranquillino Moltedo, barnabita. Napoli 1870, stab. tip. di P. Androsio.

In-8 o di pag. 20.

Raro. Prass 4 L.

MONACO [Di] Vittorio.

Lettera analitica sull'acqua della Torre del Greco, comunemente creduta prodigiosa, del Dottor fisico Vittorio Di Monaco, al Signor D. Antonio Sementini, pubbl. prof. di fisiologia nella Regale Università di Napoli. Napoli 1789.

In-8.o di pag. 20. [B. N.]

Hoepli 1 L.

MONGES Gaetano.

Sulla terribile eruzione del Vesuvio accaduta a dì 15. Giugno 1794. Lettera responsiva di Gaetano Monges a N.N.

In-8.o di pag. 24. Nel frontisp. un fregio e il motto: *Post fata resurgo*; alla fine la data: *Salerno 26. Luglio 1794*, col nome dell' autore; alla pag. 2 una poesia.

Raro; trovasi solo nella B. S.

MONITIO Cesare.

La Talia | Dove si contiene | La Fiasca, | Sotto sensati scherzi di vario stile. | Con l' Eroïche lagrime del Vesbo | furioso, & vno assaggio del vo- | lume maggiore intitolato | Crvmena Sapientis. | Del Dottor | Cesare Monitio | Filosofo Tavernese. | In Napoli. Nella Stampa di Camillo Cauallo 1645.

In-16. di pag. 208 e car. I. [B. S.]

Questa raccolta di poesie è divisa in tre parti. La prima, chiamata *La Fiasca*, termina a pag. 74; la seconda, di cento stanze in ottava rima col titolo *Il Vesbo Fvrioso* e con frontisp. proprio, comprende le pag. da 75 a 129; la terza, pure con frontisp. proprio chiamata *La Talia*, arriva fino alla pag. 200, che erroneamente porta il no. 100. Segue l' *Allegoria del Vesbo Fvrioso* in prosa, da pag. 201 a pag. 208. Chiudesi con una carta, cont. un *Sonetto* all' *Alt. Seren. di D. Giovanne d'Avstria*, e un distico del Dr. Tom. Garsia *Pro Talia Monitii.*

« Diverse poesie giocose sulla fiasca e sul vino italiane, latine, spaguole e greche, e tra queste ve ne sono due sull' incendio del Vesuvio, distruttore delle viti. Nel *Vesbo Fvrioso* descrive l' incendio del 1631, rappresentando il Vesuvio come un gigante che arde di amore. » (Scacchi.)

— La medesima. Ibid. 1647.

Altra edizione, con una leggera variante nel frontispizio, ma pel rimanente simile alla prima.

Nella B. V. vi è un esemplare senza l' *Allegoria*; nella B. N. ve n'è uno del solo *Vesbo Fvrioso.*

MONNIER Marc (anche Marc-Monnier).

Le Vésuve et les tremblements de terre.

L'Illustration. Paris, Janvier 1858.

— Promenades aux environs de Naples. (Eruption du Vésuve, destruction de Torre del Greco)

Le Tour du Monde, III. année no. 124, pag. 305-319, con illustr. Paris 1864.

— Le Vésuve en 79.

Biblioth. univ. et Revue suisse, III. période, tome VII., pag. 193-214. Lausanne 1880.

MONTEIRO I. A.

Mémoire sur la chaux fluatée du Vésuve.

Ann. du Mus. d'hist. nat., vol. XIX. pag. 171-188; Paris 1812. Journal des Mines, vol. XXXII. Paris 1812.

MONTÉMONT ALBERT.

Des Volcans en général et plus spécialement du Vésuve et de l'Etna.

Bullet. de la Soc. de géogr., II. série, tom. XVI. pag. 137-158. Paris 1841.

MONTICELLI abate TEODORO.

Descrizione dell' eruzione del Vesuvio avvenuta ne' giorni 25 e 26 Dicembre dell' anno 1813. Napoli 1815. Nella stamperia del Monitore delle Due Sicilie.

In-8.° di pag. 47 ed una bianca. Il nome dell' autore trovasi appiè della dedica al Cav. Humphrey Davy.

« Ziemlich gute Beschreibung des Ausbruches, die wie alle Arbeiten Monticelli 's an Unklarheit und Ungenauigkeit leidet.» (Roth.)

Ristampato nel vol. II. delle Opere.

Confr. Giornale Enciclopedico di Napoli 1815, pag. 47, e l' articolo Ausbruch a pag. 11 di questa Bibliografia.

Dura 4 L.; Prass 3 L.

— Lettre à M. Moricand de Genève sur la découverte de la Wollastonite dans le Vésuve par M. le Prof. Gismondi.

Biblioth. univ. de Genève, vol. II. Genève 1817.

Ristampato nel vol. II. delle Opere.

— Report on the eruption of Vesuvius in December 1817.

Journal of Science and Arts, vol. V. London 1818.

— Rapporto del segretario perpetuo della R. Accademia delle Scienze sull' Eruzione del Vesuvio del dì 22 a 26 Dicembre 1817, letto nella tornata del 9 marzo 1818.

In-4.° di pag. 16.

Giornale Enciclop. di Napoli, Marzo 1818, pag. 323-329.

Ristampato con un' Appendice nel vol. II. delle Opere.

— Notizia di una escursione al Vesuvio, e dell' avvenimento che vi ebbe luogo il giorno 16 Gennajo; in cui il francese Coutrel si precipitò in una di quelle nuove bocche; letta alla R. Accademia delle Scienze nell' adunanza de' 20 Gennajo.

In-8.° di pag. 7 ed una bianca. Estratto dal Giornale Enciclop. di Napoli 1820, vol. I. Nella B. N. trovasi un esemplare senza frontisp. L'autore chiama Coutrel « il secondo Empedocle ».

Ristampato nel vol. II. delle Opere.

— Memoria sopra delle sostanze vulcaniche rinvenute nella lava di Pollena discoperta dalle ultime alluvioni del Vesuvio.

Atti della R. Accad. d. Scienze, vol. II. parte I. pag. 78-86. Napoli 1825.

Ristampato nel vol. II. delle Opere.

— Collections des substances volcaniques du royaume de Naples. Naples 1825, impr. Tramater.

In-8.° di pag. 16. [B. V.]

— Catalogo de' minerali esotici della collezione del cav. Monticelli.

In-4.° S. l. n. d. (Napoli, verso il 1825.) Prass 1 L.

— Lettera sullo stato del Vesuvio nel prossimo passato mese di marzo.

Ateneo, giornale di scienze, letteratura ecc., vol. I. pag. 84-87. Napoli 1831.

— Ausbrüche des Vesuv's seit April 1835.

Neues Jahrb. fur Mineral. etc., vol. III. Stuttgart 1835.

— Memoria sulle vicende del Vesuvio, letta nella tornata de 19 di Agosto 1827.

Atti della R. Accad. d. Scienze, vol. IV. pag. 97-104, con una tavola in-fol.: *Eruzione del Marzo 1827*, disegnata da R. Biondi. Napoli 1839.

Ristampato nel vol. II. delle Opere.

— Sopra alcuni prodotti del Vesuvio ed alcune vicende di esso. Memoria letta nella tornata del 19 Giugno 1832.

Ibid., vol. V. parte II. Classe di fisica e storia naturale, pag 141-145, con una tavola: *Interno del Vesuvio disegnato da mezzogiorno a dì 8 Giugno 1832*. Napoli 1844.

— Sulle sublimazioni del Vesuvio. Memoria letta nella tornata de' 4 Settembre 1832.

Ibid., pag. 147-149.

— Saggi analitici sopra alcuni prodotti vesuviani. Memoria letta il 14 Novembre 1832.

Ibid., pag. 151-156.

— Memoria sopra talune nuove sostanze vesuviane, letta nella tornata de' 4 di Dicembre 1832.

Ibid., pag. 157-159.

— Memoria sopra la eruzione del 28 Luglio 1833, letta nella tornata de' 3 Settembre 1833.

Ibid., pag. 170-177.

— Muriato Ammoniacale sublimato dal Vesuvio. Memoria letta nella tornata de' 2 Dicembre 1834.

Ibid., pag. 179-181.

— Memoria sopra altre vicende del Vesuvio del 1835, letta nella tornata de' 7 Aprile 1835.

Ibid., pag. 183-186.

— Memoria sopra i danni che il fumo del Vesuvio reca ai vegetabili, letta nella tornata de' 7 Giugno 1835.

Ibid., pag. 187-189.

— Introduzione alla monografia delle Pelurie Lapidee del Vesuvio, letta nella tornata de'14 Novembre 1837.

Ibid., pag. 191-194.

— Monografia delle Pelurie Lapidee del Vesuvio, letta nella tornata del dì 21 Novembre 1837.

Ibid., pag.195-205; Continuazione pag. 207-210, con una tavola.

— Storia e giacitura del ferro di Cancarone. Memoria letta nella tornata del 1. Dicembre 1840.

Ibid., pag. 211-215.

— Monografia del ferro di Cancarone. Memoria letta il dì 10 Agosto 1841.

Ibid., pag. 217-227, con 3 tavole.

— Genesi del ferro di Cancarone. Memoria letta il dì 13 Settembre 1842.

Ibid., pag. 229-232.

— Memorie sopra alcuni prodotti del Vesuvio, ed alcune vicende di esso. Napoli 1844, Stamperia Reale.

In-4.° di pag. 78 con una tav. Dura 3 L.

— Opere dell' abate Teodoro Monticelli, segretario perpetuo della Reale Accademia delle Scienze di Napoli. Napoli 1841-43, stabil. tipogr. dell' Aquila.

Tre vol. in-4.° con tavole e carte.

Nel vol. I. non vi è niente che concerna il Vesuvio.

Nel vol. II: *Descrizione dell'eruzione del Vesuvio avvenuta ne' giorni 25. 26. Dicembre dell' anno 1813. Seconda edizione eseguita su quella del 1815*, pag. 1-40. *Rapporto sull' eruzione del Vesuvio del dì 22 a 26 Dicembre 1817*, pag. 41-52. *Squarcio di una lettera diretta al Sig. Scipione Breislac su di un fenomeno particolare osservato nell' eruzione del Vesuvio de' 14 Maggio 1816 inserita nella Bibliothèque des Sciences, belles lettres et arts de Genève, tome II. 1816. Lettera al sig. Moricand di Ginevra estratta dal vol. II. del 1817 della Biblioteca univers. di quella città*, pag. 53-55. *Notizia di una escursione al Vesuvio e dell' avvenimento che vi ebbe luogo nel giorno 16 Gennajo 1820 quando il francese Coutrel si precipitò in una di quelle nuove bocche*, pag 67-71. *Escursioni fatte sul Vesuvio in compagnia d' illustri soggetti, e celebri dottori stranieri dal 1817 al 1820*, pag. 72-80. *Memoria sopra le sostanze vulcaniche rinvenute nella lava di Pollena discoperta dalle ultime alluvioni del Vesuvio*, pag. 81-89. *Memoria sulle vicende del Vesuvio letta nella tornata de' 19 di Agosto 1827*, pag. 90-96, con una tavola in-fol.: *Eruzione del Marzo 1827*, disegnata da R. Biondi. *Memoria sulla lava della Scala rimessa alla*

Società reale geologica di Londra, pag. 96-105. *Osservazioni dello stato del Vesuvio dal 1823 al 1829*, pag. 106-112, con una tavola in-fol. piccolo: *Cratere veduto dalla parte di Occidente da' 9 Giugno 1824 a' 12 Maggio 1825*, disegnata da Mariani. *Altre escurs. fatte sul Vesuvio*, pag. 113-125, con tre tavole: *Eruzione del 14 Marzo 1827*, disegnate dalla signora Anna William; *Veduta del fondo del cratere del Vesuvio osservata dal Principe Federico Cristiano di Danimarca nella notte de' 24 Aprile 1828*, disegnata da Mariani; *Veduta del fondo del cratere visitato dalla Principessa Elena di Russia nella notte de' 19 Marzo 1829*, disegnata da Mariani. *Lettera del celeberrimo sig. barone Alessandro di Humboldt al cav. Monticelli* (Parigi 22 Dicemb. 1825) e *Risposta* di questo, pag. 126-157. *Del Zoogeno e della Fibrina, pretese scoverte del commend. de Gimbernat ne' vapori del Vesuvio e nelle acque di Senogalla in Ischia*, pag. 158-161. *Storia dei Fenomeni del Vesuvio avvenuti negli anni 1821, 1822, e parte del 1823, con osservazione e sperimenti di Teodoro Monticelli e Nicola Covelli. Napoli, tipogr. dell' Aquila di V. Puzziello 1842*, con frontisp. proprio, ma colla paginaz. progressiva del volume delle Opere, da pag. 163 a 330, con una tavola litografata rappres. quattro piccole vedute del Vesuvio, le stesse che nell'edizione separata si trovano sopra quattro tavole.

Nel vol. III: *Prodromo della Mineralogia Vesuviana di Teodoro Monticelli e Nicola Covelli, vol. I. Orittognosia*, pag. 83-430 (le pag. 1-82 contengono cose non vesuviane), compresa l' Appendice pubblicata nel 1839, colle 19 tavole cristallografiche della prima edizione.

A causa dei numerosi errori di stampa che ricorrono in questa edizione delle Opere bisogna confrontare le edizioni originali. Vi mancano pure gli articoli contenuti nel vol. V. parte II. degli Atti della R. Accademia delle Scienze, riportato più sopra in esteso.

Dura 30 L.

MONTICELLI Teodoro e Nicola COVELLI.

Observations et expériences faites au Vésuve pendant une partie des années 1821 et 1822. Naples 1822, Cabinet bibliograph. et typogr.

In-8.º di pag. 66.

Confr. Giornale arcad. di Scienze ecc., vol. XVI. Roma 1822.

Dura 1 L. 50 c.

— Storia de' Fenomeni del Vesuvio avvenuti negli anni 1821, 1822 e parte del 1823, con osservazioni e sperimenti di T. Monticelli, segretario perpetuo della R. Accademia delle Scienze ecc. e N. Covelli, socio del R. Istituto di incoraggiamento ecc., letta nella Reale Accademia delle Scienze. Napoli, Febbrajo 1823. Dai torchi del Gabinetto bibliografico e tipografico.

In-8.º di pag. xx - 208 (l' ultima per errore è segnata col no. 280) e car. ii per la spiegazione delle tavole e l' errata-corrige, con 4 tavole litografate in-fol. piccolo.

Cioffi 3 L.; Prass, esempl. c. autografo, 4 L. 50 c.; Dura 5 L.

Ristampato nel vol. II. delle Opere.

Tradotto in tedesco col titolo:

— Der Vesuv in seiner Wirksamkeit während der Jahre 1821, 1822 und 1823, nach physikalischen, mineralogischen und chemischen Beobachtungen und Versuchen dargestellt. Aus dem Ital. übers. u. mit Anmerk. begleitet von Dr. J. Nöggerath und Dr. J. P. Pauls. Mit vier Ansichten des Vesuvs in Steindruck und Tabellen. Elberfeld 1824, Schönian.

In-8.° di pag. xxx-234 e 2 n. n. per le correzioni, con le 4 tavole dell'edizione originale. Anche col titolo generale: « Sammlung von Arbeiten ausländischer Naturforscher über Feuerberge und verwandte Phänomene. Erster Band. » Vedi il secondo volume sotto NECKER.

Neubner 3 M.; Twietmeyer 4 M.

— Prodromo della Mineralogia Vesuviana di T. Monticelli, segretario perpetuo della Reale Accademia delle Scienze di Napoli e di N. Covelli, socio ordinario della stessa. Vol. I. Orittognosia. Con 19 tavole incise a bolino. Napoli 1825, da' torchi del Tramater.

In-8.° di pag. xxxiv-480 e 2 n. n. per l' Errata, con 19 tavole cristallografiche incise in rame. [B. N.]

Ristampato coll'Appendice (vedi sotto) nel vol. III. delle Opere.

Il secondo volume, che doveva contenere i *Minerali composti o gli aggregati*, non venne pubblicato.

R. Friedl. & S. 8 M.; Prass, esemplare in carta forte, 10 L.

— Appendice al Prodromo della Mineralogia Vesuviana. Napoli 1839, da' torchi del Tramater.

In-8.° di pag. 28. [B. N.]

È di Monticelli solo.

Raro. Dura 10 Lire.

MONTICELLI TEOD. e FR. RICCIARDI.

Qual sia l' influenza del Vesuvio, colle sue varie eruttazioni, sulle meteore, e sulla vegetazione del Circondario. Programmi due per la Real Accademia delle Scienze. Napoli 1810.

In-4.° di pag. 4.

Confr. **C. Ceva Grimaldi**, Elogio del comm. T. Monticelli, in-4.° con ritr. Napoli 1845; **F. de Castro**, Elogio funebre del comm. T. Monticelli, in-4.° con ritr. Trani 1845.

MORAWSKI T. und L. SCHINNERER.

Analysen von vulcanischen Producten, welche Prof. Kornhuber gelegentlich einer Besteigung des Vesuvs im Jahre 1871 gesammelt hat.

Verhandl. d. geol. Reichsanst. Wien 1872, pag. 160.

MORENA GIOVANNI.

Lettera all'abate Mecatti.

Vedi MECATTI, Racconto storico-filosofico del Vesuvio. Napoli 1752.

MORGAN O.

On some phenomena of Vesuvius.

Quart. Journ. of Science, Literat. and Art, N. S., 1829, pag. 132. Confr. Leonh. Zeitsch. f. Mineral. 1829, pag. 787.

MORHOF DAN. GEORG.

Polyhistor literarius, philosophicus et practicus Lubecae 1714.

Due vol. in-4.º Nel secondo, a pag. 338, trovasi un saggio di bibliografia vesuviana.

MORMILE GIUS. (patrizio napoletano, prete secolare).

L'Incendii | Del Monte Vesvvio, | E Delle Straggi, E Rovine, Che hà fatto ne' tempi antichi, e moderni | insino a 3. di Marzo 1632. | Di D. Gioseffo Mormile Napolitano. | In Napoli, Per Egidio Longo 1632.

In-16.º di pag. 46; nel frontisp. un' incisione rappres. il Vesuvio. A pag. 6 un distico latino *De Vesuuij conflagratione* di FRANCISCUS de PETRIS. [B. N.]

Alla fine è una carta intitolata: *Nota di tutte le Relationi stapate sino ad hoggi del Vesuuio, Raccolte da Vincezo Boue*. Questa Nota, che enumera brevemente 56 opuscoli sull' eruzione del 1631, è da considerarsi come il primo saggio di bibliografia vesuviana.

Rarissimo.

MORREN.

Le Vésuve, poésie. 1843.

Dal catalogo E. Rolland, Paris 1894. Ritaglio.

MORTE [La] Di Plinio. | Nel Incendio | Del Monte Vesvvio, | e l' effetto che fece. | In Napoli. Appresso Matteo Nucci. 1632. Ad istanza di Giouanni Orlando, alla Pietà.

In-4.º di carte due. [B. N.]

Rarissimo; non riportato dallo Scacchi.

MOURLON MICHEL.

Recherches sur l' origine des phénomènes volcaniques et des tremblements de terre. Bruxelles 1867. G. Mayolez.

In-8.º

MUELLER A.

Vorkommen von reinem Chlorkalium am Vesuv.

Verhandl. d. naturw. Ges. zu Basel 1854, pag. 113.

MULLER RENÉ.

Les Volcans. Rouen 1882, Mégard.

In-12.º

MUNSON M. A.

About Vesuvius.

The Lakeside Monthly, vol. VII. pag. 193-196 . . . 1872.

N

NAECKTE BESCHRIJVINGE van de schrickeligijcke Aerd-bevinge ende afgrijsselicken Brandt van den Bergh Soma gelegen in Italien, twee Mijlen van de Stadt Napels geschiet den 15, 16 ende 17 december 1631 geextraheret utenen Brief van date den 13. Januarij 1632, geschreben upt Napels by een hoffwaerdlich Personen, die dese ellendich ept aengesien heeft ende verkondigt aen zijne Drienten tot Leyden 1632.

In-4.° di pag. 8. [B. S.]

NAPOLI R.

Nota sopra alcuni prodotti minerali del Vesuvio.

— Sulla produzione del sale ammoniaco nelle fumarole vesuviane.

Entrambi questi opuscoli sono riportati nella Bibliogr. géolog. et paléontolog. de l'Italie, Bologna 1881, senz'altra indicazione.

NATURAL HISTORY [The] of Mount Vesuvius, with the explanation of the various Phaenomena etc. London 1743.

Vedi SERAO.

NAUDÉ GABRIEL.

Discovrs | Svr Les Divers | incendies du Mont | Vesuue; | Et particulierement sur le dernier, | qui commença le 16. | Decembre 1631. [Paris] M.DC.XXXII.

In-16.° di pag. 37 ed una bianca. Alla fine trovasi il nome dell'autore e la data: *De Rome ce Samedy 2. Janvier 1632.* [B. S.]

Naudé era medico a Parigi.

Confr. ALSARIUS CRUCIUS.

Rarissimo.

NEAPOLITANAE SCIENTIARUM ACADEMIAE De Vesuvii Conflagratione quae mense Majo anno MDCCXXXVII accidit Commentarius.

Vedi SERAO.

NECKER L. A.

Description du cône du Vésuve le 15 Avril 1820.

Biblioth. univ. des Scieuces etc., vol. 23. pag. 223-228. Genève 1823.

— Mémoire sur le Mont-Somma.

Mém. de la Soc. de phys. et d'hist. nat. de Genève, tome II. première partie, pag. 155-203, con 2 tav. Genève 1823. [B. V.]

R. Friedl. & S. 3 M.

— Ueber den Monte Somma.

Traduzione dell'opera precedente, contenuta in: « Sammlung von Arbeiten ausländischer Naturforscher über Feuerberge und verwandte Phänomene. Deutsch bearb. von Dr. J. Nöggerath und Dr. J. P.

Pauls », vol. II. pag. 111-200 con 2 tavole litogr. Elberfeld 1824. [B. V.]

« Vortreffliche Topographie und Geologie der Somma und ihrer Gänge mit einem Nachtrag über die Tuffe und einem zweiten über den Vesuv. Die eine Tafel gibt eine Karte der Vesuvumgebung mit den Hauptlavaströmen und des Kraters im April 1820, die zweite Detail über die Gänge der Somma. » (Roth.)

Il nome di questo autore è scritto talvolta NECKER de SAUSSURE.

NEGRONI ONOFRIO.

Sulle ceneri vesuviane del 1779.

Riportato dal duca della Torre.

NEMINAR C. F.

Ueber die chemische Zusammensetzung des Meionits vom Vesuv.

Jahrb. d. geol. Reichsanst., vol. XXV. Wien 1875. Confr. Mineralog. Mittheil., Wien 1875, pag. 51.

NESTEMANN und FELBER.

Notizien über den Vesuv im Mai 1830.

Archiv für Mineral.,Geol., Bergbau etc., vol. IV. pag. 121-124. Berlin 1831.

NETTI F.

Il Vesuvio.

L' Illustrazione Italiana, Milano 19 e 26 Dicembre 1875; 2, 9, 16, e 23 Gennajo 1876, con illustr.

NEUER AUSBRUCH des Vesuvs, ein feuerspeiender Berg des Königreichs Neapel in der Nähe der Hauptstadt. Mülhausen 1855, gedr. bei J. B. Rissler.

In-8.° di pag. 8.

NIGLIO MICHELE.

Cinque sonetti sul Vesuvio.

Saggio di poesie, pag. 70-74. Napoli 1825. [B. S.]

NOBILI [DE] GIUSEPPE.

Analisi chimica ragionata del lapillo eruttato dal Vesuvio nel dì 22 Ottobre 1822 aggiuntovi alcune osservazioni sulla cenere rossa espulsa a dì 24 Ottobre dello stesso anno. Napoli 1822.

In-8.° di pag. 20.

Parla di oro ed argento trovato nei lapilli.

Hoepli 2 Lire.

NOCERINO NICOLA.

La real Villa di Portici illustrata dal rev. D. Nicola Nocerino parroco in essa. In Napoli 1787, presso i fratelli Raimondi.

In-16.° di pag. 158 ed una carta.

Prass 3 L.

NOEGGERATH JACOB.

Der Ausbruch des Vesuv am 16. April 1834.

Illustrirte Zeitung no. 1290, pag. 200, con un' illustr. Leipzig 1868.

Vedi MONTICELLI e COVELLI, Der Vesuv in seiner Wirksamkeit etc. e NECKER, Ueber den Monte Somma.

NOLLET (l' abbé).

Plusieurs faits d' histoire naturelle observés en Italie.

Nell' **Histoire de l' Acad. d. Sciences**, pag. 14-20. Paris 1750. Sull'altezza del Vesuvio nel 1749. (1160 m.)

NOTES ON VESUVIUS.

Amer. Journ. of Science and Arts, II. ser. vol. XIII. pag. 131-133, Newhaven 1852.

Relazione sull' eruzione del 1850 d' ignoto autore.

NOTIZIE storiche delle eruzioni del Vesuvio, per F... V...

Annali Civili delle Due Sicilie, vol. VII. pag. 31-38. Napoli 1833.

NOTIZIE dell' eruzione del Vesuvio in Maggio e Giugno 1858.

Giornale del Regno delle Due Sicilie; 21 div. num. Napoli 1858. Anonimo.

NOTO canonico SALVATORE.

Cenno storico della Cappella di S. Maria Della Bruna in Torre del Greco. Napoli 1851, tip. di Sav. Giordano.

In-16.° di pag. 33, con una figura della Madonna. Tratta anche dell' eruzione del 1631.

NOVI GIUSEPPE (colonnello d'artiglieria).

Degli Scavi fatti a Torre del Greco dal 1881 al 1883. Primi indizii del probabile sito di Veseri, Tegiano, Taurania e Retina. Relazione letta all'Accademia nella tornata del 9 dicembre 1883.

Atti dell'Accademia Pontaniana, vol. XVI. parte prima, pag. 1 86, con 3 tav. Napoli 1885.

— Idrologia. Acque irrigue, balneari e potabili in Torre del Greco. Soggiorno d' inverno, stagione marittima.

Ibid., vol. XXIII. Napoli 1893. Memoria separata in-4° di pag. 24.

Tratta delle antiche scaturigini d'acque del Vesuvio, delle sue terre coltivate, della salubrità dell' aria, e della flora vesuviana.

— Il Vesuvio. I prodromi della presente eruzione ed i materiali da costruzione.

Nella Rivista « Polytechnicus », anno IV. no. 7, pag. 49-50. Napoli 1. Aprile 1896.

— Il Vesuvio e l' apparizione di vegetali esotici sulle sue pendici.

Ibid., anno IV. no. 9, pag. 66-67. Napoli 1. Maggio 1896.

NOVISSIMA | RELATIONE | Dell' Incendio | Successo | Nel Monte Di Somma | A 16. Decembre 1631. | Con un' avviso di qvello | è successo nell' istesso dì nella città di | Cattaro, nelle parti d' Albania. | In Venetia, & Ristampato in Napoli 1632 | All'insegna del Boue.

In-16.° di carte otto. Nel frontisp. la figura del bove, col motto: *Serivs et gravivs.* Alla fine: *In Napoli, Per Egidio Longo. 1632.* [B. S.]

« Alcuni dettagli dell' eruzione sono ben descritti. La meteora in Cattaro è menzionata colle stesse parole dell' Amodio. » (Scacchi.)

Raro. Non riportato dal Soria.

NUNZIANTE marchese VITO.

Dimanda di privativa per la fabbricazione di lastre e cristalli, facendo uso per essa delle lave vulcaniche vesuviane. Napoli 1826.

In-4.° di pag. 8.

Nuova Descrizione de' danni cagionati dal Monte Vesuvio dalla sera de' 15. sino al giorno 28. di Giugno dell' anno 1794. E della somma religiosità de' Cittadini napoletani. In Napoli 1794. Nella stamperia di Domenico Sangiacomo.

In-8.° di pag. 8. [B. N.]
In ottava rima.

Nuova Istoria Di una Grazia particolare ottenuta da Dio la Città di Napoli, per intercessione di Maria Ss., ed il Glorioso S. Gennaro per il Terramuoto sortito la sera de' 12. Giugno, e la grande eruzione del Monte Vissuvio la sera de' 15. sudetto Mese; giorno di Domenica alle ore 2, della notte del 1794. A qual' effetto allagò di foco molti Villaggi intorno stendendosi sino al Mare con rovinare la gran Terra della Torra del Greco.

S. l. n. d. (Napoli 1794). In-16.° di carte quattro, stampato sopra carta sugante, con una rozza incisione in legno nel frontisp. [B. N.]
In versi. Comincia così:

Dimmi Napoli che aspetti
Vedi bene e non rifletti

Rarissimo.

NUZZO Mauro A.

Un Papiro, ossia i Gladiatori nella caverna del Vesuvio, del Signor A. N. M. Venezia 1826, tipogr. Andreola.

In-8.° di pag. 197 e una bianca.
Anonimo racconto storico.

O

OBLIEGHT E.

Vesuv-Eisenbahn aus der Vogelschau.

Illustrirte Zeitung no. 1614, pag. 437, con 2 illustr. Leipzig 1874.

ODELEBEN E. G. von.

Beiträge zur Kenntniss von Italien, vorzügl. in Hinsicht auf die mineralog. Verhältnisse dieses Landes. Freiberg 1819-20.

Due vol. in-8.° con carte. Nel secondo, da pag. 253 a pag. 343, si parla del Vesuvio, visitato dall'autore nel Settembre 1817.

OLEARIUS T.

Feuerflammen des Vesuvii. Halle 1650.

In-4.° Riportato nella Bibliogr. géolog. et paléontolog. de l'Italie, Bologna 1881.

OLIVA Nicolo Maria.

Lettera | Del Signor | Nicolo Maria Oliva | Scritta All' Illvstriss. Signor | Abbate D. Flavio Rvffo. | Nella quale dà vera, & minuta relatione delli Segni, Ter- | remoti, & incendij del Monte Vessuuio, comin- | ciando dalli 16. del mese di Decembre 1631. per insino alli 5. di Gennaro 1632. In Napoli 1632. Appresso Lazaro Scoriggio.

In-4.º di carte quattro; nel frontisp. una figura del Vesuvio. [B. N.]

— La Ristampata | Lettera | Con Aggiunta di Molte Cose Notabili. | Del Signor Nicolo Maria Oliva | Scritta all' Illvstriss. Signor | Abbate D. Flavio Rvffo. | Nella quale dà vera, & minuta relatione delli Segni, Ter- | remoti, & incendij del Monte Vessuuio, comin- | ciando dalli 10. del mese di Decembre 1631. | per insino alli 16. di Gennaro 1632. In Napoli, Appresso Lazaro Scoriggio 1632.

In-4.º di carte quattro; nel frontisp. una figura del Vesuvio. [B. N.]
Rarissimo, come la prima ediz.
Marghieri 12 L.

OLIVIERI G. M.

Breve descrizione istorico-fisica dell'eruzione del Vesuvio avvenuta il dì 15 Giugno 1794. Napoli 1794.

In-8.º di pag. 22.
Buona descrizione.
Dura 1 L. 70 c.; Bose 1 M. 20 Pf.

OLTMANS J.

Darstellung der Resultate welche sich aus den am Vesuv von A. von Humboldt und anderen Beobachtern angestellten Höhenmessungen ableiten lassen.

Abhandl. der königl. Akad. der Wissensch. zu Berlin 1822-23.

ONOFRII [Degli] Pietro.

Elogii storici di alcuni servi di Dio ecc. Napoli 1803.

In-8.º Nella vita del P. Gregorio M.ª Rocco, pag. 432 - 461, si descrivono le eruzioni del Vesuvio e particolarmente quelle del 1794 e 1799.

ONOFRIO [D'] Michele Arcangelo.

Relazione ragionata della eruzione del nostro Vesuvio accaduta a 15. Giugno 1794. in seguito della storia completa di tutte le eruzioni memorabili sino ad oggi con una breve notizia della cagione de' terremoti. Dal Professore di Medicina M. A. D. O.

Anonimo. S. l. n. d. (Napoli 1794.) In-4.º di pag. 8.
Hoepli 4 L. 50 c.
Confr. Breislak e Winspeare.

— La medesima.

In-4.º di pag. 11 ed una bianca. [B. V.]
Anonimo. S. l. n. d. (Napoli 1794.)
Confr.: Dettaglio su l'antico stato, ed eruzioni del Vesuvio. Napoli 1794.

— La medesima. Corretta dall'autore M. A. D' Onofrio, ed accresciuta di note in fin di questa. Napoli, li 7. Luglio 1794.

Identica all' edizione precedente, senonchè l' ultima pagina, che in quella è bianca, ha delle *Annotazioni* in questa, e l'autore, finora anonimo, si palesa.

La traduzione in tedesco:

— Ausführlicher Bericht von dem letztern Ausbruche des Vesuvs, am 15. Jun. 1794 die Geschichte aller vorhergegangenen Ausbrüche und Betrachtungen über die Ursachen der Erdbeben; von Herrn M. A. D. O. Professor der Arzneygelahrtheit zu Neapel. Nebst einem Schreiben des Einsiedlers am Vesuv und zwey Briefe des Duca della Torre über den nämlichen Gegenstand. Als ein Anhang zu des Ritters Hamilton Bericht vom Vesuv. Aus dem Italiänischen übersezt. Mit einem nach der Natur gezeichneten Kupfer. Dresden 1795. In der Waltherischen Hofbuchhandlung.

In-4.º di pag. 88, con un' incisione in rame. [B. V.]

La Relazione del D' Onofrio da pag. 1 a 20; l'altro scritto, Schreiben des Eremiten, firmato V. A. Salvat. Caneva, Eremit und Priester, pag. 21-28, Zwey Briefe des Duca della Torre, pag. 29-87. Nella pag. 88 trovasi un elenco di opere vesuviane.

Weg 2 M.

— Nuove Riflessioni sul Vesuvio con un breve dettaglio de' Paraterremoti. Premessi i luoghi degli antichi scrittori che han parlato di questo Vulcano. Del Professore di medicina M. A. D' Onofrio. In Napoli 1794.

In-8.º di pag. 16, con un' incisione in rame rappres. S. Gennaro e l' eruzione del 1794.

L' autore si lagna dello scherno nel D e t t a g l i o sopra citato.

— Lettera ad un amico in provincia sul tremuoto accaduto a 26 Luglio, e seguito dall' Eruzione Vesuviana de' 12 Agosto del corrente anno 1805. Colla narrazione di tutti i più rilevanti fenomeni che esigono le vedute del Naturalista, in cui si dà conto delle cagioni di essi. Scritta dal dottor Arcangelo d' Onofrio già medico dell' armata ecc. In Napoli 1805, nella stamperia di Raimondi.

In-16.º di pag. 40 e 2 di agg.

« Eine gute und detaillirte Beschreibung der Wirkungen des Erdstosses und eine kürzere des Ausbruches, denen eine weitläufige und gelehrte Abhandlung über die Erdbeben überhaupt folgt. » (Roth.)

Hoepli 3 L.

OPITZ Martin.

Vesuvius.

Gedichte. Frankfurt a. M. 1746, Varrentrapp, vol. I. pag. 19-44, ed in altre edizioni.

ORBESSAN (le marquis d').

Mélanges. Paris 1768.

In-8.°

Contiene alcune osservazioni sul Vesuvio e sulla Grotta del cane.

ORDINAIRE C. N. (chanoine).

Histoire naturelle des volcans, comprenant les volcans soumarins, ceux de boue, et autres phénomènes analogues. Paris 1802, Levrault frères.

In-8.°, con una carta topografica dei vulcani. Del Vesuvio trattano i capitoli 25, 30 e 36. [B. N.]

O'REILLY Rev. A. J.

Alvira the heroine of Vesuvius. Dublin 1884, M. H. Gill & Son.

In-16.° di pag. 228. Racconto.

ORIMINI Pietro.

Nella eruttazione della Montagna di Somma del 1767.

Nelle Poesie di Pietro Orimini degli antichi signori del Gaudo. Napoli 1771, pag. 158-163. [B. V.]

« Mediocri poesie, con zolfo ed altro per spiegare le eruzioni. » (Scacchi.)

ORLANDI Giovanni.

Dell' Incendio | Del Monte di Somma. | Compita Relatione | E di quanto è succeduto insino ad hoggi. | Publicata per Giovanni Orlandi romano | alla Pietà. | In Napoli, Per Lazzaro Scoriggio, 1631.

In-4.° di pag. 15 ed una bianca; nel frontisp. evvi un'incisione con l'effigie del Salvatore. [B. N.]

« L'autore, un librajo romano, compose quest' opuscolo dalle notizie ricavate da un Itinerario napoletano ms. » (Soria.)

« Relazione incompleta e di poca importanza. » (Scacchi.)

Benedetti 10 L.

— Nuoua, e Compita | Relatione | Del spauenteuole incendio del Monte | di Somma detto il Vesuuio. | Doue s'intende minutamente tutto quello che è successo sin al pre- | sente giorno, Con la nota di quante volte detto Monte | si sia abbrugiato. | Pvblicata per Giovanni Orlandi | Alla Pietà di Napoli. | Aggiuntoui vn Remedio deuotissimo contra il Terremoto. | In Napoli, Per Lazzaro Scoriggio, 1632.

In-4.° di pag. 16. A pag. 2 evvi una imagine di S. Gennaro, con un inno in latino. [B. S.]

Ristampa dell' opuscolo precedente, non citata dallo Scacchi.

Ambedue sono rarissimi.

—La | Cinqvantesima | E Bellissima Relatione | Del Monte Vesvvio | In Stile Accademico | Stampato alli quindici di Marzo MDCXXXII. | In Napoli appresso Ottauio Beltrano 1632. Ad istanza di Giouanni Orlandi alla Pietà.

In-8.° di carte sei, assai male stampato, colle pagine contornate; nel frontisp. la figura del Vesuvio in fiamme che si trova in quasi tutti gli opuscoli editi dal Beltrano.

Dedicato al Sig. Rafaelle Ruscelai. [B. V.]

« Senza importanza. » (Scacchi.)

ORLANDI Pietro Paolo.

Tra Le Belle La Bellissima, | esquisita, & intiera, e desiderata | Relatione | Dell' Incendio Del | Monte Vesvvio | Detto Di Somma, | Publicata in Napoli da Pietro Paolo Orlandi Romano. | In Napoli, Per Secondino Roncagliolo 1632. Si vendono per Giouanni Orlandi alla Pietà.

In-4.° di carte quattro; nel frontispizio la figura della Speranza. Dedicato da Giovanni Orlandi a D. Annibale Aragona Appiano dei Principi di Piombino ecc. [B. N.]

« Pochi dettagli senza importanza. » (Scacchi.)

— La medesima. Ibid.

In-4.° di carte quattro; nel frontisp. una figura del Vesuvio. [B. N.]

Ristampa identica. Scacchi la riporta due volte: sotto Orlandi e sotto Nuovissima Relazione tra le belle bellissima.

ORLANDI Sebastiano.

La Tregva | Senza Fede | Del Vesvvio | Al Molto Illvstre Signor | Et Patron mio Osseruandissimo, | Il Signor | Gio. Battista | Manzo. | Sebastiano Orlandi | Dona, Dedica, e Consagra. | In Napoli, Nella Stamparia di Francesco Sauio. 1632. Si vendono per Giouanni Orlandi alla Pietà.

In-4 ° di carte quattro; nel frontispizio una corona. [B. N.]

« Contiene poco sull' incendio. » (Scacchi.)

ORRIGONE Carlo Gioseppe.

Al Signor Carlo Antonio Belcredi. Si descriuono gl' incendji del Vesuuio detto vulgarmente Monte di Somma vicino a Napoli, seguiti nel fin dell' anno 1631.

Nei **Pensieri poetici**, pag. 108-119. Genova 1636, Calenzano, in-16.° [B. N.] Dura 4 L.

OESTERLAND C. e P. WAGNER.

Analysen der Vesuvasche.

Zeitsch. d. deutsch. chem. Ges. 1873. Bullet. de la Soc. chim. de Paris, Octobre 1873.

OTTAVIANO Cesare.

Alla Maestà di Ferdinando IV Re delle Due Sicilie per la terribile eruzione del Vesuvio.

Sonetto; foglio vol. s. d. [B. N.]

OTTO E.

Auf den Vesuv. Vortrag in der Section Strassburg i. E. des deutsch-oesterr. Alpenvereins. Strassburg 1886.

In-8.° di pag. 24.

OVIEDO y VALDES Gonzalo Fernandez.

Nella sua Storia di Nicaragua, pubblicata nell' opera di H. Ternaux-Compans « Voyages pour servir à l' hist. de la découverte de l'Amérique », Paris 1840, trovasi la relazione di un' ascensione al Vesuvio fatta nel 1501, e dello stato del cratere in quel tempo.

P

PACI Giacomo M.

Osservazioni di meteorologia elettrica sulle vulcaniche esalazioni. Napoli 1845.

In-4.° di pag. 14.

Con De Miranda.

PACICHELLI abate Gio. Batt.

Memorie de' viaggi per l' Europa Christiana scritte a diversi in occasione de' suoi Ministeri. Napoli 1685.

Cinque vol. in-8.° La parte 4.ª del vol. II., pag. 255 e seg., tratta del Vesuvio.

— Lettere familiari, istoriche e erudite ecc. Napoli 1695.

Due vol. in-16.° Nel vol. II., da pag. 343 a 363: *Eruttioni lontane e vicine del Vesuvio* (1631-1694). Altra ediz., Napoli 1716.

[PADAVINO Marc'Antonio].

Lettera | Narratoria | A Pieno La Verità | De successi del Monte Vessuuio detto | di Somma, seguiti alli 16. di Decem- | bre fin alli 22. dell'istesso mese. | Scritta da vn Gentilhuomo dimorante in Na- | poli ad vno di questa Corte. | In Roma. Appresso Francesco Caualli: 1632.

In-8.° di carte sette ; nel frontisp. si vede una figura della montagna in fiamme. [B. S.]

Anonimo, ma riconosciuto da Pietro Castelli essere di Marcantonio Padavino, gentiluomo residente a Napoli per la repubblica di Venezia.

Rarissimo; unica copia nella B. S.

PALMERI Paride.

Sulla cenere lanciata dal Vesuvio a Portici e a Resina la notte del 3 al 4 Aprile 1876. Ricerche chimiche.

Rendiconto dell'Accad. d. Scienze fis. e mat., anno XVI. fasc. 4. pag. 73-74, 87. Napoli 1876. Confr. Annuario della R. Scuola Super. di Agricolt. di Portici, vol. I. pag. 101-115. Napoli 1878.

— Studii sul pulviscolo atmosferico piovuto il 25 Febbrajo 1879 a Portici.

Rendiconto dell'Accad. d. Scienze fis. e mat., anno XIX. fasc. 4. Napoli 1879. Confr. Annuario della R. Scuola Super. di Agricolt. di Portici, vol. II. pag. 363-385. Napoli 1880.

— Il pozzo artesiano dell'Arenaccia del 1880 confrontato con quello di Palazzo Reale di Napoli del 1847.

Vedi: Lo Spettatore del Vesuvio e dei Campi Flegrei. Nuova Serie. Napoli 1887.

PALMIERI Luigi (Prof. nella R. Univ. di Napoli e Direttore dell' Osservatorio Vesuviano).

Studii Meteorologici fatti sul Reale Osservatorio Vesuviano. Napoli 1853, stab. tip. di G. Nobile.

In-4.º di pag. 22. Hoepli 1 L.

— Sulle scoperte vesuviane attenenti alla elettricità atmosferica. Disquisizioni accademiche. Napoli 1854, stab. tip. di G. Nobile.

In-4.º di pag. 33, con una tavola. Memoria letta all'Accad. d. Scienze. Dura 2 L.; Hoepli 2 L.

—Elettricità atmosferica. Continuazione degli studii meteorologici fatti sul Reale Osservatorio Vesuviano.

In-4.º di pag. 8, con due tavole. Estratto dal Poliorama pittoresco, anno XV. Napoli 1854.

— Eruzione del Vesuvio del 1. maggio 1855, studiata dal R. Osservatorio Meteorologico Vesuviano.

Il Nuovo Cimento, giornale di fisica, chimica e storia naturale, vol. I. Pisa 1855; Giornale Ufficiale del Regno delle Due Sicilie, Napoli 25 maggio 1855.

—Memoria sullo Incendio Vesuviano del mese di maggio 1855.

Vedi pag. 110 di questa Bibliografia.

— Relazione del direttore del Reale Osservatorio Meteorologico diretta al presidente della Regia Università.

Giornale del Regno delle Due Sicilie 1856 no. 58.

È un rapporto sull' incremento d'eruzione del 1. marzo 1856.

— Osservazioni di meteorologia e di fisica terrestre fatte durante l'eruzione del Vesuvio del maggio 1855.

Il Nuovo Cimento, vol V. Pisa 1857.

— Alcune osservazioni sulle temperature delle fumarole che si generano sulle lave del Vesuvio.

Ibid., nello stesso volume. Confr. Rendiconto dell'Accad. Pontaniana, anno V. pag. 12-16. Napoli 1857.

— Sur l'éruption actuelle du Vésuve. Lettre à M. Sainte-Claire Deville.

Compt. rend. de l'Acad. d. Sciences, vol. 45. pag. 549-550. Paris 1857.

— Sur le Vésuve. Lettre à M. Sainte-Claire Deville.

Ibid., vol. 46. pag. 1219-1220. Paris 1858.

— Annali del Reale Osservatorio Meteorologico Vesuviano, Napoli 1859-1870.

Vedi pag. 6 di questa Bibliografia.

— Biblioteca Vesuviana.

In-4.º di pag. 18. Catalogo dei libri esistenti nell'Osservatorio Vesuviano, estratto dall' anno primo, 1859, degli Annali del Reale Osservatorio Meteorologico Vesuviano. Vedi pag. 7 di questa Bibliografia. Dura 3 Lire.

— Sur l'éruption du Vésuve. Lettre à M. Sainte-Claire Deville.

Compt. rend. de l'Acad. d. Sciences, vol. 53. pag. 1231-1233. Paris 1861.

— Intorno all' incendio del

Vesuvio cominciato il dì 8 Dicembre 1861.

Vedi pag. 81 di questa Bibliografia.

— Notizie sulle scosse di terremoto segnate dal sismografo elettro-magnetico dopo l' incendio del Vesuvio cominciato il dì 8 dicembre 1861. Napoli 1862.

Riportato nella Bibliogr. géolog. et paléont. de l'Italie, Bologna 1881.

— Sur les phénomènes électriques qui se sont produits dans la fumée du Vésuve pendant l'éruption du 8 décembre 1861.

Compt. rend. de l'Acad. d. Sciences, vol. 54. pag. 14. Paris 1862.

— Sur les secousses de tremblement de terre ressenties à l'Observatoire du Vésuve pendant les mois de décembre 1861 et janvier 1862.

Ibid., pag. 608-611.

— Scosse risentite al Vesuvio in occasione dell' ultima eruzione dell'Etna.

Rendiconto della R. Accad. delle Scienze fis. e mat., anno II. pag. 199. Napoli 1863.

— Delle scosse di terremoto avvenute all'Osservatorio Meteorologico Vesuviano nell'anno 1863, quali furono registrate dal sismografo elettromagnetico.

Ibid., anno III. Napoli 1864.

— Il Vesuvio dal 10 febbraio al 5 marzo del 1865.

Ibid., anno IV. Napoli 1865.

— Il Vesuvio, il terremoto di Isernia e l'eruzione sottomarina di Santorino.

Ibid., anno V. Napoli 1866.

— Il Vesuvio dal 10 febbraio al 1. aprile 1865. Relazione.

Rendiconto dell' Accad. Pontan. anno XIII. pag. 47-51. Napoli 1865.

— Di alcuni prodotti trovati nelle fumarole del cratere del Vesuvio.

Rendiconto della R. Accad. d. Scienze fis. e mat., anno VI. Napoli 1867.

— Nuove corrispondenze tra i terremoti del Vesuvio e l'eruzioni di Santorino.

Ibid., nello stesso volume.

— Sur les produits ammoniacaux trouvés dans le cratère supérieur du Vésuve.

Compt. rend. de l'Acad. d. Sciences, vol. 64. pag. 668 - 669. Paris 1867.

— Faits pour servir à l'histoire éruptive du Vésuve.

Ibid., vol. 65. pag. 897-898; vol. 66. pag. 205-207, 756-757, 917-918. Paris 1868.

— Berichte über die Thätigkeit des Vesuv, nach dem Giornale di Napoli.

Verhandl. d. geolog. Reichsanst., Wien 1867, pag. 373; 1868, pag. 7, 23, 45, 63, 89, 116.

— Dell'incendio del Vesuvio cominciato il 13 novembre

del 1867. Sunto di una relazione dell'Autore.

Rendiconto della R. Accad. d. Scienze fis. e mat, anno VII. pag. 76-77. Napoli 1868.

— Nuovi fatti di corrispondenza tra le piccole agitazioni del suolo al Vesuvio ed i terremoti lontani.

Ibid., anno VIII. pag. 179 Napoli 1869.

— Osservazioni sul terremoto del 26 agosto 1869.

Ibid., nello stesso anno, pag. 179.

— Dell'Incendio Vesuviano cominciato il 13 novembre del 1867. Relazione letta nell'adunanza del dì 11 aprile 1867.

Atti della R. Accad. d. Scienze fis. e mat, vol. IV. no. 1., di pag. 29, con una tavola: *Profili della vetta vesuviana dal 1845 al 1868.* Napoli 1869.

— Ultime fasi della conflagrazione vesuviana del 1868. Memoria. Napoli 1869, stamperia del Fibreno.

In-4.º di pag. 17.

Estratto dagli Atti della R. Accad. d. Scienze fis. e mat., vol. IV. no. 9. Napoli 1869. Confr. Rendiconto della R. Accad. d. Scienze fis. e mat., anno VIII. pag. 44-48, Napoli 1869; Il Nuovo Cimento, serie II, vol. III. Pisa 1870.

— Qualche osservazione spettroscopica sulle sublimazioni vesuviane.

Rendiconto della R. Accad. d. Scienze fis. e mat. anno IX. pag. 58-59. Napoli 1870.

— Il terremoto di Calabria ed il sismografo vesuviano.

Ibid., nello stesso anno, pag. 60-61.

— Indicazioni del Sismografo dell' Osservatorio Vesuviano dal 1. dicembre del 1869 al 31 dicembre del 1870.

Ibid., anno X. pag. 16-17. Napoli 1871. Nota inserita nella Memoria sopra i terremoti della prov. di Cosenza nell'anno 1870 del dott. Conti.

— Le lave del Vesuvio guardate con lo spettroscopio.

Ibid., nello stesso anno, pag. 33-34.

— Osservazioni microscopiche sulle sabbie eruttate dal Vesuvio nei mesi di gennaio e febbraio del 1871.

Ibid., nello stesso anno, pag. 34-35.

— Intorno ad un Lapillo filiforme eruttato dal Vesuvio.

Ibid., nello stesso anno, pag. 51-52.

— Sopra qualche legge generale cui obbediscono le sublimazioni del Vesuvio, delle fumarole e delle lave del Vesuvio.

Ibid., nello stesso anno, pag. 90-93.

— Trasformazione di alcuni cannelli di vetro rimasti per lungo tempo in una fumarola.

Ibid., nello stesso anno, pag. 124.

— Il Litio ed il Tallio nelle sublimazioni vesuviane.

Ibid., nello stesso anno, pag. 124.

— Sepolcri antichi scoperti sul Vesuvio.

Ibid., anno XI. pag. 2. Napoli 1872.

— Il solfato di zinco fra le sublimazioni vesuviane.

Ibid., nello stesso anno, pag. 13.

— L'acido carbonico al Vesuvio.

Il Criterio, periodico settimanale di scienze ecc. Napoli 18 agosto 1872.

— Dell'incendio vesuviano del 26 Aprile 1872.

Atti della R Accad. d. Scienze e Belle Lettere, anno IX. pag. 157-158. Napoli 1872.

—Conferenza tenuta nella sala dell'Istituto tecnico sull'incendio Vesuviano del 26 Aprile 1872. Napoli 1872, stab. tip. l'Italia.

In-16.° di pag. 16.

— L'incendio vesuviano del 26 Aprile 1872. Conferenza tenuta nel dì 9 Maggio dal cav. profess. Luigi Palmieri. Pubblicata per cura del prof. G. Catalano, coll' analisi chimica delle ceneri cadute il 28 Aprile 1872. Napoli 1872, stab. tip. Partenopeo.

In-16.° di pag. 24. L'analisi delle ceneri sta a pag. 23-24.

Prezzo 50 c.

— Incendio Vesuviano del 26 Aprile 1872. Relazione. Con illustrazioni. Berlino 1872, Libreria di Denicke. Torino-Roma-Firenze, fratelli Bocca.

In-8.° di pag. 52, con 7 tavole incise in legno. Prezzo 1 M. 60 Pf.

— Der Ausbruch des Vesuv's vom 26. April 1872. Autorisirte deutsche Ausgabe besorgt und bevorwortet von C. Rammelsberg. Berlin 1872, Denicke's Verlag.

In-8.° di pag. 60, con le 7 tavole dell'edizione italiana.

Prezzo 1 M. 50 Pf.

— La conflagrazione vesuviana del 26 Aprile del 1872, riferita all'Accademia delle Scienze fisiche e matematiche. Napoli 1873, Stamp. del Fibreno.

In-4.° di pag. 64, con 5 tavole litografate.

Estratto dagli Atti della R. Accad. d. Scienze fis. e mat., vol. V. Napoli 1873.

Hoepli 5 Lire.

— The Eruption of Vesuvius in 1872, by prof. Luigi Palmieri, of the University of Naples; Director of the Vesuvian Observatory. With notes, and an introductory sketch of the present state of knowledge of Terrestrial Vulcanicity, the cosmical nature and relation of Volcanoes and Earthquakes. By Robert Mallet, Mem. Inst., F. G. S. etc. With illustrations. London 1873, Asher & Co.

In-8.° di pag. IV-148, con 8 tavole incise in legno. Prezzo 7 s. 6 d.

Edizione esaurita. Hoepli 11 L.

Nel catalogo di Sampson Low trovasi questa traduzione coll'indicazione: 1872-1877, ciò che potrebbe far credere che ne esistano diverse edizioni; invece quella sopra citata è la sola pubblicata.

Vedi G. Forbes.

— Recherches spectroscopiques sur les fumerolles de l'éruption du Vésuve en avril 1872 et état actuel de ce volcan.

Compt. rend. de l'Acad. d. Sciences, vol. 76. Paris 1873.

— Indagini spettroscopiche sulle sublimazioni vesuviane.

Rendiconto della R. Accad. d. Scienze fis. e mat., anno XII. pag. 47-48. Napoli 1873.

— Sul ferro oligisto trovato entro le bombe dell' ultima eruzione del Vesuvio.

Ibid., nello stesso anno, pag. 48.

— Sopra alcuni fenomeni notati nell'ultimo incendio vesuviano del 26 aprile 1872.

Ibid., nello stesso anno, pag. 48.

— Carbonati alcalini trovati tra' prodotti vesuviani.

Ibid, nello stesso anno, pag. 92.

— Del sale ammoniaco giallo e della Cotunnia gialla.

Ibid., nello stesso anno, pag. 92-94.

— Sulle fumarole eruttive osservate nell'incendio vesuviano del 26 aprile 1872.

Ibid., nello stesso anno, pag. 143.

— Cronaca del Vesuvio. Napoli 1874.

Vedi pag. 7 di questa Bibliografia.

— Del peso specifico delle lave vesuviane nel più perfetto stato di fusione.

Rendiconto della R. Accad. d. Scienze fis. e mat., anno XIV. pag. 214-215. Napoli 1875.

— Il terremoto del 6 dicembre 1875.

Ibid., nello stesso anno, pag. 215-216.

— Il cratere del Vesuvio nel dì 8 novembre 1875.

Vedi Chiarini.

— Il Tallio nelle presenti sublimazioni vesuviane.

Rendiconto della R. Accad. d. Scienze fis. e mat., anno XVI. pag. 179-180. Napoli 1877.

— Sismographes électro-magnétiques. Naples 1878, tipog. S. Giov. Maggiore Pignatelli.

In-8.º di pag. 12.

— Del Vesuvio dei tempi di Spartaco e di Strabone e del precipuo cangiamento avvenuto in esso nell'anno 79 dell'êra volgare.

Nel volume commemorativo **Pompei e la regione sotterrata dal Vesuvio nell'anno LXXIX**, pag. 91-93, con una tavola. Napoli 1879, tip. Giannini. La tavola rappresenta in due figure la forma del Vesuvio prima e dopo l'incendio dell'anno 79.

— Specchio comparativo della quantità di pioggia caduta nell'anno meteorico 1880 nelle stazioni di Napoli (Università) e Vesuvio.

Rendiconto della R. Accad. d. Scienze fis. e mat., anno XIX. pag. 179-180. Napoli 1880.

— Il Vesuvio e la sua storia. Milano 1880, tip. Faverio.

In-8 ° di pag VIII-79 ed una bianca, con 28 incisioni in legno; le vedute di eruzioni sono copiate in parte dalle tavole del « Gabinetto Vesuviano » del Duca della Torre. Nel frontisp. una vignetta.

Quest' opuscolo fu pubblicato a spese della prima Società della ferrovia funicolare vesuviana, che nella prefazione dà qualche dettaglio sull'impianto della linea. La relazione del profess. Palmieri sulla storia del Vesuvio comprende 51 pagine. Essa venne ristampata nel 1887 con qualche alterazione e col titolo sopra citato nella raccolta « Lo Spettatore del Vesuvio e dei Campi Flegrei. Nuova Serie. » Napoli 1887, pag. 7-33.

Alla fine dell' opuscolo vi sono tre articoli : *Nozione sommaria delle diverse emanazioni vulcaniche;* l'*Osservatorio Vesuviano* e l'*Elettrometro bifiliare*, seguiti da un cenno biografico del prof. Palmieri, col suo ritratto. Prezzo 1 L. 50 c.

Racconta minutamente e per ordine cronologico le più grandi conflagrazioni vesuviane avvenute nell' epoca storica dal 79 al 1872, deducendone le notizie dagli storici, dai cronisti, dagli scrittori speciali di cose vesuviane e dagli Annali dell' Osservatorio. L' autore riguarda queste fasi di grande violenza come avvenute per lo più a compimento d'un periodo eruttivo, preceduto quasi sempre da moderata attività e susseguito da alcuni anni di riposo, durante i quali il vulcano ha presentato soltanto il consueto lavorio delle sue fumarole.

— Della riga dell'Helium apparsa in una recente sublimazione vesuviana.

Rendiconto della R. Accad. d. Scienze fis. e mat., anno XX. pag. 233. Napoli 1881.

— L'attività del Vesuvio ai 29 dicembre 1881.

Bullet. del Vulcanismo ital., vol. IX. pag. 26. Roma 1882.

— Ueber das Erdbeben am 6. Juni 1882.

Deutsche Revue, vol. VII. Breslau 1882.

— Neue Untersuchungen über den Ursprung der atmosphärischen Elektrizität.

Ibid., vol. X. Breslau 1885.

— L' elettricità negl' incendi vesuviani studiata dal 1855 fin'ora con appositi istrumenti.

Vedi: Lo Spettatore del Vesuvio e dei Campi Flegrei. Nuova Serie, Napoli 1887.

— Azione de' terremoti dell'eruzioni vulcaniche e delle folgori sugli aghi calamitati.

Rendiconto della R. Accad. d. Scienze fis. e mat., serie II. vol. II. pag. 3. Napoli 1888.

— Der gegenwärtige Zustand der süditalienischen Vulkane.

Deutsche Revue, vol. XIII. Breslau 1888.

— Le correnti telluriche all' Osservatorio Vesuviano osservate per un anno intero non meno di quattro volte al giorno.

Rendiconto della R. Accad. d. Scienze fis. e mat., serie II. vol. IV. pag. 6. Napoli 1890.

— La corrente tellurica ed il dinamismo del cratere vesuviano durante l'ecclissi solare del dì 17 giugno 1890.

Ibid., nello stesso vol. pag. 164.

— Osservazioni simultanee sul dinamismo del cratere vesuviano e della grande fumarola della Solfatara di Pozzuoli fatte negli anni 1888-89-90.

Ibid., nello stesso vol. pag. 206.

— Sul presente periodo eruttivo del Vesuvio.

Annuario d. Società meteorolog. ital., Roma 1891.

— Il Vesuvio e la Solfatara contemporaneamente osservati.

Rendiconto d. R. Accad. d. Scienze fis. e mat., serie II. vol. V. pag. 161. Napoli 1891.

— Ripetizione, nel dì 7 giugno di questo anno, di fenomeni notati nello scorso anno, il 17 dello stesso mese, all'Osservatorio Vesuviano, in occasione delle due ecclissi solari avvenute in detti giorni.

Ibid., nello stesso vol. pag. 161.

— Sull'ultimo periodo eruttivo del Vesuvio.

Annuario meteor. ital., anno VII. pag. 257-263. Torino 1892.

— Il Vesuvio nel 1892.

Bollet. mens. dell'Osservat. centr. in Moncalieri, ser. II. vol. XII. no. 12. Torino 1892.

— Il Vesuvio nel 1893.

Ibid., ser. II. vol. XIII. no. 12. Torino 1894.

— Sulle presenti condizioni del Vesuvio.

Bollett. trim. d. Società alpina merid., anno II. no. 2. pag. 53-57. Napoli 1894.

— Rivelazioni delle correnti telluriche studiate all'Osservatorio Vesuviano con fili inclinati all'orizzonte e disposti in qualsiasi azimut. Napoli 1895.

In-4.° di pag. 8.

Memoria estratta dagli Atti della R. Accad. d. Scienze fis. e mat., serie II. vol. VII. Napoli 1895.

— Le correnti telluriche all' Osservatorio Vesuviano osservate con fili inclinati all' orizzonte durante l'anno 1895.

Atti della R. Accad. d. Scienze fis. e mat., serie III. vol. VIII. no. 4. Napoli 1896.

— Il Vesuvio dal 1875 al 1895. Napoli 1895, tip. dell'Accad. delle Scienze.

In-4.° di pag. IV-8.

Memoria estratta dagli Atti della R. Accad. d. Scienze fis. e mat., ser. II. vol. VIII. no. 5.

L. PALMIERI, der Leiter des vesuvianischen Observatoriums.

Ueber Land u. Meer, anno XIV. no. 38. Stuttgart 1872. Anonimo saggio biografico con ritratto.

PALMIERI LUIGI e MODESTINO DEL GAIZO.

Il Vesuvio nel 1885.

Annuario meteor. ital., anno I. 1886, pag. 183-191. Torino 1886.

— Il Vesuvio nel 1886, ed alcuni fenomeni vulcano-sismici del Napoletano.

Ibid., anno II. 1887, pag. 327-236. Torino 1887.

— Il Vesuvio nel 1887.

Ibid., anno III. 1888, pag. 303-308. Torino 1888.

— Il Vesuvio nel 1888.

Ibid., anno IV. 1889, pag. 312-315. Torino 1889.

— Il Vesuvio nel 1889.

Ibid., anno V. 1890, pag. 263-266. Torino 1890.

— Il Vesuvio nel 1890.

Ibid., anno VI. 1891, pag. 210-215. Torino 1891.

In questi Annuari gli autori danno un sommario dei fenomeni presentati dal Vesuvio, e nello stesso tempo rendono conto di alcune pubblicazioni riguardanti quel vulcano e la regione circostante. Dopo la morte dell' editore Ermanno Loescher nel 1892, la pubblicazione dell' Annuario venne sospesa.

PALOMBA padre Davide.

Memorie storiche di S. Giorgio a Cremano. Napoli 1881, tipogr. dei Comuni.

In-8.° di pag. 452. Prezzo 5 L.

Parla sommariamente delle eruzioni vesuviane.

[PAPACCIO Giulio Cesare.]

Relatione | Del fiero, & iracondo incendio | Del Monte Visvvio | Flagello occorso a' sedici di Decembre 1631. | Nella Montagna di Somma all'incontro sei miglia della | Fedelissima, e famosissima Città di Napoli. | In Ottava Rima. | Opera Di | Givlio Cesare Papaccio, | Venditor D' Oglio. | In Napoli, Per Francesco Sauio, & ristampata per Domenico Maccarano. 1632.

In-4.° di carte quattro; nel frontispizio una mediocre figura del Vesuvio, dove appare più basso del Monte di Somma. [B. N.]

Opuscolo pseudonimo d'ignoto autore.

« Sono 68 ottave contenenti una buona relazione sull' eruzione. » (Scacchi.)

Papiro [Un] ossia i Gladiatori nella caverna del Vesuvio.

Vedi Nuzzo.

PARAGALLO Gaspare (avvocato napoletano).

Istoria naturale del Monte Vesuvio divisata in due libri. In Napoli 1705. Nella Stamparia di Giacomo Raillard.

In-4.° di car. x e pag. 429 seguite da 2 pag. per le correzioni. [B. N.]

« Si parla a lungo e con molta erudizione delle città, delle acque, e dei fiumi delle vicinanze del Vesuvio, e della fertilità delle sue terre e dei cambiamenti della sua forma; si dà la storia dei suoi incendi, contandosene sei prima dell' era cristiana, nove prima del 1631, e sette dal 1631 sino al 1694; e si descrivono i particolari di quest' ultimo incendio. Opina l'autore che le caverne del vulcano non sono molto profonde, perchè l'aria non potrebbe alimentare il fuoco; che le acque uscite nell' eruzione del 1631 sgorgarono dai fianchi del monte, e provenivano dalle acque piovane raccolte nelle sue cavernuole che per le scosse si aprirono. Per le cagioni dei fenomeni dell'incendio sono esposte con profusa erudizione le fantastiche idee sul concorso dello zolfo, del bitume, del nitro e dell' allume; ed in tutto è commendevole l'eleganza non ordinaria dello scrittore. » (Scacchi.)

Cioffi 5 L.; Prass 6 L.

PARISIO NICOLA.

Monte Somma. (Punta del Nasone m. 1137.)

Bollett. trim. d. Società alpina merid., anno II. no. 4, pag. 183-187. Napoli 1894.

PARKER J. (pittore inglese).

The late Eruption of Mount Vesuvius (1751).

Philos. Transact. of the R. Society of London, vol. 47. pag. 474-475. London 1752.

Vedi: Compendio delle Transazioni filosofiche, Venezia 1793.

PARRINO DOMENICO ANTONIO (autore, stampatore e librajo a Napoli).

Relazione dell' eruzione del Vesuvio nel 1694. Napoli 1694.

Riportato sotto questo titolo dal Soria e dallo Scacchi, i quali però non lo avevano veduto. Vedi: Distinta Relatione ecc., edita dal Parrino, e forse anche da lui scritta in opposizione all'operetta del Bulifon.

— Succinta relazione dell'incendio del Vesuvio nel 1696. Napoli 1696.

Riportato dal P. della Torre con titolo alquanto cambiato e dallo Scacchi, il quale però non lo aveva veduto. Vedi: Succinta Relazione ecc., edita e forse anche scritta dal Parrino.

— Della moderna distintissima Descrizione di Napoli ecc. In Napoli 1704, stamperia Parrino.

Due vol. in-16.° Nel secondo, pag. 205-234: *Del famoso Monte Vesuvio*, con un' incisione in rame.

— Nuova guida de' Forestieri per le antichità curiosissime di Pozzuoli ecc. Napoli 1751.

In-16.° Il Vesuvio, pag. 181-217.

[PARTENIO ACCADEMICO.]

La Morte | Idillio | Del Accademico | Partenio | Fatto con occasione de l' Incendio del | Monte Vesvvio, | et vna canzonetta sopra la stella | apparsa nel medesimo tempo sopra detto Monte. | All' Illustr. Sig. Valerio Santacroce. | In Roma, nell' hospitio de' letterati. 1632. Appresso Gio. Battista Robletti.

In-4.° di carte quattro. [B. V.]

Rarissimo. Soria, Galiani e Scacchi lo riportano sotto PATERNIO senza averlo veduto.

PASQUALE GIUS. ANTONIO.

Flora Vesuviana.

Memoria pubblicata senza il nome dell'autore nelle « Esercitazioni accademiche degli Aspiranti Naturalisti », vol. II. parte 2. Napoli 1842, Stamperia Azzolino, in-16.°

Raro.

— Flora Vesuviana o Catalogo ragionato delle piante del Vesuvio confrontate con quelle dell' isola di Capri e di altri luoghi circostanti. Memoria del socio ordinario G. A. Pasquale letta nella tornata del dì 3 Ottobre 1868. Napoli 1869, Stamperia del Fibreno.

In-4.° di pag. 142.

Estratto dagli Atti della R. Accademia d. Scienze fis. e mat., vol. IV. Napoli 1869.

Questa memoria comprende i due lavori giovanili dell'autore, la Flora Vesuviana e la Flora dell' Isola di Capri, pubblicati entrambi nelle « Esercitazioni accademiche degli Aspiranti Naturalisti », vol. II. parte 1. e 2. Napoli 1840-41, rifatti, come egli dice nella prefazione, sopra un piano più vasto e con disegno diverso. Nella sua forma nuova questo lavoro presenta il confronto analitico di una flora vulcanica e di una flora calcare.

Raro; Prass 15 L.

PASSERI G.

Cantata sul Vesuvio.

Nel Saggio di Poesie, pag. 114-126. Napoli 1766, in-8.° [B. S.]

PAVESIO Paolo.

Convitto nazionale di Genova. Escursioni e viaggio d' istruzione nell' anno 1891. Appunti e note del preside-rettore dott. P. Pavesio. Genova 1892.

In-8.° La copertina ha per titolo: *Dalle Alpi al Vesuvio.*

Cap. V. *La Campania. Il Vesuvio. Le Ginestre. Le Lave. L'Osservatorio*, pag. 134-164. Cap. VI. *Dal Vesuvio a Pompei. Ercolano. Il Vesuvio*, pag. 165-179.

PAYAN D.

Notice sur quelques volcans de l' Italie méridionale.

Bullet. de la Société stat. des Arts utiles et Sciences naturelles du dép. de la Drôme, tome III. 1842, pag. 145-164.

PEDRETTI.

Der Ausbruch des Vesuv am 2. Mai 1855.

Illustrirte Zeitung no. 622, pag. 353, con un' illustr. Leipzig 1855.

PELLEGRINI Gius. Luigi.

Il Vesuvio.

Nei Poemetti del sig. abate Giuseppe Luigi conte Pellegrini. Bassano 1785, pag. 11-28. [B. V.]

Altre edizioni, Bassano 1798 e Palermo 1814.

PELLEGRINI A.

Vesuvio nel Novembre 1893.

Bollet. mens. dell'Osservat. centr. di Moncalieri, vol XIII. pag. 191. Torino 1894.

PELLEGRINO Camillo.

Apparato alle Antichità di Capva overo Discorsi della Campania Felice di Camillo Pellegrino figlio di Aless. In Napoli 1651, Fr. Sauio.

In-4.° Vedi Discorso II. Cap. 22: *Vesuuio Monte*, pag. 309-328.

« Parla dei cambiamenti di forma del Vesuvio, opinando che il Vesuvio siasi diviso dal Monte Somma per le eruzioni posteriori all'epoca di Procopio. » (Scacchi.)

PEPE Antonio.

Il medico clinico o sia dissertazione fisico-medica ecc. Napoli 1768.

In-4.° Nel cap. I. si descrive l'eruzione del mese di Ottobre 1767.

[PERENTINO GIANO.]

Lettera scritta ad un amico.

Vedi GIANNONE.

PERI DOMENICO.

Sull' eruzione del Vesuvio de' 15. Giugno 1794. Anacreontica offerta a S. E. il Sig. Duca di Calabritto de' conti di Sarno ecc. ecc. Napoli, nella stamperia di Nicola Russo.

In-4.° di pag. 24. S. a. Precedono due pag. di dedica, appiè della quale trovasi il nome dell' autore, seguite da cento anacreontiche. Ne cito l'ultima per dare un'idea delle altre:

" *Freme solo il Vesuvio,*
Ma invan ci farà guerra.
Se in Ciel Gennaro assisteci
E Ferdinando in terra. "

PERILLO dott. DONATO.

Vero e distinto Ragguaglio di ciò che operossi dal procurador fiscale dell'intendenza della Regal Azienda in render vuota delle polveri la Regal Polveriera della Torre nel dì 7. dello scaduto mese di Dicembre, sul terribil annunzio, che una spaventevol Fiumana di fuoco scoppiato dal Monte Vesuvio incaminavasi al di lei danno e sterminio ecc. In Napoli 1755. Per lo stampator Nicolò Naso.

In-4.° di pag. 76.

Il nome dell'autore si legge nella dedica. Nel verso del frontispizio evvi una citazione dell'*Ecclesiastico.*

Hoepli 3 Lire.

PERREY prof. ALEXIS.

Bibliographie Séismique. Catalogue de livres, mémoires et notes sur les tremblements de terre et les phénomènes volcaniques.

Tre parti in-8.°; la prima e la seconda di pag. 161 complessive, la terza di pag. 70.

Estratte dalle Mémoires de l'Académie de Dijon, 1855-1865. Esse contengono più di quattromila articoli brevemente catalogati.

Weg (Bibl. Roth) 9 M.

PERROTTI ANGELO.

Discorso | Astronomico | Sopra li quattro ecclissi del 1632. & vna del 1633. | Di D. Angelo Perrotti. | Con la risolutione di trenta Quesiti.| All' Illustriss. et Eccellentiss. Sig. | D. Andrea Gonzaga. | In Napoli, Per Secondino Roncagliolo. 1632.

In-4.° di carte ventisei. [B. N.]

Nelle ultime quattro carte vi è il *Discorso filosofico del Reuerendiss.* P. D. ZACCARIA *di Napoli Abbate de S. Seuerino. Sopra l' incendio del Monte Vesuuio cominciato a' 16 di Decembre 1631, nell'apparir dell'alba.* Segue un Madrigale sopra l' incendio del Vesuvio di autore ignoto.

« L' autore fa dipendere le eruzioni dalle ecclissi. Il Discorso aggiunto dell' abate Zaccaria è appunto come lo chiama l' autore un *discorso filosofico.* (Scacchi.)

Dura 20 Lire.

PESSINA Luigi Gabriele.

Questioni naturali e ricerche meteorologiche. Memorie. Firenze 1870, tip. Tofani.

In-8.° A pag. 97 e seg.: *Il Sismografo Vesuviano.*

PETINO N.

Il nobile creduto contadino da' suoi compatriotti per la continuata dimora in campagna illuminato dal filosofo. Napoli 1794.

In-8.° Contiene una storia del Vesuvio.

Hoepli (Bibl. Tiberi) 4 Lire.

PETITON (ingén. des Mines).

Nature géologique et forme du Vésuve.

Compte rendu de l'Associat. fr. pour l'avancem. d. sciences. Paris 1880, pag. 588-592; section et plan 1881.

Phénomènes observés au Vésuve.

La Science pour Tous, I. année pag. 119-120. Paris 1856.

PHILIPPI R. A.

Nachricht über die letzte Eruption des Vesuvs.

Neues Jahrb. f. Mineral. etc. Stuttg. 1841, pag. 59-69, con una incisione in legno.

— Relief des Vesuvs und seiner Umgegend.

Bericht üb. d. Versamml. d. deutschen Naturf. u. Aerzte, vol. VII. Mainz 1842.

PHILLIPS John (M. A., Prof. of Geol. in the Univ. of Oxford.)

Vesuvius. Oxford 1869, at the Clarendon Press.(London, Macmillan & Co.)

In-8.° di pag. xvi-356, compresi gli Indici, con 11 tav. litogr. e 35 diagr. nel testo. Prezzo 10 s. 6 d.

Le tavole si seguono così: VIII. (pianta colorata) I. IX. 4. 5. XI. II. III. 6. X. 7.

K. F. Koehler 8. M.; Hoepli 10 L.

Philosophische und in der Natur gegründete Abhandlung des physikalischen Problematis: Woher dem Meere seine Saltzigkeit entstehe? Wobey zugleich eine kurtze Nachricht von dem Ursprunge, Natur und Nahrung der drei feuerspeyenden Berge Hecla, Vesuvius und Aethna gegeben wird, von einem curieusen Besitzer der natürlichen Wissenschafften. (G. W. M. D.) Gothenburg 1737.

In-8.° di pag. 86. [B. S.]

Phisikalische Briefe über den Vesuv und die Gegend von Neapel etc.

Vedi Mitrowski.

PICCINNI Domenico.

Per la eruzione del Vesuvio, accaduta nell'anno 1822.

Poema in ottava rima in dialetto napoletano, contenuto nelle sue « Poesie italiane ed in dialetto napoletano, » Napoli 1827, da' tipi di Cataneo. In 32.°, da pag. 49 a pag. 64. [B. V.]

PICHETTI Fr. (archit. napol.)

Notizia di scavi fatti alle falde del Vesuvio nel 1689.

Nell' Istoria universale di Mons. Francesco Bianchini, Roma 1747, pag. 174. Si trovò lava, tufo ed alcune antichità. L'acqua impedì ulteriori scavi.

PIETRO [DI] FR.

I problemi accademici ove le più famose quistioni proposte nell'Ill. Accademia degli Otiosi di Napoli si spiegano. Napoli 1642.

In-4.° Problema 80: Dell'incendio del Monte Vesuvio avvenuto ai 16 di Dicembre 1631, pag. 217-220.

PIETROSIMONE N.

Descrizione istorica-cronologica delle principali eruzioni del Vesuvio tolte dalle opere di Luigi Galante e riportate nell' Istoria dei monumenti di Napoli da Camillo Napoleone Sasso, con due sonetti sul Vesuvio del Pietrosimone.

In-8.° di pag. 8. [B. S.]

Estratto dal giornale L' Ateneo Popolare no. 62. Napoli 1868.

PIGNANT.

Sur une éruption du Vésuve le 11 Mars 1866.

Compt. rend. de l'Acad. d. Sciences, vol. 62. pag. 749. Paris 1866.

PIGONATI ANDREA (ingegnere militare).

Descrizione delle ultime eruzioni del Monte Vesuvio da' 25 Marzo 1766, fino a' 10 Dicembre dell'anno medesimo. In Napoli 1767, nella Stamperia Simoniana.

In-8.° di car. IV. e pag. 28 con numeraz. rom., con tre tavole disegnate dall'autore ed incise in rame. Tav. I. in-4.°: *Pianta della bocca del Monte Vesuvio con spaccato.* Tav. II. in-fol. piccolo: *Topografia del Monte Vesuvio; città e terre vicine* ecc. Tav. III. in-fol. piccolo: *Veduta del Vesuvio da mezzogiorno.* Nel frontisp. un'incisione in rame (fiori); in principio una vignetta incisa in rame rappres. il Vesuvio, alla fine un' altra, rappres. *Parte di una pietra eruttata dal Vesuvio;* due lettere ornate nel testo. [B. N.]

Il nome dell'autore figura appiè della dedica. Nel catalogo Palmieri è scritto PICONATI.

Cioffi 5 L.; Prass, bell' esempl. leg. in perg., 6 L.

— Descrizione dell' ultima eruzione del Monte Vesuvio de' 19 ottobre 1767. In seguito dell' altra del 1766. In Napoli 1768, nella Stamperia Simoniana.

In-8.° di pag. 23 con numeraz. rom. ed una bianca, con 4 tavole incise in rame; le prime tre sono quelle dell'altra operetta con qualche modificazione, la quarta, in-fol. piccolo, porta l'iscrizione: *Prospetto Occidentale del Vesuvio nella eruzione de' 19 Ottobre 1767.*

Nel frontispizio la stessa incisione dell'operetta precedente. [B.N.]

Senza nome di autore. Ambedue queste Descrizioni sono artisticamente eseguite. Ne esistono delle copie in carta comune che non hanno incisioni nel testo.

« Vortreffliche Darstellung der Ausbrüche mit vielen Einzelnheiten. Das Maximum des Lava-Ergusses fand, wie Pigonati bemerkt, um Mittag statt, er nahm dann ab so dass um Mitternacht das Minimum fiel. » (Roth.)

Hoepli 10 L. per i due vol.

— Relazione della straordinaria Eruzione del Monte Vesuvio nel dì 8 agosto 1779.

Opuscoli scelti sulle Scienze e sulle Arti, Milano 1778, tomo II. parte IV. pag. 310-312. [B. S.]

Hoepli 2 L. 50 c.

PILLA Leopoldo.

Cenno biografico su Nicola Covelli. Napoli 1830, Tip. Tramater.

In-8.° di pag. 43. In questo cenno biografico l'autore parla a lungo del Vesuvio.

Dura 2. L.

— Narrazione d' una gita al Vesuvio fatta nel dì 26 Gennajo 1832.

Il Progresso delle Scienze, Lettere ed Arti, vol. I. pag. 232-240. Napoli 1832.

— Cenno storico su i progressi della Orittognosia e della Geognosia in Italia.

Ibid., vol. V. pag. 5-40. Napoli 1833. Contiene un Elenco incompleto degli autori che hanno scritto sui vulcani attivi d' Italia dal 1800 al 1833.

— Sur l' éruption du Vésuve en Juillet et Août 1832.

Biblioth. Univ., vol. LII. pag. 351-356. Lausanne 1833.

— Osservazioni intorno a' principali cangiamenti e fenomeni avvenuti nel Vesuvio nel corso dell' anno 1832.

Annali Civili, vol. I. pag. 185-186. Napoli 1833. Anonimo, con le iniziali L. P.

In una nota dice che queste Osservazioni sono state in gran parte già pubblicate nei fascicoli del giornale « Lo Spettatore del Vesuvio e dei Campi Flegrei. »

— Ausbrüche des Vesuvs im Anfange Aprils 1835.

Neues Jahrb. für Mineral. etc., Stuttgart 1835, pag. 454-455.

— Parallelo fra i tre Vulcani ardenti dell' Italia. Napoli 1835.

Atti dell'Accad. Gioenia di Scienze nat., vol. XII. Catania 1837.

— Observations tendantes à prouver que le cône du Vésuve a été primitivement formé par soulèvement.

Compt. rend. de l'Acad d. Sciences, vol. IV. Paris 1837.

— Sur des coquilles trouvées dans la *Fossa Grande* de la Somma.

Bullet. de la Soc. géol. de France, tome VIII. pag. 190-201; pag. 217-224. Paris 1837.

— Ventesimo viaggio al Vesuvio il 21 e 22 Agosto.

Il Progresso delle Scienze ecc., vol. XVI. Napoli 1837.

— Ventitreesima gita al Vesuvio nella notte del 13 al 14 Settombro 1834.

Ibid., vol. XVIII. Napoli 1838. Lo Spettatore del Vesuvio, fasc. XI. Napoli 1838.

— Relazione de' principali fenomeni avvenuti nella eruzione del Vesuvio del corrente mese di Agosto.

Il Lucifero, anno I. no. 29. Napoli 22 agosto 1838.

— Relazione dei fenomeni avvenuti nel Vesuvio nei primi del corrente anno 1839.

Il Progresso delle Scienze ecc., vol. XXII. pag. 29-41. Napoli 1839.

Traduzione tedesca in ROTH, Der Vesuv und die Umgebung von Neapel, Berlin 1857.

— Ausbruch des Vesuvs Anfangs Januar 1839.

Neues Jahrb. f. Mineral. etc., Stuttgart 1839, pag. 309-314.

— Sur l'éruption du Vésuve en Janvier 1839. Lettre à M. Elie de Beaumont.

Compt. rend. de l'Acad. d. Sciences, vol. VIII. pag. 250-253. Paris 1839.

— Observations relatives au Vésuve.

Ibid., vol. XII. pag. 997-1000. Paris 1841.

— Sopra la produzione delle fiamme ne' vulcani e sopra le conseguenze che se ne possono tirare. Discorso letto alla Sezione geologica del quinto Congresso scientifico italiano nell' adunanza del 22 Settembre 1843. Lucca 1844, tip. Giusti.

In-4.° di pag. 28, con 2 tav. litografate rappres. il cratere del Vesuvio nel 1833-34.

— Aggiunte al discorso sopra la produzione delle fiamme nei vulcani inserito negli Atti del Congresso di Lucca.

In-8.° di pag. 16, con una figura. Estratto dal periodico Il Cimento, fasc. di Settembre e Ottobre 1844. [B. V.]

— Sulla produzione delle fiamme nei vulcani e sopra le conseguenze che se ne ponno cavare; del Sig. Bory de Saint-Vincent.

In-8.° di pag. 4. Estratto dai Nuovi Annali delle Scienze nat. di Bologna, fasc. di Nov. 1844. Confr. Compt. rend. de l'Acad. d. Sciences, vol. XVII. pag. 936. Paris 1843.

— Application de la théorie des cratères de soulèvement au volcan de la Roccamonfina.

Mém. de la Soc. géol. de France, II. sér. tome I. part. I. pag. 162-179. Paris 1844; Bullet. della medes., 1844, pag. 221-230.

Traduzione tedesca in ROTH, Der Vesuv und die Umgebung von Neapel, Berlin 1857.

— Sur quelques minéraux recueillis au Vésuve et à la Roccamonfina.

Compt. rend. de l'Acad. d. Sciences, vol. XXI. Paris 1845.

— Catalogue des principaux minéraux du Vésuve qu' on vend, ou qu' on échange avec d' autres minéraux exotiques dans le cabinet de M. Léopold Pilla à Naples.

In-16.° di pag. 8. S. d. [B. V.]

— Catalogue de collections

de minéraux et de laves du Vésuve à vendre.

Carte due in-8.° S. l. n. d. [B. V.]

Vedi: Lo Spettatore del Vesuvio e de' Campi Flegrei, Napoli 1832-33; Bullettino Geologico del Vesuvio e dei Campi Flegrei, Napoli 1833-34.

Confr. Campani, biografia del prof. L. Pilla, Siena 1849; Ferrucius, de laudibus L. Pillae, Pisa 1862.

PILLA dott. NICOLA.

Primo viaggio geologico per la Campania ecc. Napoli 1814, presso Domenico Sangiacomo.

In-8.° A pag. 56 e seg., *Vesuvio e Campi Flegrei.*

— Geologia volcanica della Campania. Napoli 1823.

Due vol. in-8.°

Kirchh. & W. 2 M. 50 Pf.

PISANI F.

Rapport sur l'éruption du Vésuve du 24 au 30 Avril 1872.

Bullet. de la Soc. géol. de France, II. série, vol. XXIX. Paris 1872.

PISTOLESI ERASMO.

Il Vesuvio.

Articolo cont. nel Real Museo Borbonico, vol. I. pag. 5-91. Roma 1836, tipog. delle Belle Arti, in-8.° con tavole. Storia e Cronologia; da pag. 65 a pag. 91 l'autore dà una descrizione dell' eruzione del 1834.

Vedi MASTRACA.

PITARO prof. ANTONIO.

Esposizione delle sostanze costituenti la Cenere Vulcanica caduta in questa ultima eruzione de' 16. del prossimo passato Giugno. Dedicata al Signor D. Gaetano Maria La Pira, professore di chimica del Corpo Reale. Napoli 1794.

In-8.° di pag. 22.

« Der Verfasser findet in den Aschen von 1794: Wasser, Salmiak, Chlornatrium und Chlorkalium, Thonerde, Eisenoxyd und « terra vetriscibile », aber zu seinem grossen Bedauern keine Reste von Steinkohle und zersetzter Schwefelerde. » (Roth.)

Hoepli 2 L. 50 c.

[PLANGENETO U.]

La lacrima di Monte Vesuvio.

Vedi UGO BASSI.

PLATEN AUGUST Graf von.

Der Vesuv im December 1830. Ode.

Gedichte. Meyer's Volksbücher n. 269-70, pag. 118. Leipzig, Bibliogr. Institut.

PLUEMICKE C. M.

Fragmente, Skizzen und Situationen auf einer Reise durch Italien. Görlitz 1795.

Descrizione del cratere vesuviano nel Maggio 1785, ristampata nell' opera di RITTER, Beschreibung merkw. Vulkane, Breslau 1847.

POLI GIUSEPPE SAVERIO.

Saggio di Poesie. Palermo, dalla Reale Stamperia.

Due vol. in-8.° S. d.(verso il 1820.)

Nel vol. I. parte I., da pag. 1 a pag. 21: *Il Vesuvio,* poemetto; nel vol. II. parte II., da pag. 247 a pag. 292: *Dissertazione intorno al Vesuvio,* ecc. [B. S.]

POLI G. e G. A. LAURIA.

Prosa elegiaca per Giacinto Poli e fotografia morale del giovane Vitangelo Poli vittima della esiziale eruzione del Vesuvio nella notte del 25 Aprile 1872. Napoli 1872.

In-4.º di pag. 20.

— Prose e Versi pubblicati nella ricorrenza delle esequie solenni alle cinque vittime del Vesuvio nella chiesa di S. Bernardino in Molfetta il dì 10 Giugno 1872. Bari 1873, tip. Cannone.

In-8.º. Pubblicato da Giacinto Poli e Gius. Pansini.

POLLERA Gio. Domenico.

Relatione | Dell' Incendio | Del Monte Di Somma | Successa nell' anno 1631. nella quale si | rendono le ragioni di molte cose | le più desiderabili | Composta | Da D. Gio. Domenico | Pollera V. I. D. de Monte Rosso di Calabria Vltra. | In Napoli, Per Gio. Domenico Roncagliolo. | 1632.

In-16.º di carte otto, con un' incisione nel frontispizio. [B. N.]

Brevi notizie.

PONTANO (Padre).

La | Seconda Parte | Delli Avvisi.

Vedi Milesio.

PORRATA SPINOLA Gio. Francesco.

Discorso | Sopra L'Origine | De'Fvochi Gettati | Dal Monte Veseuo, | Ceneri Piovvte, Et Altri Svccessi, | E Pronostico d' effetti maggiori | Di | Gio. Francesco Porrata Spinola | Galateo, | Medico, Filosofo | & Astrologo Eccellentissimo. | Al Signor | Vincenzo Sirigatti | Gentil' huomo Fiorentino. | In Lecce, 1632. Nella Stamperia di Pietro Micheli Borgognone.

In-4.º di car. IV e pag. 55, seguite da una bianca. [B. N.]

Nel frontispizio trovasi lo stemma dei Sirigatti.

Rarissimo.

PORZIO Lucantonio.

Lettere e discorsi accademici. Napoli 1711, Muzio.

In-4.º Vedi pag. 174-186. Confr. Opera omnia del medesimo, vol. II.

« Nel settimo discorso parla dei *Fiumi di fuoco e di acqua* che talvolta son venuti fuori dal monte Vesuvio, e crede che il fuoco del Vesuvio ha bisogno dell' aria per essere alimentato ecc. Nell' ottavo discorso tratta del *Ritiramento del Mare* dai suoi lidi. » (Scacchi.)

POULETT SCROPE G.

Vedi Scrope.

Preghiera al glorioso Martire S. Gennaro. Napoli 1855, nella stamp. di A. Miccione.

Foglio volante, pubblicato in occasione dell'eruzione del 1855.

Dura 1 L.

PREVOST Constantin.

Notes sur l' île Julia.

Mém. de la Soc. géol. de France, vol. II. pag. 110. Paris 1835.

Descrive lo stato del cratere vesuviano nel Marzo 1832 ed il modo come avvenne l' eruzione.

— Sur les coquilles marines trouvées à la Somma.

Compt. rend. de l' Acad. d. Sciences, vol. IV. Paris 1837.

— Etudes des phénomènes volcaniques du Vésuve et de l' Etna.

Ibid., vol. 41. pag. 794-797. Paris 1855.

PRINA L. G.

Ascensione al Vesuvio. Novara 1874, tip. frat. Miglio.

In-8.° di pag. 16.

PRISCO Carmine.

Componimento in versi latini sull'incendio del Vesuvio. Napoli 1832, tipog. Gio. Batt. Seguin.

In-4.° di pag. 32. [B. V.]

« Ziemlich schlechte Distichen ohne Bedeutung. » (Roth.)

PROCTOR W. C.

The Vesuvius Railway.

Good Words, vol. 22. pag. 312-315, con 4 illustr. London 1881.

PROCTOR R. A.

Vesuvius and Ischia.

Knowledge, vol. IV. pag. 81-82, London 1883. Confr. Revue mens. d' astron. popul., Paris 1883, pag. 340-343.

Prodromo Vesuviano [Il].

Vedi Vetrani.

PROST.

Trépidations du sol à Nice pendant l' éruption du Vésuve.

Compt. rend. de l'Acad. d. Sciences, vol. 44. pag. 511-512. Paris 1862.

PRZYSTANOWSKI R. von.

Ueber den Ursprung der Vulkane in Italien. Berlin 1822.

In-8.°

PUTIGNANI I. D.

De redivivo sanguine D. Ianuarii episcopi od martyris. Neapoli 1723-26.

Tre vol. in quattro parti in-4.° Vedi parte I. pag. 155-188 e parte IV. pag. 130-154, dove si descrivono i miracoli del Santo fatti nelle eruzioni del Vesuvio.

Q

QUARANTA Andrea.

Tre | Fvggitivi | Dialogo | Oue breuemente si dà ragua-glio de | principali successi, nell' Incendio di Vesvvio. | In Napoli. Per Secondino Roncagliolo 1632.

In-16.° di pag. 35 num. e una bianca. [B. N.]

Descrizione poetica delle prime due giornate dell' incendio.

QUATTROMANI sac. Luigi.

Per Napoli salvata dal terremoto, e dalle lave del Vesuvio, ad intercessione di S. Gennaro.

In-4.º di pag. 8, con un incisione rappresentante l'eruzione del 15 Giugno 1794. S. l. n. d. [B. N.]

Sono tre sonetti colla traduzione in latino, ed un epigramma latino.

QUINONES JUAN de.

El Monte | Vesvvio | Aora La Montaña | De Soma. | Dedicado A Don Felipe | Qvarto el Grande nuestro Señor, Rey Cato- | lico de las Españas, Monarca Soberano | de las Indias Orientales, y | Occidentales. | Por el Doctor Don Jvan de Quiñones, alcalde de su casa y corte. | En Madrid. Por Juan Gonçalez. Año 1632.

In-4.º di carte sedici prelim. n. n., contenenti il frontispizio, la prefazione e le seguenti poesie: Un sonetto del principe DE ESQUILACHE; uno di FRANCISCO LOPEZ DE ZARATE; uno di Don JVAN DE SOLIS MESSIA; uno di Don GERONIMO de VILLAYÇAN GARCES; uno di Don LVIS REMIREZ de AVELLANO; uno del dottor FERNANDO CARDOSO; uno del dottor SILVEYRA; uno del dottor Don FERNANDO LOPEZ VALDERAS; uno del conte de CORVNA; una poesia di LOPE FELIX de VEGA CARPIO; una poesia del maestro JOSEPH di VALDINIELSO; un sonetto di Don FRANCISCO de QUEVEDO VILLEGAS; uno del dottor JVAN PEREZ; uno di Don GABRIEL BOCANGEL; uno di LVIS VELEZ de GVEVARA; uno di Don JVAN de ANDOSILLA LARRAMENDI; uno di JVAN de PINA; uno di Don ANTONIO de HUERTA; un poema, *Estancias al Vesuuio* di Don JOSEPH PELLICER de TOUAR; un sonetto di Don JUAN RUIZ de ALARCON y MENDOÇA; una poesia, *Dezimas* di Don ANTONIO HVRTADO de MENDOÇA; ed infine, *Avctoris Epigramma.*

Seguono 56 carte numerate, con la descrizione del Vesuvio in prosa. [B. S.]

Rarissimo; non veduto dallo Scacchi, il quale lo riporta sotto DE QUIGNONES.

R

RACCOLTA di monumenti sopra l'eruzione del Vesuvio seguíta nell' Agosto 1779.

Giornale delle Arti e del Commercio, tomo I. Macerata 1780. A pag. 141 e seg.: Una lettera di ANTONIO DE GENNARO; due lettere di un tale P. R.; una lettera di MELCHIORRE DELFICO; un estratto dalla memoria del P. della TORRE. [B. V.]

RACCOLTA di lettere scientifiche ed erudite. Napoli 1780.

Vedi GENOVESI.

RACCOLTA di tutte le Vedute che esistevano nel Gabinetto del Duca della Torre rappresentanti l'Eruzioni del Monte Vesuvio fin oggi accadute. Con le rispettive descrizioni ora per la prima volta ricavate dalla Storia e con l'aggiunta delle due lettere di Plinio il giovine nelle quali viene riferito il primo incendio avvenuto nell' anno 79. dell' era cristiana. Al Merito Singolarissimo del Sig. D. Nicola Filomarino Duca della Torre ecc., membro della Società economica fiorentina Nicola Gervasi D. D. D. In Napoli, presso Nicola Gervasi, mercante di stampe al Gigante no. 23. Con Real Permesso. Pubblicato il 15. Novembre 1805.

In-fol. obl. Precedono due carte con il frontispizio inciso in rame e la prefazione, seguite da 20 pag. num. di testo impresso a due colonne, e da 25 tavole incise in rame (in parte numerate), rappres. le eruzioni dal 1631 fino al 1805. [B.N.]

Le tavole, più grandi di quelle del « Gabinetto Vesuviano » del Duca della Torre, misurano cent. 25 per 35, e 17 per 25 senza il margine. I soggetti sono gli stessi, essendo entrambe queste Raccolte copiate dai quadri del Duca della Torre; alcune tavole però sono disegnate da altri artisti.

Ogni tavola porta l' indicazione: *In Napoli, presso Nicola Gervasi, al Gigante.*

Questa opera esiste pure col testo in francese.

Prass 12 L.

Raccolta di osservazioni cliniche sull' uso dell' acqua termo-minerale Vesuviana-Nunziante, fatte da varii professori nell'anno 1832. Fascicolo primo. Napoli 1833, Reale tipogr. della guerra.

In-8.° di pag. 76 e 2 per l'Indice.

— La stessa. Fascicolo secondo. Napoli 1834, tipogr. della Minerva.

In-8.° di pag. LX-144, con una tavola. Il titolo è alquanto cambiato. Questo fascicolo è arricchito di una memoria scritta dal prof. Giuseppe Ricci.

RAFFELSBERGER Ferd.

Gemählde aus dem Naturreiche beyder Sicilien. Wien 1824.

In-8.- con tavole.

Estratto maggiormente dal viaggio dell'abate Spallanzani. Il capitolo primo tratta del Vesuvio e dei Campi Flegrei.

Ragguaglio di una nuova eruzione fatta dal Monte Vesuvio nei primi giorni del corrente agosto 1779. Roma 1779, Stamperia Cracas.

In-4.° di carte due. [B. S.]

Anonimo. Raro.

Ragionamento istorico intorno a' nuovi vulcani ecc. Napoli 1761,

— — dell' incendio del Vesuvio accad. nel mese di Ottobre 1767,

— — dell'incendio del Monte Vesuvio che cominciò nell'anno 1770,

— — intorno all'eruzione del Vesuvio che cominciò il dì 29 Luglio 1779.

Vedi De Bottis.

RAMES Jean-Bapt.

Etudes sur les volcans. Aurillac 1866, Ferrary.

In-16.°

RAMMELSBERG C.

Ueber die mineralogischen Gemengtheile der Laven, insbesondere der isländischen, im Vergleich mit den älteren Gebirgsarten und den Meteorsteinen.

Zeitsch. d. geol. Ges., vol. I. pag. 232-244. Berlin 1849.

Sulle lave del Vesuvio, pag. 234.

— Ueber die krystallographischen und chemischen Verhältnisse des Humits (Chondrodits) und Olivins.

Ann. d. Phys. u. Chem., vol. 86. pag. 404-417. Leipzig 1852.

Confr. Rose.

— Ueber die Eruption des Vesuvs vom 1. Mai 1855.

Zeitsch. d. geol. Ges., vol. VII. pag. 511-525. Berlin 1855.

Traduzione delle quattro lettere di Ch. Sainte-Claire Deville a Elie de Beaumont.

— Ueber die chemische Zusammensetzung des Leucites und seiner Zersetzungsprodukte.

Monatsb. d. Akad. d. Wiss. zu Berlin 1856, pag. 148-153; Ann. d. Phys. u. Chem., vol. 98. pag. 142-161. Leipzig 1856.

— Sur les rapports cristallographiques et chimiques de l'Augite, de l'Hornblende et des minéraux analogues. Traduit par Delesse. Paris 1858.

In-8.° Estratto dalle Annales des Mines, tome XIV. Paris 1858.

— Ueber den Magnoferrit vom Vesuv und die Bildung des Magneteisens und ähnlicher Verbindungen durch Sublimation.

Monatsb. d. Akad. d. Wiss. zu Berlin 1859; Journ. f. prakt. Chemie, vol. 77. Leipzig 1859; Ann. d. Phys. u. Chem., vol. 107. Leipzig 1859.

— Ueber die mineralogische Zusammensetzung der Vesuvlaven und das Vorkommen des Nephelins in denselben.

Zeitsch. d. geol. Ges., vol. XI. pag. 492-506. Berlin 1859.

— Ueber die chemische Zusammensetzung einiger Mineralien des Vesuvs.

Ann. d. Phys. u. Chem., vol. 109. Leipzig 1860.

— Ueber den letzten Ausbruch des Vesuvs vom 8. December 1861. Nach den Berichten von Guiscardi, Palmieri und Ch. Sainte-Claire Deville zusammengestellt.

Zeitsch. d. geolog. Ges., vol. XIV. pag. 567-574. Berlin 1862.

— Ueber die chemische Natur der Vesuvasche des Ausbruchs von 1872.

Ibid., vol. XXIV. pag. 548-550. Berlin 1872.

— Der Ausbruch des Vesuvs vom 26. April 1872. Autoris. deutsche Ausgabe.

Vedi PALMIERI.

RANIERI ANGELO.

Sul sale ammoniaco marziale raccolto sulla lava del Monte Vesuvio, uscita nella eruzione dell' anno 1850 dall' Atrio del Cavallo, ecc.

Atti del R. Istit. veneto di scienze, lett. ed arti, serie III. vol. XIV. Venezia 1869.

RAPOLLA DIEGO.

Portici. Cenni storici. Napoli 1878, tip. Giannini.

In-16.° di pag. IV-72 e 2 per l'Indice. Terza edizione, Portici 1891, col titolo: Memorie storiche di Portici.

RAPPORTO alla R. Accademia delle Scienze intorno a taluni alberi trovati nel bacino del Sarno, fatto dai Signori L. Palmieri, O. G. Costa, A. Scacchi, e M. Tenore. Napoli 1859, Stamperia del Vaglio.

In-8.° di pag. 19 con tav.

RATH G. vom.

Ueber die Zusammensetzung des Mizzonits vom Vesuv.

Zeitsch. d. geolog. Ges., vol. XV. Berlin 1863.

— Der Zustand des Vesuv am 3. April 1865.

Sitzungsb. d. niederrhein. naturf. Ges., Bonn 1865.

— Oligoclas vom Vesuv.

Ann. d. Phys. u. Chem., vol. 138. Leipzig 1869.

— Krystallisirter Lasurstein vom Vesuv.

Ibid., nello stesso volume.

— Ueber den Wollastonit vom Vesuv.

Ibid., nello stesso volume.

— Orthit vom Vesuv.

Ibid., nello stesso volume.

— Ueber die Zwillingsbildungen des Anorthits vom Vesuv.

Ibid., nello stesso volume.

— Ueber Humitkrystalle des zweiten Typus vom Vesuv.

Ibid., nello stesso volume.

— Ueber die Zwillingsgesetze des Anorthits vom Vesuv.

Sitzungsb. d. niederrhein. naturf. Ges., Bonn 1869.

— Orthit und Oligoclas in den alten Auswürflingen des Vesuvs.

Ibid., Bonn 1870.

— Der Vesuv am 1. und 17. April 1871.

Zeitsch. d. geol. Ges., vol. XXIII. pag. 702-733, con una tav. litogr. Berlin 1871.

— Ein interessanter Wollastonit-Auswürfling vom Monte Somma.

Sitzungsb. d. math. phys. Classe d. königl. Bayr. Akad. d. Wiss., vol. III. pag. 228-231. München 1871.

— Ueber die letzte Eruption des Vesuv und über Erdbeben von Cosenza

Verhandl. d. naturh. Vereins d. preuss. Rheinl., vol. 28. Bonn 1871.

— Ueber den Zustand des Vesuv vor der letzten Eruption.

Sitzungsb. d. niederrhein. naturf. Ges., Bonn 1872.

—Ueber vesuvische Auswürflinge der Eruption vom 26. April 1872.

Ibid., nello stesso volume.

— Ueber einige Leucit-Auswürflinge vom Vesuv.

Ann. d. Phys. u. Chem., vol. 147. Leipzig 1872.

— Beitrag zur Kenntniss der chemischenZusammensetzung des Humits.

Ibid., nello stesso volume.

– Ueber den gelben Augit vom Vesuv.

Ibid., nello stesso volume.

— Ueber einen merkwürdigen Lavablock des Vesuv.

Sitzungsb. d. niederrhein. naturf. Ges., Bonn 1872. Confr. Report of the Brit. Assoc. for the Advanc. of Science, London 1872; Ann. d. Phys. u. Chem., Leipzig 1872.

— Ueber Tridymit vom Vesuv und von Tumbaco bei Quita.

Sitzungsb. d. niederrhein. naturf. Ges., Bonn 1872.

— Ueber das Krystallsystem des Leucits.

Ibid., nello stesso volume.

— Der Vesuv. Eine geologische Skizze. Mit einer Lithographie und einer Kreidezeichnung. Berlin 1873, C. G. Lüderitz' sche Verlagsh. Carl Habel.

In-8.° di pag. 55 ed una bianca, con una carta del cratere ed una veduta dell'eruzione del 26 aprile 1872. Prezzo 1 M. 60 Pf.

(Sammlung gemeinverst. wissenschaft. Vorträge, Heft 185.)

— Geognostisch mineralogische Fragmente aus Italien. XI. Ein Beitrag zur Kenntniss des Vesuvs.

Zeitsch. der geolog. Ges., vol. XXV. Berlin 1873.

— Ueber die chemische Zusammensetzung der durch Sublimation in vesuvischen Auswürflingen gebildeten Krystalle von Augit und Hornblende.

Ann. d. Phys. u. Chem., Ergänzungsbd. VI. Leipzig 1873.

— Ueber den angeblichen Epidot vom Vesuv.

Ibid., nello stesso volume.

— Ueber die Glimmerkrystalle vom Vesuv.

Ibid., nello stesso volume.

— Ueber die verschiedenen Formen der vesuvischen Augite.

Ibid., nello stesso volume.

— Ueber die chemische Zusammensetzung des gelben Augits vom Vesuv.

Monatsb. d. Königl. Akad. d. Wiss., Berlin Juli 1875.

— Ein merkwürdiger Glimmer-Krystall vom Vesuv.

Ann. d. Phys. u. Chem., vol. 155. Leipzig 1876.

— Ueber die oktaëdrischen Krystalle des Eisenglanzes vom Vesuv, über die Verwachsungen von Biotit, Augit und Hornblende mit grösseren Augitkrystallen vom Vesuv und über Augit von Traversella. Brief an Prof. Leonhard.

Neues Jahrb. für Mineral. etc., vol. IV. pag. 386-398, con una tav. Stuttgart 1876.

— Ueber die sogenannten oktaëdrischen Krystalle des Eisenglanzes vom Vesuv.

Verhandl. d. naturh. Vereins d. preuss. Rheinl., vol. 34. Bonn 1877.

— Ueber einige durch vulkanische Dämpfe gebildete Mineralien des Vesuv.

Ibid., nello stesso volume.

— Orthit von Auerbach, Calcit von Lancashire, Danburit von Russel, St. Lawrence Co. N. Y., und Cuspidin-ähnliches Mineral vom Vesuv.

Sitzungsb. d. niederrhein. naturf. Ges., Bonn 1881.

—Mittheilungen über den Zustand des Vesuv im März 1881, sowie über ein seltenes Mineral der vesuvischen Auswürflinge, den Cuspidin.

Ibid., nello stesso volume.

— Ueber den Zustand des Vesuv am 18. März 1881.

Verhandl. d. naturhist. Vereins d. preuss. Rheinl., Bonn 1881.

— Mineralien von Monteponi und Montevecchio auf Sardinien. Vesuvische Mineralien. Ueber den Zustand des Vesuvs im December 1886. Ueber die Tuffbrüche von Nocera.

Sitzungsb. d. niederrhein. naturf. Ges., Bonn 1887.

— Ueber Augit, Sarkolith, Humboldtilith und Leucit vom Vesuv.

Ibid., nello stesso volume. Confr. Zeitsch. f. Krystallog. u. Mineralog., vol. XVII. Leipzig 1890.

RAUFF Hermann.

— Ueber die chemische Zusammensetzung des Nephelins.

Zeitsch. f. Krystallog. u. Mineralog. , vol. II. pag. 445. Leipzig 1878.

— Ueber die chemische Zusammensetzung des Mikrosommits.

Ibid., nello stesso vol., pag. 468.

REBUFFAT O.

Analisi di alcune malte a pozzolana. Napoli 1893.

In-8.° Vi si parla pure della pozzolana del Vesuvio.

— Studi sull' analisi tecnica delle Pozzolane.

Rendiconto dell'Accad. d. Scienze fis. e mat., serie III. vol. II. Napoli 1896.

In questo lavoro la pozzolana di Bacoli è detta *trachitica* e quella del Vesuvio *basaltica*, le quali si comportano diversamente nell' indurimento delle malte.

Recueil de toutes les vues qui existaient dans le cabinet du Duc de la Tour etc.

Vedi: Raccolta di tutte le Vedute ecc.

RECUPITO GIULIO CESARE.

De | Vesvviano | Incendio | Nvntivs | Auctore | Ivlio Caesare Recvpito Neapolitano | E Societate Iesv. | Neapoli 1632. Ex Regia Typographia Egidij Longhi.

In-4.° di pag. VIII-119 ed una carta per le correzioni; nel frontisp. evvi uno stemma. [B. N.].

« È una delle migliori e più copiose relazioni che abbiamo dell' incendio del 1631. Vi è pure la descrizione topografica del Vesuvio, la storia dei suoi incendî prima del 1631 che si portano al numero di 12, e si discorre con le dottrine Aristoteliche dell' origine degl'incendî vulcanici e dei tremuoti. » (Scacchi.)

Prima edizione rarissima.

Prass 12 L.

— De | Incendio | Vesvviano | Nvntivs. | Auctore | Jvlio Caesare Recvpito | Neapolitano | E Societate Iesv | Neapoli, Apud Lazarum Scorigium. 1632.

In-16.° di pag. 124, compresa la dedica. [B. N.].

Seconda edizione, pure rarissima.

Hoepli 5 L.; Twietmeyer 6 M.

— De | Vesvviano | Incendio | Nvntivs | In Lvcem Itervm Editvs. | Auctore | Jvlio Caesare Recvpito | Neapolitano | E Societate Jesv. | Neapoli apud Aegidium Longum 1632. Et denuo per Octauium Beltranum 1633. Sumptibus Andreae Carbonis Bibliopolae.

In-16.° di pag. 124 ed una carta per le correzioni. [B. N.].

Identico al precedente, essendo esso della stessa edizione; senonchè al frontispizio vecchio è stato sostituito uno nuovo colla data del 1633, incollato nelle copie rimaste.

Raro. Prass 12 L.

— De Vesuviano Incendio Nuntius. Mediolani 1633, per Jo. Bapt. Malatesta.

In-4.° di car. IV e pag. 114. [B. S.]

Kirchh. & W. 2 M. 60 Pf.

— Avviso | Dell' Incendio | Del Vesvvio. | Composto | Dal P. Givlio Cesare | Recupito Napol.no | Della Compagnia di Giesù. | Tradotto Dalla Lingva | Latina all' Italiana | Ad istanza | Dell'Ill. Principe; | & Academici Otiosi. | In Napoli, per Egidio Longo. 1635.

In-16.° di pag. IV-264 e due carte per l' *Emenda degli errori* e l'*Imprimatur*. [B. N.]

Cioffi 6 L.; Marghieri 7 L. 50 c.

— De Vesuviano Incendio Nuntius. Pictavis 1636.

In-16.° di pag. VI-196.

— De Vesuviano Incendio Nuntius. Editio tertia. Lovanii 1639, typ. Everardi de Witte.

In-8.° di pag. 180, oltre l'Indice. [B. S.].

A pag. 111. e seg. trovasi l'altra operetta dello stesso autore: *De novo in universa Calabria terraemotu congemin. nuntius.*

Raro. Bocca 12 L.

— De | Vesvviano | Incendio | Et De | Terraemotv Calabriae, | Nvntivs | In Lvcem Itervm Editvs. | Auctore | Jvlio Caesare Recvpito | Neapolitano. | E Societate Jesv. | Romae, ex Typographiae Manelphi Manelphij. 1644.

In-4.° di pag. 140 e car. v per l'indice. [B. N.]

Dura 15 L.; Hoepli 10 L.

— De Vesuviano Incendio et de Terraemotu Calabriae Nuntius. Romae 1670, typ. Philippi de Rubeis.

In-8.° di pag. 140. [B. S.]

Bocca 6 L.

REGNAULT H.

Ascension au Vésuve le 10 Janvier 1868.

Compt. rend. de l'Acad. des Sciences, vol. 66. pag. 166-169. Paris 1868.

RELACION | Del Incendio | De La Montaña De Soma.

In-fol. di carte quattro. [B. S.]

S. l. n. d. (Napoli 1632.)

Anonimo.

RELAZIONE | Dell' Incendio del Vesuuio seguito | l'anno 1682. dalli 14. di | Agosto sino alli 26. del | medesimo. | In Roma. Per Michel'Ercole. 1682. | Si vendono in Piazza Madama da Francesco Leone Libraro. |

In-4.° di carte due; nel frontisp. un' incisione in legno. [B. S.]

Anonimo; il titolo è simile all' opuscolo del Messina, ma il contenuto è diverso. Cita le eruzioni dall'anno 81 (*sic*) sino all'anno 1682.

Rarissimo, non citato dal Soria.

RELAZIONE De' meravigliosi effetti cagionati dalla portentosa eruzione del Monte Vesuvio, detto di Somma, di pietre infuocate, gorghi di fuoco, tuoni, saette, e pioggia infinita di arenosa cenere, Seguita dal dì 26. del caduto Luglio, per tutti li due del corrente Agosto 1707.

In-4.° di carte due, senza frontisp. proprio. [B. N.]

Alla fine sta: *In Napoli, presso Dom. Antonio Parrino, e Michele-Luigi Muzio, con facoltà del Signor Vice-Rè. 1707.*

Rarissimo opuscolo anonimo, ignoto a Scacchi.

Dura 10 L.

RELAZIONE o sia descrizione della spaventevole eruzione del monte Vesuvio distante alcune miglia da Napoli verso Levante, seguita la sera delli 8 del corrente mese d' Agosto (1779) avendo la stessa cagionati grandissimi danni a tutti que' luoghi, a cui si è estesa. Bologna 1779, stamperia del Saffi.

In-4.° di carte due. [B. S.]

Raro opuscolo anonimo, non riportato dai bibliografi.

RELAZIONE dell'ultima eruzione del Vesuvio accaduta nel

mese di Agosto di quest'anno 1779.

Vedi TORCIA.

RELAZIONE dell' ultima eruzione del Vesuvio accaduta in Agosto di quest' anno (1787).

Vedi TATA.

RELAZIONE ragionata della eruzione del nostro Vesuvio accaduta a' 15. Giugno 1794.

Vedi D' ONOFRIO.

RELAZIONE ragionata della eruzione del Vesuvio di Napoli accaduta a' 15. Giugno 1794. Con la Storia di tutte le eruzioni memorabili fino al presente avvenute.

In-8.º di pag. 52 con una tavola in-fol. picc.: *Veduta del Vesuvio.*

Senza frontispizio; il titolo riportato è quello dell' antiporta.

Operetta anonima, affatto diversa da quella del D' Onofrio che porta un titolo simile. A pag. 3 e seg. si legge: *Compendiosa Descrizione di luoghi suburbani di Napoli, che conducono al Monte Vesuvio, e Relazione ragionata della Eruzione accaduta a' 15. Giugno 1794.* [B. V.]

Raro volume, non riportato dai bibliografi vesuviani.

RELAZIONE fisico-storica della eruzione vesuviana de' 15 Giugno 1794.

Sei pagine in-4.º coi num. 171 a 176, di autore anonimo, male stampate, appartenenti a qualche pubblicazione ignota della tipografia Pepoliana di Roma. [B. V.]

Anche nella Gazzetta civica napoletana 1794 no. 25 e 26.

RELAZIONE dell' inaugurazione dell' Osservatorio Meteorologico sul Vesuvio il 28 Settembre 1845.

Giornale del Regno delle Due Sicilie, 30 Settembre 1845.

RELAZIONE dell' Accademia Pontaniana sull'incendio dell' 8 Dicembre 1861.

Vedi: Intorno all' incendio del Vesuvio ecc.

RELAZIONE della Giunta comunale di Napoli al Consiglio su' provvedimenti adottati per la eruzione del Vesuvio del 1872 ed atti relativi. Napoli 1872, tipogr. P. Androsio.

In-4.º di pag. 32. [B. S.]

REMARQUES sur le Vésuve.

Bullet. d. Sciences nat. et de géol., Paris 1827; Edinburgh Journal of Science, July 1827.

Anonimo.

REMINISCENZE VESUVIANE di un profugo. Napoli 1872.

Vedi CANTALUPO.

REMONDINI GIANSTEFANO (sacerd. della congreg. di Somma).

Della Nolana ecclesiastica istoria. Napoli 1747-57.

Tre vol. in fol., con tav.

« A pag. 130 del T.º I.º vi è un capitolo sul Vesuvio, in cui ne dà una buona descrizione topografica, dice che i due monti si sono separati in seguito degl'incendî, fa menzione di una pioggia di arene unte di petrolio nei territori di Somma e di Ottajano durante la primavera del 1746 ecc. » (Scacchi.)

REYER Ed.

Beitrag zur Physik der Eruptionen und der Eruptivgesteine. Wien 1877, Hölder.

In-8.° con tav.

— Vulkanologische Studien.

Jahrb. d. geolog. Reichsanst., vol. 28. Wien 1878.

— Ueber Tuffe und tuffogene Sedimente.

Ibid., vol. 31. Wien 1881.

— Ansichten über die Ursachen der Vulkane.

Ibid., vol. 32. Wien 1882.

— Geologische und geographische Experimente. Zweites Heft: Vulkanische und Massen-Eruptionen. Leipzig 1892, W. Engelmann.

In-8.°, con illustr.

Tradotto in italiano da F. Virgilio, Torino 1893.

— Ueber Vulkane. Vortrag. Wien 1892.

In-8.°

Volksthüm. Vorträge no. 17.

REYNAUD J. D.

On the ancient and present state of Vesuvius (1831).

Proceed. of the geolog. Soc. of London, vol. I. London 1834.

REZZONICO conte Castone Carlo.

Viaggio al Vesuvio.

Opere del cav. Carlo Castone conte Della Torre di Rezzonico, patrizio romano, tomo VII. pag. 52-61. Como 1825, Ostinelli.

RICCI Giuseppe.

Analisi chimica dell' acqua ferrata, e solfurea di Napoli, eseguita da Giuseppe Ricci. Con un' Appendice sopra un nuovo liquido vesuviano. Napoli, tipogr. Gio. Batt. Seguin.

In-8.° di pag. 28.

Estratto dal Giornale enciclop. di Napoli, Settembre 1820, pag. 285-301.

Dura 2 L.; Hoepli 1 L. 50 c.

— Analisi dell' acqua termominerale della Torre dell' Annunziata. Napoli 1831, Reale tipog. della Guerra.

In-4.° di pag. 32.

Hoepli 2 L.

Vedi: Raccolta di osservazioni cliniche sull'uso dell'acqua termominerale Vesuviana-Nunziante.

— Analisi dell' acqua termominerale Vesuviana-Nunziante. Napoli 1834, tipogr. della Minerva.

In-8.° di pag. 50. Dura 2 L.

RICCIARDI dott. Leonardo.

Sulla origine delle ceneri vulcaniche e sulla composizione chimica delle lave e ceneri delle ultime conflagrazioni vesuviane [1868-82].

Gazz. chim. ital., vol. XII. pag. 305-328. Palermo 1882.

— Sulla composizione chimica delle pomici vesuviane raccolte sul monte Sant' Angelo

Atti dell'Accad. Gioen., ser. III. tom. XVI. pag. 184-188. Catania 1882. Confr. Gazz. chim. ital., vol. XII. pag. 130-132. Palermo 1882; Compt. rend. de l'Acad. d. Sciences, tome 94. pag. 1321-22. Paris 1882.

— I tufi vulcanici del Napolitano. Ricerche ed osservaz.

Atti dell'Accad. Gioen., ser. III. vol. XVIII. pag. 37. Catania 1885.

— Sull'allineamento dei vulcani italiani. Sulle roccie eruttive subaeree e sottomarine e loro classificazione in due periodi. Sullo sviluppo dell'acido cloridrico, dell'anidride solforosa, e del jodio dai vulcani. Sul graduale passaggio delle roccie acide alle roccie basiche. Reggio-Emilia 1887, tipog. degli Artigianelli.

In-8.° di pag. 45 con una tavola. Prezzo 2 L.

— Genesi e successione delle roccie eruttive.

Atti della Soc. ital. di Scienze nat., vol. XXX. Milano 1887.

— Sull'azione dell' acqua del mare nei vulcani.

Ibid., vol. XXXI. Milano 1888.

— Genesi e composizione chimica dei terreni vulcanici italiani. Firenze 1889, tipogr. Mariano Ricci.

In-8.° di pag. 155 ed una bianca. Estratto dal giornale L'Agricoltura italiana, anno XIV-XV. Firenze 1888-89.

RICCIO Luigi.

Prodigiosi portenti del Monte Vesuvio.

Arch. stor. per le prov. napol., anno II. pag. 161-175. Napoli 1877.

Riproduzione di un ms. del prete napoletano Camillo Tutini sull'eruzione del 1649, conservato nella Biblioteca Brancacciana.

— Un altro documento sulla eruzione del Vesuvio del 1649.

Vedi: Lo Spettatore del Vesuvio e dei Campi Flegrei. Nuova Serie. Napoli 1887.

L' autore riporta da un manoscritto autografo di Silvestro Viola una relazione di questa eruzione che conferma quanto ne lasciarono scritto altri autori. Da essa apparisce che nel novembre 1649 il Vesuvio cominciò, dopo 18 anni di riposo, ad entrare in nuovo periodo di attività che si manifestò poi anche nel 1652 e 1654 e che probabilmente ebbe la sua maggiore manifestazione coll'eruzione del 1660.

— Nuovi Documenti sull' incendio vesuviano dell' anno 1631 e Bibliografia di quella eruzione.

Arch. stor. per le prov. napol., anno XIV. pag. 489-555. Napoli 1889.

Questi Documenti si compongono di quattro Memorie finora inedite: *Lettere del P.* Ascanio Capece *di Napoli, scritte al P. Antonio Capece della C. di G. a Roma; Lettera del sig.* Gio. Batt. Manzo *marchese di Villa in materia del Vesuvio, scritta di Napoli al sig. Antonio Bruni a Roma; Relatione dell' incendio del Monte Vesuvio nel 1631* di autore ignoto; *Lettere, avvisi e notizie diverse sulla eruzione del Vesuvio del 1631.*

L'originale di questi documenti esiste a Montpellier nella biblioteca di quella facoltà di medicina. I documenti, come osserva l' autore, hanno importanza perchè confermano fatti già segnalati da altri scrittori contemporanei.

A queste pubblicazioni tien dietro un elenco comprendente 232 numeri di scritti del tempo riferentisi a quell eruzione.

Conf. Neues Jahrb. f. Mineral., Geol. etc., Stuttgart 1892, vol. II. pag. 44, dove il prof. W. Deecke dà un cenno critico su questa memoria.

RINNE F.

Ueber Olivin und Olagioklasskelette.

Neues Jahrb. f. Mineral. etc., Stuttgart 1891 vol. II. pag. 272-285, con una tavola.

RISO [De] Bernardo.

Relazione della pioggia di cenere avvenuta in Calabria ulteriore nel dì 27 Marzo 1809.

Memorie d. Società Pontaniana, tomo I. pag. 163-165. Napoli 1810.

Dura 2 L. 50 c.

Confr. Aracri e Cagnazzi.

Riscontro di un avvocato napoletano ad un suo amico di provincia della eruttazione del Vesuvio de' 15 Giugno 1794.

In 8o di pag. 40. [B. V.]

Anonimo libretto pubblicato a Napoli nel 1794.

Vedi la continuazione sotto: Seconda Lettera di un Legista Napoletano.

Risposta di un Regnicolo ad un suo amico in Napoli sulla eruzione del Vesuvio. Napoli 1794.

In-8.o di pag. 8. [B. N.]

Anonimo ; raro.

RITTER C. W.

Beschreibung merkwürdiger Vulkane. Breslau 1847, Kühn.

In-8.o Descrizione del Vesuvio da pag. 62 a pag. 113, con alcune note bibliografiche.

RIVINUS Andreas.

Vesuvius | In promotione XVI. Bataliarorum | VI. Idus Martii aerâ | ꝏDCXXXII | Lipsiae declamatus. |

In-4.o di carte venti. Alla fine sta : *Lipsiae. Excudebat Gregorius Ritzsch. Impensis Haeredum Zachar. Schüreri & Matthiae Götzii. 1632.*

Rarissimo. L'esemplare da me veduto alla B. S. è mancante del frontispizio, che forse non esisteva; il titolo è copiato dall'antiporta.

Rivinus, col suo vero nome Bachmann, era medico a Halle in Sassonia, e soleva chiamarsi *filosofo* e *poeta.*

—(Tripus Delphicus) De monte Campaniae Summa ejusque fatidico incendio. Lipsiae 1635.

In-4.o Riportato dal Soria ed anche dallo Scacchi nella sua Bibliografia dell'Incendio del 1631.

ROBERT E.

Rapprochement géologique entre le Vésuve et l'Hékla.

Mém. de la Soc. scientif. de Vitry, Sézanne 1881.

ROCCO Ascanio.

Lettera | Del Sig. Ascanio | Rocco | Dottore di Filosofia | e Medicina, Napoletano, | Scritta all'Illustriss. et Eccellentiss. sig. | Givlio Pignatello | Prencipe della Noia, e Marchese di Cerchiaro. | Nella quale si dà vera, e minuta relatione delle | Gratie fatte dalla Gloriosissima Vergine, e Ma- | dre di Dio dell'Arco Maggiore, à beneficio della sua casa | e della Gente, che in essa si saluò in | questi trauagliosi tempi del nuouo Incendio del | Monte Vesuuio nel 1631, e della carità vsatali | da i Padri dell'Arco. | In Napoli, per Francesco Sauio, 1632. All' Insegna del Boue.

In-8.° di carte venti, male stampato. Nel frontisp. è la figura del bove col motto *Serivs et Gravivs*; nel verso di esso un'imagine della Madonna. [B. V.]

« Buona relazione dell' incendio del 1631, nella quale si trovano alcuni particolari che mancano nelle altre relazioni. » (Scacchi.)

Rarissimo. Vedi notar P. Milano.

ROCCO Emmanuele.

Al Vesuvio! Bizzarria.

Il Salvator Rosa, anno I. no. 10. Napoli 13 gennaio 1839.

ROCKILLY E.

Der Ausbruch des Vesuvs.

Illustrirte Welt, Stuttgart 1862 fasc. 3, con 2 illustrazioni.

RODWELL G. J.

On the recent eruption and present condition of Vesuvius.

Nature, vol. XIX. pag. 343-345' con una illustr. London 1879; La Nature, Paris 8 Mars 1879; The Academy, London Febr. 15, 1879.

— The History of Vesuvius 1868-1878.

The Journal of Science, vol. XVI. pag. 463-471. London 1879.

— The History of Vesuvius during the year 1879.

Nature, vol. XXI. pag. 351-353. Con una illustr. London 1880.

ROGADEI Gio. Donato.

Carmen de Vesuvio.

Contenuto in « Epigrammata leges et carmina insculpta in villula et hortulo. » In-4.° S. l. n. d. [B. V.]

ROGATI [De'] Francesco Saverio.

Il Tremuoto. Ode a Dio.

In-16.° di carte sei; nel recto dell'ultima sta: *In Colle 1783. Per Angiolo M. Martini, e Comp.* [B. N.]

Nella stanza XI. si parla del Vesuvio.

ROJAS Aristides.

El rey de los volcanos. Caracas 1869, impr. de El Federalista.

In-4.° di pag. 42. È uno studio sul Vesuvio, in cui si descrivono le sue eruzioni e la distruzione di Pompei.

ROMANELLI abate Domen.

Viaggio a Pompei, a Pesto, e di ritorno ad Ercolano ed a Pozzuoli. Napoli 1817, Trani.

Due vol. in-16.°, con tav.

Nelle pag. 53-63 si parla del Vesuvio.

ROSE G.

Abhandlung des Herrn C. Rammelsberg über die chemische Zusammensetzung des Chondrodits, Humits und Olivins etc.

Ann. d. Phys. u. Chem., vol. 85. pag. 345-350. Leipzig 1851.

ROSENTHAL-BONIN.

Al Vesuvio! Ein touristisches Albumblatt.

Ueber Land u. Meer, anno XVIII. no. 21, con illustr. Stuttgart 1876.

ROSINI Carlo (vescovo di Pozzuoli).

Dissertationis isagogicae ad Herculanensium voluminum explanationem. Pars prima. Neapoli 1797, Reg. Typogr.

In-fol. Contiene: *De Vesuvii incendiis* ecc.

ROSSI [De] M. S.

Intorno ai fenomeni concomitanti l'ultima eruzione vesuviana, avvenuti nella zona vulcanica dell'Italia.

Atti dell'Accad. Pontif. dei Nuovi Lincei, anno XXV. sess. VI. Roma 26 maggio 1872.

— Studii intorno al terremoto che devastò Pompei nell' anno 63 e ad un basso-rilievo votivo pompeiano che lo rappresenta.

Bullett del Vulcanismo ital., anno VI. fasc. 8 e 11. Roma 1879.

— L'Eruzione del Vesuvio.

Ibid., anno XII. fasc. 10-12. Roma 1885.

Vedi: Bullettino del Vulcanismo italiano.

ROSSMANN Wilhelm.

Vom Gestade der Cyklopen und Sirenen. Reisebriefe. Zweite Auflage. Leipzig 1880, F. W. Grunow.

In-16.° Pag. 233-239: *Besteigung des Vesuv.*

ROTH Justus.

Analysen: I. Dolomitischer Kalkstein, sogenannter Auswürfling vom Rio della Quaglia von der Somma. II. Dolomitischer Kalkstein von der Punta dei Cognoli an der Somma.

Zeitsch. d. geolog. Ges., vol. IV. Berlin 1852; Journal f. prakt. Chem., vol. LVIII. Leipzig 1853.

— Der Vesuv und die Umgebung von Neapel. Eine Monographie von J. Roth. Mit Tafeln und Holzschnitten. Berlin. Wilhelm Hertz. 1857.

In-8.° di pag. xliv-539 ed una n. n. per le correzioni, con 9 tavole litografate ed alcune incisioni in legno intercalate nel testo.

Prezzo, in tela orig., 13 M.

Opera stimata. Oltre agli articoli originali dell' autore, essa contiene ancora i seguenti: *Geschichte der Vesuvausbrüche bis 1750 nach* A. Scacchi, pag. 1-31; *Vesuv-Literatur von 1631 bis zur Mitte des 18. Jahrhunderts von* A. Scacchi, pag. 32-54; *Besteigung des Vesuvs am 26. Januar 1833 von* L. Pilla, pag. 105-107; *Lo Spettatore del Vesuvio e de' Campi Flegrei di* F. Cassola *e* L. Pilla, pag. 107-153, colla continuazione *Bullettino Geolog. del Vesuvio di* L. Pilla, pag. 154-220 (in traduzione tedesca); *Ausbruch des Vesuvs am 1. Januar 1839 von* L. Pilla, pag. 221-230; *Nachricht über die letzte Eruption des Vesuvs 1839, von* R. A. Philippi, pag. 230-231; *Beobachtungen über die Veränderungen am Vesuv von 1840 bis 1850 von* A. Scacchi, pag. 232-243; *Ausbruch des Vesuvs im Jahre 1850 und Haupterscheinungen am Vesuv zwischen 1850-1855 von* A. Scacchi, pag. 244-269; *Ausbruch im Mai 1855 von* Scacchi, Palmieri *und* Guiscardi *und Nachtrag bis Februar 1857*, pag. 270-325; *Ueber die Flammen der Vulkane von* L. Pilla, pag. 350-357; *Ueber die bisweilen durch Sublimation entstandenen Silikate der Somma und des Vesuvs von* A. Scacchi, pag. 380-386; *Fossile Fauna des Vesuvs von* Guiscardi, pag. 391-396.

Da pag. 405 a pag. 478 si dà la Bibliografia vesuviana dal 1750 al 1856, fatta con la scorta delle note ms. del Prof. Scacchi. Le pag. 479 e seg. contengono una Monografia sui Campi Flegrei.

Confr. la recensione nella Zeitsch. f. allg. Erdkunde, N. F. vol. III. pag. 165-167. Berlin 1857.

R. Friedl. & S. 10 M.; Hoepli 7 L. 50 c.

— Ueber den Ausbruch des Vesuvs vom Jahre 1861.

Zeitsch. d. geolog. Ges., vol. XV. Berlin 1863.

— Ueber Vesuv- und Aetnalaven.

Ibid., vol. XXV. Berlin 1873.

— Ueber eine neue Berechnung der Quantitäten der Gemengtheile in den Vesuvlaven.

Ibid., vol. XXVIII. pag. 439-444 Berlin 1876.

— Studien am Monte Somma. Berlin 1877, F. Dümmler's Verlagsbuchhandlung.

In-4.° di pag. 48.

Estratto dalle Abhandl. d. kön. Akad. d. Wissensch. zu Berlin 1877. Confr. Bollett. del R. Comit. geol. d'Italia, Roma 1877 no. 11-12.

Bose 1 M. 20 Pf.; Prass 3 L.

— Ueber die Gänge des Monte Somma.

Monatsb. d. königl. preuss. Akad. der Wissensch., Berlin 1877.

— Zur Geologie der Umgebung von Neapel.

Ibid., Berlin 1881.

ROZET M.

Sur les Volcans des environs de Naples.

Bullet. de la Soc. géol. de France, vol. I. Paris 1843.

— Mémoire sur les Volcans d'Italie.

Mém. de la Soc. géol. de France, II. sér. vol. I. pag. 140-162. Paris 1844.

RUECKERT Friedrich.

Lied am Vesuv.

Gedichte. Auswahl des Verfassers. Frankfurt a. M. 1843, Sauerländer, pag. 326-327.

RUGGIERO Michele.

Della Eruzione del Vesuvio nell' Anno LXXIX. Studi.

Discorso pronunziato in Pompei il 25 Settembre 1879 nella solennità del 18.° centenario dopo la sua distruzione. Nel volume commemorativo **Pompei e la regione sotterrata dal Vesuvio nell'anno LXXIX**, pag. 1-4. Napoli 1879, tipog. Giannini.

— Sopra un masso di pomici saldato per fusione trovato in Pompei, con una lettera del Prof. Scacchi.

Atti della R. Accad. di Archeol. ecc., tomo VIII. Napoli 1877.

RUSH Dr. Jos.

Der Ausbruch des Vesuv.

Illustrirte Zeitung no. 2723, pag. 282, con una illustrazione. Leipzig 1895.

S

SABATINI V.

Sull' attuale eruzione del Vesuvio.

Bullet. del Comitato geolog. ital., vol. XXVI. pag. 150-164. Roma 1895.

SACCO Giuseppe.

Ragguaglio storico della calata nel Vesuvio, e Relazione del suo stato ne' 16. Luglio 1794.

In-16.º di pag. 14 senza frontisp. proprio, datato da Portici 17 Luglio 1794. [B. N.]

« Enthält keine oder geringe Abweichungen von der Beschreibung des Kraters nach Breislak und Winspeare. » (Roth.)

Dura 2 L. 50 c.; Hoepli 3 L.

SAINT-NON (l'abbé de).

Voyage pittoresque ou Description des royaumes de Naples et de Sicile. Paris 1781-1786, Lafosse.

Quattro volumi in cinque tomi in-fol. gr., con molte tavole e vignette incise in rame. Nel vol. I. parte I. cap. V.: *Vues et description du Vésuve et de ses environs; avec l' histoire abrégée de ses éruptions depuis l' an 79 jusqu'en 1780*, pag 171-220, con 9 tav. e 3 vig. Opera splendidamente eseguita. [B. N.]

SAINTE-CLAIRE DEVILLE Charles.

Observations sur la nature et la distribution des fumerolles dans l'éruption du Vésuve du 1. Mai 1855. Paris 1855, Mallet-Bachelier.

In-8.º di pag. 56, l'ultima bianca. Estratto dal Bullet. de la Soc. géol. de France, vol. XIII. Paris 1855.

— Quatre lettres à M. Elie de Beaumont sur l' éruption du Vésuve du 1. Mai 1855.

Bullet. de la Soc. géol. de France, vol. XII. Paris 1855; Compt. rend. de l' Acad. d. Sciences, vol. 40-41. Paris 1855; Zeitsch. d. geol. Ges., vol. VII. pag. 511-525, trad. da C. Rammelsberg. Berlin 1855.

—Cinquième et sixième lettre à M. Elie de Beaumont.

Compt. rend. de l'Acad. d. Sciences, vol. 43. pag. 204-214; 431-435. Paris 1856.

— Recherches sur les produits des volcans de l' Italie méridionale.

Ibid., nello stesso vol., pag. 1167-1171.

— Sur les émanations volcaniques.

Ibid., vol. 44. Paris 1857, Bullet. de la Soc. géol. de France, vol. XIV. Paris 1857.

Ristampato nel 1867.

— Sur l'éruption du Vésuve en 1858.

Bulletin de la Soc. géol. de France, vol. XV. Paris 1858.

—Sur la Cotunnite du Vésuve.

Ibid., nello stesso vol.; Compt. rend. de l' Acad. d. Sciences, vol. 46. Paris 1858.

—Eruption du Vésuve (1861). Lettre à M. le président de l' Académie M. Milne Edwards.

Compt. rend. de l'Acad. d. Sciences, vol. 53. pag. 1-6. Paris 1861. Con lettere di PALMIERI e GUISCARDI.

— De la succession des phénomènes éruptifs dans le cratère supérieur du Vésuve après 1861.

Ibid., vol. 63. Paris 1866.

—Observations relatives à une communication de M. Palmieri, intitulée: Faits pour servir à l'histoire éruptive du Vésuve.

Ibid., vol. 67. Paris 1868.

—Réflexions au sujet de deux communications de M. Diego Franco sur l'éruption actuelle du Vésuve.

Ibid., nello stesso volume.

— Observations sur la prochaine phase d' activité probable du Vésuve.

Ibid., vol. 76. Paris 1873.

— Sur les émanations à gaz combustibles, qui se sont échappées des fissures de la lave de 1794 etc.

Vedi FOUQUÉ.

SAINTE-CLAIRE DEVILLE CH. et FÉLIX LEBLANC.

Mémoire sur la composition chimique des gaz rejetés par les évents volcaniques de l' Italie Méridionale. Paris 1859, Imprim. impér.

In-4.° Estratto dal tomo XVI. d. Mémoires prés. par div. Savants à l'Acad. des Sciences.

Il Vesuvio da pag. 15 a pag. 25.

SALMON [CARLO GAGLIARDI].

Lo stato presente di tutti i paesi e popoli del mondo. Venezia 1761.

Nel vol. XIII., da pag. 86 a 102, si tratta della topografia del Vesuvio, delle eruzioni fino al 1760, e dei prodotti. Poco esatto.

— Storia del Regno di Napoli antica e moderna descritta dal Salmon. In Napoli 1763, Vincenzo Mazzola-Vocola.

In-8.° Da pag. 65 a pag. 79: *Descrizione del Monte Vesuvio.* [B. N.]

Giustiniani nella sua Biblioteca storica e topografica del Regno di Napoli attribuisce questa opera a CARLO GAGLIARDI.

SALVADORI G. B.

Notizie sopra il Vesuvio e l'eruzione dell'Ottobre 1822. Napoli 1823.

Riportato nella Bibliogr. géolog. et paléontolog de l'Italie, Bologna 1881. È introvabile nelle biblioteche e forse non esiste stampato che in tedesco, col titolo:

— Notizen ueber den Vesuv und dessen Eruption v. 22. Oct. 1822. Gesammelt von Dr. Joh. Bapt. Salvadori. Verdeutscht durch C. F. C. H. Mit drei Kupfertafeln. Neapel 1823, bei der typographischen Gesellschaft.

In-4.° di pag. 77 ed una bianca, con 3 tavole litog. [B. V.]

Rapporto del sindaco di Torre del Greco al Principe di Ottajano. Dura 7 L.; Hoepli 7 L.

SANCHEZ Giuseppe.

Il monte Vesuvio deificato.

Il Progresso delle Scienze ecc., vol. XII. pag. 145-149. Napoli 1835. [B. V.] Discussione mitologica.

SANDULLI padre D. Paolino.

Il Vesuvio a posteri.

Epistola in terza rima, preceduta dall'*Argumento* in prosa, contenuta nel volume « Gli Eroi del Virginiano celebrati con epistole, idilli, ed altre rime eroiche sagre ». Napoli 1708, Felice Mosca, pag. 60-65 [B. V.]

SANFELICE Antonio.

Campania. Amstelaedami 1656, typ. Joan. Blaeu.

In-8.°, con una carta topogr. In quest' opera si parla del Monte Nuovo, della Solfatara, dei Campi Flegrei, del Vesuvio ecc. Ne furono fatte diverse altre edizioni in latino ed in italiano.

SAN MARTIN D. Antonio de

Un Viaje al Vesubio. Novela original, histórica. Madrid 1880, Administracion de la Galeria Literaria, Murcia y Marti, edit.

In-16.° di pag. 236 e 4 n. n. per l'indice, con copertina figurata in colori.

SANTA MARIA [Agnello di].

Trattato scientifico delle cause, che concorsero al fuoco ecc.

Vedi Agnello di Santa Maria.

SANTOLI Vincenzo-Maria.

Narrazione de' fenomeni osservati nel Suolo Irpino da Vincenzo-Maria Santoli, arciprete della Rocca S. Felice, contemporanei all' ultimo incendio del Vesuvio accaduto a Giugno di questo anno 1794. Coll'aggiunta di varie importantissime osservazioni della stessa classe. In Napoli 1795, presso Gaetano Tardano.

In-8.° di pag. vi-160, con una carta. [B. N.]

« Eine grosse Anzal genauer Berichte über die Verbreitung der Vesuvasche bei dem Ausbruch von 1794 in die Gegend von Avellino und des Lago d'Ansanto, über die dort vor dem Ausbruch bemerkten Erdbeben u. s. w. » (Roth.)

Prass 5 L.

SANTORELLI Antonio.

Discorsi | Della Natura, | Accidenti, E Pronostici | Dell'Incendio del Monte | di Somma dell'anno 1631. | Del Dottor Antonio Santorelli | Primo Lettore di Medicina, e Filosofia | Nella Scola di Napoli | Posti in luce da Marc' Aurelio Ciampotto, | E Dedicati | All'Illustrissimo Sig. | Don Diego De Mendozza. | In Napoli, Appresso Egidio Longo. 1632.

In 4.º di car II e pag. 58 num., seguite da 2 n. n. con la *Tavola de' Capitoli*. [B. N.]

Giustiniani riporta quest'operetta due volte, la seconda volta sotto Ciampotto.

« Nel primo discorso vi è una storia poco esatta dei precedenti incendi, ed opina l'autore che il zolfo ed il bitume sono la materia del fuoco, che questo preesiste agli incendî, i quali sono destati dai venti e dalle acque del mare che s'insinuano nella terra. Nel secondo discorso sostiene che l' acqua eruttata dal Vesuvio proveniva dalle pioggie e dal mare, che l'inondazione di Nola fu cagionata dal crescere l' acqua nei pozzi e nei fonti, e che il mare si ritirò, perchè le acque furono *dai venti al monte menate*. Si occupa pure a dar ragione dei principali fenomeni dell'incendio. Nel terzo discorso si pronostica se debbano seguire tremuoti, fame, peste, guerra ecc. » (Scacchi.)

SANZ MORENO Francisco.

Ampla, Copiosa, Y Verdadera | Relacion | Del Incendio Dela Montaña | De Soma, O Vesvbio. | Diuidada en ocho Capitulos. | Adonde se haze relacion de todo lo sucedido tanto en Na- | poles, como en los lugares, y campaña à 3. y à 4. leguas à la redvnda de la Montaña. | Declarandolo todo dia por dia, Desde el Martes 16. de Deciembre, | que se abrio la Montaña de 1631. por todo el mes de Maio 1632. | Compuesta por el Ayudante Francisco Sanz Moreno, | natural de la Villa de Andosilla, | y Regno de Nauarra. | Dirigida al Excelent. Señor | Conde De Monte Rey, ecc. En Napoles, Por Lazaro Escorigio 1632.

In-4.º di pag. xvi-80; nel frontispizio uno stemma. [B. N.]

L'autore enumera venti incendî prima del 1631, dice che il Vesuvio era più alto del Monte Somma e dà copiosi dettagli sull'eruzione.

Molto raro.

SARACINELLI M.

Guerra della Montagna o sia Eruzione del Vesuvio del dì 24 agosto 1834.

Una carta in-fol., impressa solo nel recto. In poesia. [B. V.]

SARNELLI Pompeo.

La vera guida de' forestieri curiosi di vedere, e d' intendere le cose più notabili della Real Città di Napoli ecc. ecc. Con una distinta descrizione di tutte l' eruzioni da volta in volta fatte dal

Monte Vesuvio. Napoli 1752, stamp. Gius. de Bonis.

In-16.° Diverse altre edizioni.

SARNELLI barone VINCENZO.

La violenta eruzione del Vesuvio nel dì 8 Maggio 1855.

Terzine nel Poliorama pittoresco, anno XVI. no. 8. Napoli 1855.

SASSO CAMILLO NAPOLEONE.

Il Vesuvio, Ercolano e Pompei. Estratto letteralmente dai fascicoli 16, 17 e 18 della Storia de' Monumenti di Napoli ecc. Napoli 1857, tipogr. Fed. Vitale.

In-8.° di pag. 60, con una pianta di Pompei. Il Vesuvio, pag. 1-11.
Prass 3 L.

SAUSSURE H. de.

Sur l' éruption du Vésuve en Avril 1872.

Compt. rend. de l'Acad. d. Sciences, vol. 74. Paris 1872.

— La dernière éruption du Vésuve en 1872.

Actes de la Soc. helvét. d. Sciences nat., vol. 55. Fribourg 1873.

SAUTELET DE LA GRAVIÈRE E. M.

Étude sur les pierres précieuses suivie de l' Éruption du Vésuve en 1872. Avellino 1876, imp. Maggi.

In-8.° di pag. 74 e 2 n. n.
Marghieri 2 Lire.

SAVARESI ANDREA.

Lettera su i vulcani al Signor Gugl. Thomson.

Giornale letterario di Napoli, vol. 97. pag. 3 e seg. Napoli 1798. [B.V.]

—Lettera seconda su i vulcani.

Ibid., pag. 195-226.

SAVASTANO GIUSEPPE.

Tavola sinottica di osservazioni mediche relative alle acque termo-minerali vesuviane Nunziante. Napoli 1832.

In-8.°

SCACCHI prof. ARCANGELO.

Della Periclasia, nuova specie di minerale del Monte di Somma.

Antologia di Scienze naturali, pubbl. da R. Piria ed A. Scacchi, vol. I. (unico), pag. 274-283. Napoli 1841.
Hoepli 2 L.

— De la Périclase, nouvelle espèce minérale du Mont Somma. (Trad. de l'italien par M. Damour).

Annales des Mines, IV. sér. tome III. pag 369-384. Paris 1843.

— Voltaït und Periklas, zwei neue Mineralien, mit Bemerkungen von Kobell.

Gelehrte Anzeigen XVI., col. 345-348. München 1843; Journ f. prakt. Chemie, vol. 28. pag. 486-489.

—Sulle forme cristalline della Sommite.

Rendiconto della R. Accad. d. Scienze, vol. I. pag. 129-131. Napoli 1842.

— Esame cristallografico del ferro oligisto e del ferro ossidulato del Vesuvio. Napoli, tipogr. del Filiatre-Sebezio. Ottobre 1842.

In-8.° di pag. 22, con una tav.
Hoepli 1 L. 50 c.

— Memorie mineralogiche e geologiche. Napoli 1841-1843.

In-8.° di pag. 132, con una tav. Da pag. 22 a 32 trovasi la memoria (ristampata) sulla Periclasia.

— Osservazioni critiche sulla maniera come fu seppellita l'antica Pompei.

Bullett. archeol. napol., anno I. no. 6. pag. 41-45. Napoli 1843.

Estratto, indirizzato al cav. Fr. M. Avellino, in-8.° Napoli 1843.

Hoepli 2 L. 50 c.

« Die von Lippi aufgestellte, später von Tondi, Tenore, Pilla, Dufrénoy vertheidigte Ansicht, dass Pompeji und Herculanum nicht durch direkt von der Somma ausgeworfene Lapilli und Aschen, sondern durch Beihülfe von Wasser begraben sei, wird widerlegt. »(Roth.)

—Notizie geologiche dei Vulcani della Campania, estratte dalle Lezioni di Geologia. Napoli 1844, Stamp. del Fibreno.

In-8.° Vedi pag. 135-156.

— Sopra una straordinaria eruzione di cristalli di Leucite.

Lettera a Monsig. Lavinio de Medici Spada, pro-uditore della rev. Camera Apostolica, pubbl. nella Raccolta scientif., anno I. no. 12, pag. 185-189. Roma 15 Giug. 1845.

— Campi ed Isole Flegree. Specie orittognostiche del Vesuvio e del Monte di Somma.

In Napoli ed i luoghi celebri delle sue vicinanze, 2 vol., Napoli 1845. Vedi vol. II. pag. 377-413. È taciuto il nome dell'autore, che non fu nemmeno chiamato a correggere i numerosi errori tipografici.

— I Vulcani. Notizie sull'ultima eruzione del Vesuvio.

Il Propagatore delle Scienze Naturali, anno I. pag. 150-152 ; 175-176; 182-184. Napoli 1846. In forma di dialogo.

— Eruzioni di cristalli di Leucite avvenute nel Vesuvio

Annali Civili del Regno delle Due Sicilie vol. 44. pag. 62-66 Napoli 1847. Ristampa della memoria pubblicata a Roma nel 1845.

Confr. DANA.

— Istoria delle eruzioni del Vesuvio accompagnata dalla Bibliografia delle opere scritte su questo vulcano.

Nella raccolta: Il Pontano. Biblioteca di scienze lettere ed arti, pubbl. da Carlo de Petris. Tomo Primo (unico). Napoli 1847, stabilimento tipografico del Guttemberg. In-fol. piccolo. [B. S.]

Parte prima (Introduzione): *Le eruzioni fino al 1500*, pag. 16-21.

Parte seconda, capo I: *Le eruzioni dal 1631 al 1757*, pag. 105-119; capo II: *Opere pubblicate sul Vesuvio dal 1631 sino alla metà del secolo* 18°., pag. 119-131.

Descrizione storica e bibliografica molto stimata. È rarissima, essendo pressochè introvabile il volume del Pontano. Prass 50 L.

Traduzione tedesca in ROTH, Der Vesuv und die Umgebung von Neapel, pag. 1-53.

— Notice sur le gisement et sur la cristallisation de la sodalite des environs de Naples.

Annales des Mines, IV. sér. tome XII., pag. 385-389, colle fig. 11-14 della tav. III. Paris 1847.
Tradotto da A. Damour.

— Notizie su l' ultima eruzione del Vesuvio, composizione delle lave, delle ceneri, dei lapilli, emanazioni gassose ecc.

Il Propagatore delle Scienze Naturali, Napoli 1847, pag. 150-184.

— Memorie geologiche della Campania I-III.

Rendiconto dell' Acc. d. Scienze, tomo VIII. no. 43, pag. 41-65; no. 44-45, pag. 115-140; no. 46-47, pag. 235-261, con tre tavole; no. 48; pag. 317-335; tomo IX. no. 50, pag. 84-114, con una tavola. Napoli 1849-1850.

Queste tre memorie esistono anche riunite in un volume con frontispizio distinto, s. d.

— Relazione dell'incendio accaduto nel Vesuvio nel mese di Febbrajo del 1850, seguíta dai giornalieri cambiamenti osservati in questo vulcano dal 1840 sin'ora.

Rendiconto d. R. Accad. d. Scienze fis. e mat., vol. IX. pag. 13-48, con 3 tavole litografate. Memoria estratta, Napoli 1850, Gabinetto bibliog. e tipog. in-4.º Trovasi anche unito alle « Memorie geologiche della Campania. »
Hoepli 5 L.
Traduzione tedesca in Roth, Der Vesuv und die Umgebung von Neapel.

— Relation de la dernière éruption du Vésuve arrivée en Février 1850, suivie d'un exposé des phénomènes quotidiens observés sur ce volcan depuis 1840 jusqu'à ce jour. Traduit de l' italien par M. A. Damour.

In-8.º di pag. 60 con 1 tav. [B. V.]
Estratto d. Annales des Mines IV. sér. tome XVII., pag. 323-380. Paris 1850.

—Notizie sulla Sommite, Meionite e Mizzonite.

Rendiconto d. Accad. d. Scienze di Napoli 1851, pag. 124; Ann. d. Phys. u. Chem. Ergb. III., pag. 478-479. Leipzig 1853.

— Della Humite e del Peridoto del Vesuvio.

Atti d. R. Accad. d. Scienze vol. VI., pag. 241-273, con una tav. Napoli 1851.
Memoria estratta in-4.º di pag. 33, con una tav. cristallog. Napoli 1852, nella Stamperia Reale.
Dura 5 L.

— Ueber den Humit und den Olivin des Monte Somma. Aus der Handschrift des Verfassers übersetzt von Dr. Roth.

Ann. d. Phys. u. Chem. Ergbd. III., pag. 161-187, con una tav. Leipzig 1853. Confr. Journ. f. prakt. Chemie, vol. 53. pag. 156-160. Leipzig 1851.

— On the Humite and Olivin of Monte Somma.

The Amer. Journ. of Science and Arts, vol. XIV. pag. 175-182. New-Haven 1852. Confr. Dana.

— Sopra le specie di Silicati del Monte di Somma e del Vesuvio le quali in taluni casi sono state prodotte per effetto di sublimazioni.

Rendiconto d. R. Accad. delle Scienze fis. e mat., N. S. anno I. pag. 104-112. Napoli 1852.

Traduzione tedesca in ROTH, Der Vesuv und die Umgebung von Neapel.

— Uebersicht der Mineralien, welche unter den unbezweifelten Auswürflingen des Vesuvs und des Monte di Somma bis jetzt mit Bestimmtheit erkannt worden sind. (Aus einem Briefe an Geh.-Rath v. Leonhard)

Neues Jahrbuch f. Mineral. Geol. und Palaeont., Stuttgart 1853, pag. 257-263.

—Memoria sullo Incendio Vesuviano del mese di maggio 1855.

Vedi pag. 110 di questa Bibliografia.

— Sur la dernière éruption du Vésuve.

Bulletin de la Soc. Géol. de France, vol. XV. Paris 1857-58.

— Dell'Eriocalco e del Melanotallo, nuove specie di minerali del Vesuvio.

Rendiconto d. R. Accad. d. Scienze fis. e mat., Anno IX. pag. 86-89. Napoli 1870.

— Note mineralogiche. Memoria Prima. Leucite del Monte Somma metamorfizzato, ecc. Cristalli geminati di Ortosia del Monte Somma ecc.

Atti d. R. Accad. d. Scienze, vol. V. pag. 40. Napoli 1870, con una tavola.

— Sulla origine della cenere vulcanica.

Rendiconto d. R. Accad. d. Scienze fis. e mat., anno XI. pag. 180-191. Napoli, Agosto 1872.

— Ueber den Ursprung der vulkanischen Asche. (Im Auszug von C. Rammelsberg.)

Zeitsch. d. geol. Ges., vol. XXIV. pag. 545-548. Berlin 1872.

— Sopra l'eruzione di ceneri vulcaniche avvenuta nell'Aprile 1872.

Rendiconto d. R. Accad. d. Scienze fis. e mat., Napoli 1872.

— Contribuzioni mineralogiche per servire alla storia dell' incendio vesuviano del mese di Aprile 1872.

Atti d. R. Accad. d. Scienze fis. e mat., vol. V. no. 22, con una tavola litografata. Napoli 1872.

Memoria estratta, in-4.º di pag. 36, con una tavola litografata.

— Durch Sublimationen entstandene Mineralien beobachtet bei dem Ausbruch des Vesuvs im April 1872.

Zeitsch. d. geol. Ges., vol. XXIV. pag. 493-504. Berlin 1872.

Traduzione dell' articolo precedente, fatta dal Dr. J. ROTH.

— Notizie preliminari di alcune specie mineralogiche rinvenute nel Vesuvio dopo l'incendio di Aprile 1872.

Annali del R. Osservat. Meteor. Vesuv., anno primo, pag. 122-128. Rendiconto d. R. Accad. d. Scienze fis. e mat., anno XI. pag. 210-213. Napoli 1872.

— Vorläufige Notizen über die bei dem Vesuvausbruch, April 1872, gefundenen Mineralien. (Im Auszug mitgetheilt von Herrn J. Roth.)

Zeitsch. d. geol. Ges., vol. XXIV. pag. 505-506. Berlin 1872.

— Contribuzioni mineralogiche per servire alla storia dell' incendio vesuviano del mese di Aprile 1872. Parte seconda.

Atti d. R. Accad. d. Scienze fis. e mat., vol. VI. no. 9, con 4 tav. Napoli 1873.

— Appendice alle Contribuzioni mineralogiche sull' incendio vesuviano del 1872.

Rendiconto d. R. Accad. d. Scienze fis. e mat., anno XIII. pag. 179-180. Napoli 1874.

— Seconda Appendice alle Contribuzioni mineralogiche sull' incendio vesuviano del 1872.

Ibid., anno XIV. pag. 77-79. Napoli 1875.

— Microsommite del Monte Somma.

Ibid., anno XV. pag. 67-69, con una fig. Napoli 1876.

— Briefliche Mittheilungen an Herrn G. vom Rath.

Neues Jahrb. f. Mineral., Geol. u. Paläontol., anno 1876, pag. 637-640, con 3 fig. Stuttgart 1876.

Sulla posizione scambievole regolare dei cristalli di Humite del 3.° tipo congiunti a quelli di Olivina.

— Della Cuspidina e del Neocrisolito, nuovi minerali vesuviani.

Rendiconto d. R. Accad. d. Scienze fis. e mat., anno XV. pag. 208-209. Napoli 1876; Zeitsch. f. Krystallog. u. Mineralog., vol. I. pag. 398-399, con due fig. Leipzig 1877.

— Sopra un masso di pomici saldato per fusione trovato a Pompei.

Atti d. R. Accad. di Archeologia, Lettere e Belle Arti, vol. VIII. parte II. pag. 199-207, con una tavola. Napoli 1877. Vedi Ruggiero.

— Dell' Anglesite rinvenuta sulle lave vesuviane.

Rendiconto d. R. Accad. d. Scienze fis. e mat., anno XVI. pag. 226-230. Napoli 1877.

— Le case fulminate di Pompei.

Nel volume commemorativo **Pompei e la regione sotterrata dal Vesuvio nell'anno LXXIX**, pag. 117-129, con tre tavole colorate. Napoli 1879, tip. Giannini.

— Ricerche chimiche sulle incrostazioni gialle della lava vesuviana del 1631. Memoria prima.

Atti d. R. Accademia d. Scienze fis. e mat., vol. VIII. no. 10. Napoli 1879. Confr. Gazzetta chimica ital., tomo X. pag. 21-37.

Memoria estratta, in-4.° di p. 20. J. Baer & Co. 2 M.

— Le incrostazioni gialle della lava vesuviana del 1631. Risposta di A. Scacchi ad una domanda rivoltagli dal collega A. Costa.

Rendiconto d. R. Accad. d. Scienze fis. e mat., anno XIX. pag. 40-41. Napoli 1880.

— Sulle incrostazioni gialle della lava vesuviana del 1631. Comunicazione.

Atti d. R. Accad. dei Lincei, serie III. Transunti, pag. 150-151. Roma 1880.

— Nuovi sublimati del cratere vesuviano trovati nel mese di Ottobre del 1880.

Atti d. R. Accad. d. Scienze fis. e mat., vol. IX. no. 5, con fig. Napoli 1880.

— Della silice rinvenuta nel cratere vesuviano nel mese di Aprile del 1882.

Rendiconto d. R. Accad. d. Scienze fis. e mat., anno XXI. pag. 176-182. Napoli 1882.

— Breve notizia dei vulcani fluoriferi della Campania.

Ibid., pag. 201-204.

— Della lava vesuviana dell'anno 1631. Memoria prima. Napoli 1883, Tipog. della R. Accad. delle Scienze fis. e mat.

In-4.° di pag. 34, con 2 tav. litografate e 2 pagine di spiegazione di esse.

Estratto dalle Memorie di mat. e di fis. della Soc. ital. d. Scienze, detta dei XL, serie III. tomo IV. no. 8, con 2 tav. Napoli 1882.

Questa Memoria è seguita dalla *Bibliografia dell'Incendio Vesuviano dell'anno 1631,* con paginazione propria da I a XI. Essa contiene i soli titoli delle opere, senza le note critiche della Bibliografia pubblicata nel 1847 nella raccolta Il Pontano. Weg (Bibl. Roth) 2 M.

— Sopra un frammento di antica roccia vulcanica inviluppato nella lava vesuviana del 1872.

Atti d. R. Accad. d. scienze fis. e mat., serie II. vol. I. no. 5., con una tavola. Napoli 1883; Rendiconto della medes., anno XXII. Napoli 1883.

— La regione vulcanica fluorifera della Campania.

Atti d. R. Accad. d. Scienze fis. e mat., serie II. vol. II. no. 2. Napoli 1885, con tre tavole: la carta dei vulcani della Campania, la carta topogr. dei dintorni di Sarno e una tavola di vedute illustrative.

— Le eruzioni polverose e filamentose dei vulcani.

Ibid., vol. II. no. 10.

— Catalogo dei minerali vesuviani con la notizia della loro composizione e del loro giacimento.

Vedi: Lo Spettatore del Vesuvio e dei Campi Flegrei, Nuova Serie. Napoli 1887.

Lo scopo di questa pubblicazione è puramente scientifico, e la parte più importante in essa contenuta è la notizia dei diversi giacimenti che comprende una pagina non ispregevole della istoria degli antichi fenomeni vesuviani. Sommano a 110 le specie registrate ed a 26 gli elementi chimici mineralizzanti, tra cui 10 metalloidi.

— Katalog der vesuvischen Mineralien mit Angabe ihrer

Zusammensetzung und ihres Vorkommens.

Neues Jahrb. für Mineral., Geol. u. Palaentol., vol. II. fasc. 2, pag. 123-141. Stuttgart 1888. Confr. Riv. di mineral. e cristallog. ital., vol. III. pag. 58-73. Padova 1888.

Traduzione della memoria precedente, fatta dal prof. Max Bauer.

— Seconda appendice alla memoria intitolata: La regione vulcanica fluorifera della Campania.

Rendiconto d. R. Accad. d. Scienze fis. e mat., serie II. vol. II. pag. 130-133. Napoli 1888.

— Catalogo dei minerali e delle rocce vesuviane. Per servire alla storia del Vesuvio ed al commercio dei suoi prodotti.

Atti del R. Istit. d'Incoraggiamento di Napoli, IV. serie, vol. I. no. 5, di pag. 58, con 4 tav. cristallogr. Napoli 1888. Confr. Riv. di mineral. e cristallog. ital., vol. V. pag. 34-87. Padova 1889.

Questo catalogo, come l'autore stesso dichiara nell'introduzione, è destinato specialmente a giovar al commercio dei prodotti vesuviani, dando per questi tutti i particolari atti a farne conoscere ai naturalisti l'alto valore scientifico. Fatto con questo scopo, esso offre eziandio importanti elementi alla storia del Vesuvio.

— Appendice alla prima memoria sulla lava vesuviana del 1631.

Memorie di mat. e di fis. della Soc. ital. d. Scienze, detta dei XL, ser. III. tomo VII. no 7, con una tav. Napoli 1890.

— I projetti agglutinanti dell'incendio vesuviano del 1631.

Rendiconto d. R. Accad. d. Scienze fis. e mat., serie II. vol. III. fasc. 10. Napoli 1889.

Il nome di *projetti agglutinanti* viene dato a certi prodotti dell'eruzione del 1631 costituiti da frammenti di roccie notevolmente differenti da quelle che si rinvengono nella parte attualmente accessibile del vulcano.

— La regione vulcanica fluorifera della Campania. Seconda edizione accresciuta e riformata. Firenze 1890, tipografia G. Barbera.

In-4.° di pag. 48 ed una per l'indice delle materie, con una carta dei vulcani fluoriferi della Campania in colori e 3 tavole litografate in nero.

Estratto dal vol. IV. parte prima delle Memorie del Regio Comitato Geologico d'Italia.

Questa nuova edizione è riuscita meno voluminosa della precedente perchè vennero omessi molti particolari che non sono indispensabili per la chiara intelligenza dell'argomento. (Nota dell'autore.)

SCACCHI prof. EUGENIO.

Dei lapilli azzurri trovati nel cratere vesuviano nel meso di Giugno del 1873.

Rendiconto d. R. Accad. d. Scienze fis. e mat., anno XIX. no. 12. Napoli 1880.

— Notizie cristallografiche sulla Humite del Monte Somma.

Ibid., anno XXII. no. 12. Napoli 1883.

— Contribuzioni mineralogiche. Memoria seconda: I. Idrogiobertite; II. Aragonite metamorfizzata; III. Fluorite di una lava vesuviana; IV. Leucite metamorfizzata in Ortoclasia vitrea.

Ibid., anno XXIV no. 12. Napoli 1885.

— Contribuzioni mineralogiche. Memoria terza: I. Baritina cristallizzata della Tolfa; II. Quarzo ed Ematite aciculare nel piperno di Pianura; III. Cuprite nella lava vesuviana del 1631.

Ibid., anno XXVI. no. 3-4. Napoli 1887.

— Contribuzioni mineralogiche. Memoria quarta: I. Facellite; II. Carbonato sodico della lava vesuviana del 1859; III. Zeolite alterata dei conglomerati del Monte Somma.

Ibid., ser. II. vol. II. no. 12. Napoli 1888.

SCHAFHAEUTL D.

Ueber den gegenwärtigen Zustand des Vesuvs und sein Verhältniss zu den phlegräischen Gefilden.

Gelehrte Anzeigen herausg. v. Mitgliedern der Königl. Bayer. Akad. der Wissensch., vol. XX. München 1845.

SCHIAVONI Federigo.

Osservazioni geodetiche sul Vesuvio. Nota letta nell'Accademia Pontaniana il dì 11 Febbrajo 1855.

Rendiconto dell'Accad. Pontan., anno III. pag. 22-27, con una tav. litogr. Napoli 1855. Confr. Annali scientif. Napoli 1855, pag. 418-422.

—Osservazioni geodetiche sul Vesuvio Nota letta nell' Accademia Pontaniana il dì 25 Luglio 1858.

Ibid., anno VI. pag. 114-118, con una tav. litogr. Napoli 1858.

— Nota intorno agli abbassamenti, che il suolo di Torre del Greco ha sperimentato dal dì 31 Marzo sino al dì 26 Luglio 1862.

Ibid., anno X. pag. 150-154 Napoli 1862.

— Osservazioni geodetiche sul Vesuvio, eseguite in Aprile 1868.

Ibid., anno XVI. pag. 29-34, con una tav. litogr. Napoli 1868.

Prass 1 L. 50 c.

—Osservazioni geodetiche sul Vesuvio eseguite nell' anno 1872. Napoli 1872, Stamperia della R. Università.

In-4.° di pag. 7 ed una bianca, con una tav. litogr. in colori.

Estratto dal volume « Per la solenne commemorazione in Bassano del primo centenario dell'insig. naturalista G. Brocchi, offerta dall' Accademia Pontaniana. » Napoli 15 ottobre 1872, in-4.° pag. 107-111, con una tav. litogr. in colori.

Prass 1 L. 50 c.

SCHILBACH A.

Ein unerwarteter Ausbruch des Vesuvs.

Ueber Land u. Meer, anno XXXI. no. 41, con illustr. Stuttgart 1891.

SCHMIDT J. F. JULIUS.

Die Eruption des Vesuv in Mai 1855, nebst Beiträgen zur Topographie des Vesuvs, der phlegräischen Crater, Roccamonfina' s und der alten Vulcane im Kirchenstaate, mit Benutzung neuer Charten und eigener Höhenmessungen. Von J. F. Julius Schmidt, Astronom der Sternwarte des Prälaten Eduard Ritter von Unkrechtsberg zu Olmüz etc. Wien und Olmüz, 1856, Eduard Hölzel's Verlags-Expedition.

In-8.° di pag. XII-212, con 37 incisioni in legno intercalate nel testo. Prezzo 5 M. 50 Pf.

Hoepli 8 Lire.

« Das vielfach von mir benutzte Buch ist voll sorgfältig angestellter Beobachtungen und ergänzt, wie der Verfasser in der Vorrede ausspricht, in manchen Beziehungen den Bericht von Scacchi, Palmieri und Guarini. Besonders instructiv ist das Capitel über die Formverhältnisse der Lavaströme. Ein bis auf unwesentliche Dinge genauer Auszug aus diesem Buche steht in Mitth. aus Perthes' geographischer Anstalt von Petermann, 1856, S. 125-135. » (Roth.)

— Die Eruption des Vesuv in ihren Phänomenen im Mai 1855, nebst Ansichten und Profilen der Vulkane des phlegräischen Gebietes, Roccamonfina' s und des Albaner Gebirges. Nach der Natur aufgenommen und durch Winkelmessungen berichtigt. Ibid. 1856.

Nove tavole color. in-fol. gr., che servono da Atlante all'opera precedente, con un testo di 24 pag. in-4.° Prezzo 15 M.

Le tav. I a IV, VI e VII riguardano il Vesuvio ed il Monte di Somma.

— Neue Höhen-Bestimmungen am Vesuv, in den phlegräischen Feldern, zu Roccamonfina und im Albaner-Gebirge, nebst Untersuchungen über die Eigenschaften und Leistungen des Aneroïd-Barometers. Ibid. 1856.

In-4.° di pag. 41 ed una bianca. Prezzo 1 M. 80 Pf.

— Vulkanstudien. Santorin 1866 bis 1872. Vesuv, Bajae, Stromboli, Aetna 1870. Leipzig 1874, C. Scholtze.

In-8.° con 7 tav. litogr. e cromolitografate in-4.° e 13 incisioni in legno intercalate nel testo.

Vesuvio, Baja, pag. 200-229.

SCHMITT G.

Ein Blick in den Krater des Vesuvs.

Ueber Land u. Meer, an. XXXVI. no. 35, con illustr. Stuttgart 1894.

SCHNEER J. and v. STEIN-NORDHEIM.

The history of Vesuvius from A. D. 79 to A. D. 1894. By J. Schneer, M. D. (resident physician at Naples) and von

Stein-Nordheim. With numerous illustrations from ancient sources.

S. l. n. d. (Napoli 1895), tipogr. Giannini. In-8.º di pag. 68 seguite da car. IV di avvisi, con 15 incisioni in legno, tolte dall' opuscolo di Palmieri « Il Vesuvio e la sua storia », Milano 1880. Nel frontisp. una vignetta ed un epigrafe. Nella copertina sta *Leipzig 1895*.

Prezzo 1 L. 50 c.

— Der Vesuv und seine Geschichte von 79 n.Chr.—1894. Von Dr. J. Schneer (pract. Arzt in Neapel) und von Stein-Nordheim. Mit zahlreichen Illustrationen, entnommen zeitgenössischen Werken.

S. l. n. d. (Napoli 1895), tipogr. Giannini. In-8.º di pag. 70, l' ultima bianca, con le 15 illustrazioni dell' edizione inglese, alla quale è conforme.

Prezzo 1 L. 50 c.

Nel 1896 quest' opuscolo venne nuovamente messo in vendita dalla Libreria Braun di Karlsruhe con altra copertina, nella quale sta *2. Auflage* invece di *2. Ausgabe*.

SCHNETZER C.

Sur l' éruption du Vésuve du 22 Octobre 1822.

Bullet. d. Sciences nat.et de géol., vol. I. Paris 1824.

SCHOOK MARTIN (di Utrecht).

De ardente Vesuvio (1631?)

« *Libellus*, come dice l'ITTIGIO, o *Disputationes*, secondo il MORHOF; ma nè l'uno nè l'altro ne riferisce la data. » (Soria.) Scacchi lo riporta, ma non lo ha veduto.

SCHRAMM Dr. R.

Italienische Skizzen. Leipzig 1890, Otto Wigand.

In-8.º Pag. 230-253 : *Eine Besteigung des Vesuvs;* pag. 261-276: *Ein Schreckenstag am Vesuv.*

SCOTTI dott. EMANUELE.

Della eruzione del Vesuvio accaduta il dì 15. Giugno 1794. Ragionamento. Napoli 1794. Per Raffaele Lanciano.

In-4.º di pag. IV-48. [B. N.]

« Nicht besonders wichtige Beschreibung des Ausbruches. »(Roth.)

Dura 4 L.; Prass 5 L.

— Estratto di una lettera al degnissimo Sig. D. Domenico Cotugno.

Supplemento della Gazzetta Napoletana civica-commerciale no. 70, Napoli 4 settembre 1804.

Estratto di 4 pag. in-4.º [B. N.]

Descrizione di una gita al Vesuvio e dell'eruzione del 1804.

— Del tremuoto e dell' eruzioni vulcaniche.

Estratto dalla medesima. Napoli 1805; in-8º di carte 17. [B. V.]

SCROPE GEORGE POULETT.

An account of the eruption of Vesuvius in October 1822.

Quarterly Journal of Science etc., vol. XV. pag. 175-185, con una tav. London 1823. La tavola è quella della « Storia dei fenomeni del Vesuvio » di Monticelli e Covelli.

— On the volcanic district of Naples.

Geolog. Transact., II. ser. vol. II. pag.337-352, con una tavola. London 1829.

— On the formation of craters and the nature of the liquidity of lavas.

Quarterly Journal of the Geolog. Soc., vol. XII. part 4, pag. 326-350. London 1856.

— On the mode of formation of volcanic cones and craters.

Ibid., vol. XV. pag. 505-549. London 1859.

Il Vesuvio, pag. 541-544, con 4 illustr.

— Mémoire sur le mode de formation des cones volcaniques et des cratères, trad. par E. Pieraggi. Paris 1860.

In-8.° con tav.

— On the supposed internal fluidity of the earth. (Second notice.)

Geolog. Magaz., vol. VI. pag. 145-147. London 1869.

Tratta pure del Vesuvio.

—Notes on the late eruption of Vesuvius.

Ibid., vol. IX. pag. 244-247. London 1872.

— Volcanoes. The character of their phenomena, etc. Third edition. London 1872, Longmans.

In-8.° con illustr.

La prima edizione è del 1825.

— Les Volcans, leurs caractères et leurs phénomènes ecc. Trad. de l'anglais par E. Pieraggi. Paris 1864, Masson.

In-8.° *Le Vésuve, les environs de Naples* ecc., pag. 314-351.

— Ueber Vulkane. Der Charakter ihrer Phänomene, ihre Rolle ecc. Zweite Aufl., übersetzt von G. A. v. Klöden. Berlin 1872, R. Oppenheim.

In-8.°, con incisioni in legno ed una tavola litogr. in colori: *Der Vesuv-Ausbruch im Oktober 1822.*

Il capitolo sul Vesuvio comprende le pag. da 286 a 325.

SECONDA LETTERA di un Legista Napolitano ad un suo fratello in provincia. In cui li dà distinto ragguaglio di quanto è avvenuto in Napoli. In occasione dell'orribile eruzione del Vesuvio avvenuta a 15 Giugno 1794.

In-8.° di pag. 16. A pag. 3 sta: *Napoli 28 Giugno 1794.* [B. N.]

Vedi: Riscontro di un avvocato Napolitano, dello stesso autore anonimo.

Cioffi 2 L.; Hoepli 2 L.

SEEBACH A. von.

Vorläufige Mittheilung über die typischen Verschiedenheiten im Bau der Vulkane und über deren Ursache.

Zeitsch. d. geolog. Ges., vol. XVIII. pag. 643-647. Berlin 1866.

SEMENTINI LUIGI.

Saggi analitici su talune sostanze vesuviane.

Vedi GUARINI.

SEMMOLA prof. EUGENIO.

Sulle emanazioni aeriformi delle fumarole collocate a diversa distanza dall' attuale bocca d'eruzione del Vesuvio.

Rendiconto dell'Accad. d. Scienze fis. e mat., Napoli, Agosto e Settembre 1878.

— Sulle presenti condizioni del Vesuvio.

Ibid., Napoli, Aprile 1879.

Confr. Compt. rend. de l'Acad. d. Sc., vol. 88. Paris 1879; Bollet. d. Comit. geol., fasc. 3-4. Roma 1879; Rivista scientif. industr., no. 10. Firenze 1879.

— Relazione sullo stato dell'attività vesuviana.

Bullet. del Vulcanismo ital., vol. IX. pag. 134. Roma 1882.

SEMMOLA Francesco.

Relazione ragionata dell'analisi chimica delle Ceneri Vesuviane eruttate nell' ultima deflagrazione de' 16. 17. e 18. Giugno dell'Anno 1794.

In-4.° di pag. 16. S. l. (Napoli 1794.) [B. N.]

SEMMOLA Giovanni.

Del rame ossidato nativo, nuova specie minerale del Vesuvio (Tenorite).

Nelle **Opere minori**. Napoli 1845, in-8.° con illustr. [B. V.]

Confr. Bullet. de la Soc. géolog. de France, vol. XIII. pag. 206. Paris 1842; Berzelius, Jahresber., vol. XXIV. pag. 282. Tübing. 1843.

SEMMOLA M.

Analisi chimica delle acque potabili dei dintorni del Vesuvio e del Somma. Napoli 1857.

In-8.° Hoepli 1 L. 50 c.

SEMMOLA avv. Vincenzo.

Delle varietà de' Vitigni del Vesuvio e del Somma. Ricerche ed annotazioni nelle quali si ragiona de' terreni, della coltivazione della vite, e dell'enologia vesuviana. Lavoro letto nella tornata del R. Istituto d'Incoraggiamento del 3 Febbrajo 1848 Napoli 1848, Tipografia nel Reale Albergo de' Poveri.

In-4.° di pag. VIII-136, compreso l'Indice. Ristampato negli Atti del R. Istit. d' Incoraggiamento alle Scienze Naturali di Napoli, tomo VIII. 1855, pag. 1-134, ma senza l'Indice. [B. N.]

Volume non comune.

Dura 5 L.; Prass 5 L.

[SERAO Francesco.]

Istoria dell'Incendio del Vesuvio accaduto nel mese di Maggio dell'Anno MDCCXXXVII. Scritta per l' Accademia delle Scienze. In Napoli 1738, nella stamperia di Novello de Bonis.

In-4.° di car. IV e pag. 122, con 2 tavole in-fol. incise in rame: *Vesuvii prospectus ex aedibus regiis*, e *Vesuvius a vertice dissectus*. [B.N.]

Opera anonima, ma riconosciuta essere di Francesco Serao (Della Torre scrive Serrao), prof. di medicina nell'Università di Napoli e medico di S. M. la Regina. Di lui scrive Monticelli (Opere, vol. III): « Francesco Serao è senza dubbio il primo scrittore, il quale, narrando i fenomeni dell'eruzione del

1737, parlò il linguaggio della scienza e ingegnosamente li ravvicinò e descrisse, per quanto il permetteva in quei tempi lo stato della mineralogia e della chimica. »

Prima edizione; vale 4 a 5 Lire.

— Neapolitanae Scientiarum Academiae De Vesuvii Conflagratione quae mense Majo anno MDCCXXXVII accidit Commentarius. Neapoli 1738, typis Novelli de Bonis.

In-4.º di car. IV e pag. 118, con le due tavole dell'edizione italiana. [B. N.]

Questa edizione, latinizzata dall'autore stesso, è anonima come la contemporanea edizione italiana, alla quale è conforme.

Hoepli 9 L.; Prass 5 L.

— Istoria dell' Incendio del Vesuvio accaduta nel mese di Maggio dell'anno MDCCXXXVII. Scritta per l'Accademia delle Scienze. In Napoli 1738, nella stamperia di Novello de Bonis.

In-4º di pag. VIII-163 ed una bianca, con le due tavole della prima edizione. [B. V.]

Questa edizione, pure anonima, contiene il testo inalterato delle due edizioni sopra descritte, stampato a due colonne in italiano ed in latino. Hoepli 10 L.

— Istoria dell' Incendio del Vesuvio accaduto nel mese di Maggio dell'anno MDCCXXXVII. Scritta per l'Accademia delle Scienze. Seconda edizione riveduta ed accresciuta di alquante annotazioni. In Napoli 1740. Nella stamperia di Angelo Vocola a Fontana Medina. A spese di Francesco Darbes.

In-8.º di pag. XVI-226, con le due tavole della prima edizione.

Anonimo.

La B. V. possiede un esemplare in carta reale, dello stesso formato in-8.º, in cui l'ultima pagina è segnata 192 invece di 226.

Questa edizione, la prima in-8.º, più giustamente dovrebbe chiamarsi quarta, essendosene già pubblicate tre altre nel 1738. Così sarebbe spiegato perchè si sia chiamata quinta l'edizione del 1778, a meno che non si voglia contare le due traduzioni come terza e quarta edizione.

Jos. Baer & Co. 3 M.; Hoepli 5 L.; Dura 6 L. 50 c.

— Histoire du Mont Vésuve avec l'éxplication des phénomènes qui ont coutûme d'accompagner les embrasements de cette montagne. Le tout traduit de l'italien de l'Académie des sciences de Naples par M. Duperron de Castera. Dédié à Monseigneur le Dauphin. A Paris, chez Le Clerc 1741.

In-8.º di pag. XX-361 ed una car., con le due tavole dell'edizione italiana, ridotte nel formato, ed una tabella meteorologica. [B. V.]

Anonimo. Nei cataloghi questa edizione trovasi generalmente sotto il nome del traduttore francese.

Vale circa 3 Lire.

— The natural history of Mount Vesuvius, with the explanation of the various Phaenomena that usually attend the eruptions of this celebrated Volcano. Translated from the original Italian, composed by the Royal Academy of Science at Naples, by order of the King of the Two Sicilies. London 1743, printed for E. Cave at St. John's Gate.

In-8.° di pag. VI-231, e una bianca, con le due tavole dell' edizione italiana, ridotte nel formato. [B. N.]

Anonima traduzione testuale.

— Istoria dell' Incendio del Vesuvio accaduto nel mese di Maggio dell'Anno MDCCXXXVII. Scritta per l'Accademia delle Scienze. Quinta edizione. In Napoli 1778, presso il de Bonis.

In-4.° piccolo di pagine VIII-244, stampato a due colonne, col testo italiano e latino e con le due tavole della prima edizione.

Anonima ristampa testuale dell'edizione italiano-latina del 1738; però il formato in-4.° piccolo è più comodo ed i tipi sono più nitidi. [B. V.]

Bella edizione, che vale 7 a 8 L. Dura, esempl. in carta reale, 17 L. Confr. Commentarius de vita, muniis et scriptis Francisci Serai. Napoli 1784, in-8.° con ritr.

SERBIN Albert.

Bemerkungen Strabos über den Vulkanismus u. Beschreibung der den Griechen bekannten vulkanischen Gebiete. Ein Beitrag zur phys. Geographie der Griechen. Berlin 1893 (Leipzig G. Fock).

In-8.°

SERIO Luigi.

All'Altezza Reale di Massimiliano Arciduca d' Austria. Ottave sul Vesuvio di Luigi Serio tra gli Arcadi Clarisco Ermezio. In Napoli 1775. Presso i fratelli Raimondi.

In-4.° di pag. 24.

Sono 39 ottave. Il volume è stampato in carta distinta. [B. N.]

Non riportato dai bibliografi.

SICA De GIFONI fra Geronimo.

Morale | Discorso | Fatto Tra L'Effetti | cagionati dalla voragine del Ve- | suuio, e li motiui visti nelli | Christiani. | Di Fra Geronimo Sica de Gifoni Mastro de | Studio de Mergoglino. | In Napoli, Per Francesco Sauio 1632. All'Insegna del Bo.

In-16.° di carte otto. [B. N.]

Soria lo chiama una predica.

SIDERNO Donato da.

Discorso filosofico ecc. Napoli 1632.

Vedi Donato da Siderno.

SIEMENS Werner von.

Physikalisch - mechanische Betrachtungen, veranlasst durch einige Beobachtungen der Thätigkeit des Vesuvs im Mai 1878.

Monatsb. d. k. preuss. Akad. der Wissensch. zu Berlin 1878, pag. 558-582. Confr. Siemens, Ges. Abhandl. u. Vorträge, Berlin 1881, e la traduzione in Scientif. and techn. Papers, London 1895.

SILLIMAN B. jun.

Miscellaneous notes from Europe. 1.° Present condition of Vesuvius. 2.° Grotta del Cane and Lake Agnano. 3.° Sulphur Lake of Campagna near Tivoli. 4.° Meteorological Observatory of Mount Vesuvius, etc.

Amer. Journ. of Science and Arts, II. ser. vol. XII. pag. 256-260. Newhaven 1851.

SILOS GIOVANNI.

Vesuvius erumpens. Ode.

Nella Pinacotheca sive Romana pictura et sculptura, pag. 344-346. Romae 1673, in-8.° [B. V.]

SILVESTRI ORAZIO.

Sulla eruzione del Vesuvio incominciata il 12 Novembre 1867. Ricerche chimiche.

Atti d. Accad. Gioenia di Scienze nat., serie III. vol. III., con una tav. Catania 1868.

— Sur l'éruption actuelle du Vésuve.

Compt. rend. de l'Acad. d. Sciences. Paris 1868.

SILVESTRO FRANCESCO.

All'inclito martire S. Giorgio, singolar protettore del villaggio di S. Giorgio a Cremano. Ringraziamento per aver fermato la lava del Vesuvio nella notte del 12 maggio alle ore 12 p. m. dopo la processione fatta nello stesso giorno. Ode. Napoli 1855.

In-8.° di carte due. [B. S.]

[SINCERO ACADEMICO INSENSATO.]

Il Vesvvio | Fiammeggiante | Poema | Del Sincero Acad. Insensato. | All'Illustriss. e Reuerendiss. Sig. | Monsignor | Giacomo Theodoli | Arcivescovo d' Amalfi. | In Napoli, Per Secondino Roncagliolo. 1632.

In-16.° di car. VIII e pag. 155, seg. da una bianca; nel frontisp. uno stemma, nel verso della car. III. l'imagine del Salvatore. [B.N.]

Poema d' ignoto autore in ottava rima e diviso in cinque canti, pubblicato da FRANCESCO ANTONIO TOMASI, tesoriere di Capua. Nelle otto carte si trovano: Un sonetto del conte GIOSEFFO THEODOLI; tre sonetti del nominato TOMASI; tre di PAOLO MARESCA; uno di LORENZO STELLATO; uno dell'INCOGNITO ed uno di GABRIELLE GABRIELLI. I sonetti hanno per tema l' incendio vesuviano e sono tutti più o meno mediocri. Il Poema, che è della stessa categoria, comprende le pag. 1 a 155. Scacchi non menziona questa edizione.

Rarissimo

— Il medesimo. In Napoli, appresso Ottauio Beltrano, 1632.

Altra edizione in-16.º, stampata con tipi più grandi, ma meno eleganti della precedente.

Invece della vignetta rappres. il Salvatore vi è una del Vesuvio, come un gran sasso gittante fiamme. [Esemplare incompleto nella B. N.]

SINIGALLIA L.

Ueber einige glasige Gesteine vom Vesuv.

Neues Jahrb. f. Mineral. etc., Beil. Band VIII. Stuttgart 1892.

SINISCALCO CARLO di Lucantonio.

Compendio delle principali eruzioni vesuviane dall' anno 79 e. v. infino alla descrizione delle recenti. Napoli 1863, stab. tipogr. di Gius. Cataneo.

In-8.º di pag. 28, seguite da due per l'Indice. [B. N.]

Nel testo si fa menzione di tavole che poi sono state pubblicate in un'altra edizione di questo libro. Primo tentativo dell autore di una storia del Vesuvio, ampliato nelle edizioni successive del 1881 e del 1890.

Hoepli 2 Lire.

— Notizie del Vesuvio e del Monte di Somma con la descrizione delle principali eruzioni vesuviane dall'anno 79 E. V. fino alle recenti. Napoli 1881, tipografia Virgilio dei Fratelli Brancaccio.

In-8.º di pag. 36, seguite da due per l'Indice.

Nuova edizione del Compendio.

La Biblioteca Nazionale di Napoli possiede un esemplare con le 57 tavole originali, disegnate e colorate dall'autore stesso. A queste tavole sono aggiunte altre tre del formato in-folio, sulle quali sta scritto di mano dell'autore:

Lavoro fatto da Carlo Siniscalco di Lucantonio, il quale attualmente, 1860, scrive un' opera sul Vesuvio e sue principali eruzioni con le analoghe vedute, che più tardi spera pubblicare, essendo che per uscire relativamente perfetta, importa molta pazienza e tempo. Dono alla Biblioteca Nazionale di Napoli.

Codeste vedute non vennero pubblicate che nella terza edizione.

— Istoria del Vesuvio e del Monte di Somma, con la descrizione delle principali eruzioni vesuviane dall'anno 79 E. V. fino alle recenti. Con 57 figure litografiche e ritratto. Napoli 1890, tipogr. della Reale Accademia delle Scienze, diretta da Michele De Rubertis.

In-8.º di pag. 72 ed una carta bianca, con 57 vedute del Vesuvio, litogr. in nero, rappres. le diverse eruzioni dal 79 al 1872, col ritratto dell'autore. Molte di queste vedute sono imitazione di quelle che trovansi nel « Gabinetto Vesuviano » del Duca della Torre.

Terza edizione del lavoro. A pag. 9, l' autore accenna alle edizioni anteriori, il Compendio (1863) e le Notizie (1881).

« È lavoro più descrittivo che storico, e vi si fa poco conto dei più recenti lavori scientifici e storici. Le tavole in parte sono ricopiate da altre pubblicazioni, ed in parte immaginate fantasticamente.» (Arch. stor. per le prov. napol., anno XVI. 1891, pag. 242.)

Fuori commercio. Prass 8 L.

—De Vesuvii Montisque Summae Historia. Cum descriptione superiorum conflagrationum vesuvianum ab anno 79 e. v. usque ad recentes. Neapoli 1890, Typ. Reg. Scientiar. Academiae.

In-8.° di pag. 66, con le 57 vedute dell' edizione italiana. [B. S.]

Traduzione conforme al testo originale. Fuori commercio.

— Histoire du Vésuve et du Mont de Somma. Avec la description des principales éruptions vésuviennes par l'anne 79 e. v. jusqu'aux récentes. Naples 1890, Impr. de l'Acad Roy. des Sciences.

In-8.° di pag. 72, con le 57 vedute dell'edizione italiana. [B. S.]

Traduzione conforme al testo originale. Fuori commercio.

— History of Vesuvius and Mount of Somma. With the description of the principal Vesuvian eruptions from the year 79 e. v. till the recent. Naples 1890, typ. of the Roy. Acad. of Sciences.

In-8.° di pag. 69 ed una per l'Indice, con le 57 vedute dell'edizione italiana. [B. S.]

Traduzione conforme al testo originale. Fuori commercio.

SMITHSON JAMES.

On a saline substance of Mount Vesuvius.

Philos. Transact. of the R. Soc. of London, part. II. 1813, pag. 256-262.

— A discovery of chloride of potassium in the earth.

Annals of Philos. N. S., vol. VI. pag. 258. London 1823.

Sulla scoperta di questa sostanza nella lava vesuviana.

SOGLIANO ANTONIO.

Di un luogo dei Libri Sibillini relativo alla catastrofe delle città campane sepolte dal Vesuvio. Memoria. Napoli 1892, Tipogr. della R. Università.

In-8.° gr. di pag. 19 e una bianca.

Estratto dagli Atti della R. Accademia di Archeologia, Lettere e Belle Arti, vol. XVI Napoli 1891.

SOMMER EMIL.

Eine wunderbare Werkstätte der Naturforschung.

Die Gartenlaube 1873, pag. 774, con un' incisione in legno.

SORIA FRANCESCANTONIO.

Memorie storico - critiche degli Storici Napoletani. Napoli 1781-1782, nella Stamperia Simoniana.

Due vol. in-4.° Nel secondo, da pag. 651 a pag. 643: *Vesuviani Scrittori* (bibliografia).

SORRENTINO IGNAZIO.

Istoria del Monte Vesuvio divisata in due libri da D. Ignazio Sorrentino, sacerdote secolare della Torre del Greco. Dedicata all'ill.mo, e reverend.mo Signor D. Celestino Galiano, arcivescovo di Tessalonica, e cappellano magiore del Regno di Napoli. Napoli 1734. Per Giuseppe Severini.

In-4.° di car. x e pag. 224, seguíte da car. II per le correzioni, parte delle quali si trova già nelle dieci carte preliminari. [B. N.]

« In questo libro sono raccolte le osservazioni fatte dall' autore sugl'incendî del Vesuvio per circa mezzo secolo, dal 1682 al 1734, e sarebbe a desiderarsi che fosse scritto con più chiarezza. Si parla ancora di altre precedenti eruzioni, della fertilità e di non poche notizie erudite del Vesuvio. Fra le opinioni dell'autore sono notevole l'origine sottomarina del Vesuvio, la provenienza del tufo di Sorrento e di Gragnano dal Vesuvio, e l' accendersi delle lave quando vengono in contatto dell'aria; l'esservi state in cima del Vesuvio dal 1670 sino al 1734 tre bocche, ciascuna delle quali ha dato una qualità di fumo diversa da quella delle altre ecc. » (Scacchi.)

« È libro che per essere scritto da uomo pratico dei luoghi merita qualche stima. » (Galiani.)

« L'opera del Sorrentino, detto dal Mecatti il *Telliamed Vesuviano,* l'è un zibaldone, in cui vi sono delle buone notizie. Ha uno stile triviale. Si dichiarò nemico delle spiegazioni de' filosofi; non ha critica, ed è talvolta intralciato. La seconda parte dell'opera in quanto alla Storia è più da commendarsi. » (Vetrani.)

Bocca 7 L.; Hoepli 10 L.; Dura 12 L.

SOTIS Biagio.

Dissertazione fisico-chimica dell'ultima eruzione vesuviana de' 12 Agosto 1804. Napoli 1804.

In-8.° di pag. 55 ed una bianca.

« Auf eine kurze unklare Beschreibung des Ausbruches folgt eine lange Auseinandersetzung über die Ursachen der vulkanischen Thätigkeit, die auf Zersetzung der Kiese, des Wassers, der Steinkohlen in Verbindung mit der Elektricität zurückgeführt wird. »(Roth.)

SOYE Luis Rafael.

Ode cantada no felis dia natalicio d'Augusta Maria Carolina Rainha das Duas Cecilias. En Napoles 1792.

In-8.° di pag. 20 con numeraz. rom., col ritratto della regina ed una vignetta del Vesuvio. Nel frontisp. l'epigrafe: *C'est un plaisir divin de faire des heureux. Fréd. II.* [B. N.]

Da pag. XI a pag. XX trovasi la traduzione italiana in versi sciolti, fatta da Gregorio Mattei.

L' ode fu composta dopo spenta l'eruzione del Vesuvio.

Dura 3 L. 50 c.

SPALLANZANI Lazzaro.

Viaggi alle Due Sicilie ed in alcune parti dell' Appennino. Pavia 1792-97, stamp. di Baldassare Comini.

Sei vol. in-8.°, con tav.

Opera celebre che tratta a lungo su i vulcani delle Due Sicilie.

« Neben vielen scharfsinnigen Beobachtungen über Vulkanismus und chemische Geologie, die für die Geschichte dieser Zweige von grösstem Interesse sind, wozu namentlich Schmelzversuche mit Laven gehören, geht die wunderliche Anschauung her, dass das vulkanische Feuer von dem gewöhnlichen verschieden sei. Flammen auf Lavaströmen leugnet Spallanzani durchaus. » (Roth.)

— Voyages dans les Deux Siciles et dans quelques parties des Appenins. Paris 1796-1800.

Sei vol. in-8.° con tav. Trad. dall'italiano da B. Toscan, con note di Faujas de Saint Fond. Altra ediz. in 4 vol. trad. da Senebier, Berne 1795-96. Traduzione inglese, 4 vol. in-8.° con tav., London 1798.

Reise in Beide Sicilien. Leipzig 1795-98.

Quattro vol. in-8.° con tav.

Nella prefazione dei traduttori Schmidt e Kreysig trovansi: Un articolo, *Auszug eines Briefes aus Neapel, über die Eruption des Vesuvs in der Nacht vom 15. Juni 1794*, (dal Neuer deutscher Merkur 1794, St. 8. pag. 420), ed una ristampa del *Supplemento alla Gazzetta enciclop. di Milano del 1794*, no. 28. Alla fine del secondo volume: *Nachricht vom Ausbruch des Vesuvs am 15. Juni 1794*, del compositore HIMMEL, dalla Lausitzer Monatsschrift 1794, St. 79.

Vedi RAFFELSBERGER.

SPAVENTOSISSIMA DESCRIZIONE.

Vedi GALEOTA e GALIANI.

SPETTATORE [LO] DEL VESUVIO E DE' CAMPI FLEGREI. Giornale compilato dai Sigg. F. Cassola e L. Pilla. Napoli 1832-33, da' torchi del Tramater.

In-8.° Fascicolo I.° Luglio a Dicembre 1832. Contiene: Num. 1. Luglio ed Agosto 1832, pag. 36, l'ultima bianca; Num. 2. Settembre ad Ottobre 1832, pag. 24; Num. 3. Novembre e Dicembre 1832, pag. 30, l' ultima bianca, indi 31 e 32 (questa bianca) per l'*Indice*.

Fascicolo II.° Gennajo a Giugno 1833. Ibid. 1833. Contiene: Num. 1. 2. Gennaro ad Aprile 1833, pag. 1-58 e due n. n. con il *Quadro dei fenomeni* ecc. Num. 3. Maggio e Giugno 1833, pag. 59-90 e due n. n. per l'*Indice*. Da pag. 84 a pag. 89: *Auldjo, Veduta del Capo Uncino presso Torre dell'Annunziata.*

Continuato col titolo Bullettino geologico del Vesuvio (vedi questo).

Traduzione tedesca in ROTH, Der Vesuv und die Umgebung von Neapel, con qualche abbreviazione.

Rarissimo a trovarsi completo. Dura 30 L.; Hoepli 30 L.

Il *Prospetto* solo, di pag. 4 in-8.°, Dura 1 L. 50 c.

SPETTATORE [LO] DEL VESUVIO E DEI CAMPI FLEGREI. Nuova Serie pubblicata a cura e spese della sezione napoletana del Club Alpino Italiano. 1887. Napoli 1887, presso Federico Furchheim, libraio.

In-fol. picc. di pag. 103 ed una bianca, con 13 fotoincisioni rappr. le fasi eruttive del Vesuvio dal 1884 al 1886, ed una tav. litogr.

Contiene: L. PALMIERI, *Il Vesuvio e la sua storia*, pag. 7-34; O. COMES, *Le lave, il terreno vesuviano e la loro vegetazione*, pag. 35-52; P. PALMERI, *Il pozzo artesiano dell'Arenaccia del 1880 confrontato con quello del palazzo reale di Napoli del 1847*, pag. 53-60, con una tav. litogr.; L. RICCIO, *Un altro documento sulla eruzione del Vesuvio del 1649*, pag. 61-64; A. SCACCHI, *Catalogo dei minerali vesuviani con la notizia della loro composizione e del loro giacimento*, pag. 65 76; L. PALMIERI, *L'Elettricità negl' incendi vesuviani studiata dal 1865 fino ad ora con appositi istrumenti*, pag. 77-80; H. JOHNSTON-LAVIS, *Diario dei fenomeni avvenuti al Vesuvio da Luglio 1882 ad Agosto 1886*, pag. 81-103, con 13 fotoincisioni.

A tergo della copertina sta: Prezzo Lire 20.

[SPINOSA dott. SALVATORE.] Dichiarazione genealogica fisico-chimica naturale apologetica, et epidemica del Signor Vesuvio. Frottola di Crisippo Vesuvino.

In-4.° di carte otto. [B. N.]

Pseudonimo libercolo s. l. n. d. (Napoli 1794 ?)

« Derbe Humoreske mit mancherlei schwer verständlichen Anspielungen. » (Roth.)

Raro; Hoepli (Bibl. Tiberi) 3 L.

STAIBANO VINCENTIUS.

Risolutiones Forenses. Napoli 1654.

In-fol. Nella centuria II. resolutio 144, descrive il Vesuvio, la eruzione del 1631 e porta le decisioni del S. R. C. pei casi litigiosi nati in conseguenza di quell' incendio.

STAS.

Sur la découverte par le Prof. Scacchi de Naples d'un corps simple nouveau dans la lave du Vésuve.

Bullet. de l'Acad. roy. d. Sciences de Belgique, II. sér. vol. 46-49. Bruxelles 1878-80.

STATUTO e regolamento organico dell' Associazione Vesuviana di mutuo soccorso per assicurare le proprietà dai danni delle lave vulcaniche. Napoli 1873.

In-4.° di pag. 42.

STILES F.

Eruption of Mount Vesuvius on the 23. December 1760.

Philos. Transact. of the R. Soc. of London, vol. LII. pag. 39-44. London 1761.

STILLINGFORD ROBERT.

Die Flucht vor dem Ausbruche des Vesuvs.

Ueber Land u. Meer, anno II. no. 14. Stuttgart 1860, con una illust.

STOPPA GIOVANNI (di Altamura).

Memorie fisico-istoriche sulle Vesuvian' Eruzioni, con una breve Appendice fisicotopografica de' più celebri vulcani della terra. Napoli, 1806, presso Domenico Chianese.

In-4.° di pag. 92, con una tavola. [B. N.]

« Nach einer kurzen Topographie des Vesuvs folgt eine Einleitung in die Vulkanologie, in der durch Wasser zersetztes Schwefeleisen nebst Wasserstoff, Bitumen und Schwefel eine Rolle spielt, dann werden die Ausbrüche des Vesuvs bis 1806 kurz beschrieben. Die von 1804-1806 sah der Verfasser als Augenzeuge und er ist für diese einer der Hauptschriftsteller, besonders für den von 1806. Der Anhang über die berühmtesten Vulkane ist eine recht gute Zusammenstelluug des damals Bekannten. » (Roth.)

Dura 10 L.

STOPPANI Antonio.

Osservazioni sulla eruzione vesuviana del 26 Aprile 1872.

Rendiconti del R. Istit. Lomb. di Scienze e Lettere, vol. V. fasc. 15-16. Milano 1872.

Memoria estratta, in-8.° di pag.4.

— Il Bel Paese. Conversazioni sulle bellezze naturali, la geologia e la geografia fisica d' Italia. 24.ª ediz. Milano (1894). L. F. Cogliati.

In-16.° con fig.

Serata XXIV-XXVII, pag. 430-485 : *Il Vesuvio dell' antichità; nella fase pliniana ; nella fase stromboliana ; nella fase pozzuoliana.*

STRUEVER Giovanni.

Sodalite pseudomorfa di Nefeline del Monte Somma.

Atti d. R. Accad. d. Scienze di Torino, vol. VII. disp. 3. Torino 1872.

— Die Mineralien Latiums, (darunter Sanidin vom Vesuv).

Zeitsch. f. Krystallog. u. Mineralog., vol. I. pag. 246. Leipzig 1877.

STUEBEL A.

Die Laven des Somma bei Neapel.

Sitzungsb. d. naturw. Ges. Isis zu Dresden 1861.

Succinta | Relazione | Dell'Incendio | Del Monte Vesuvio, Detto volgarmente di Somma, | Accaduto nel fine di Luglio, e progresso d'Agosto 1696. | Colla quale si dà anco un breve raguaglio | dell' eruzzioni fatte da questo Monte | ne' tempi trasandati. | In Nap. 1696, Per Dom. Ant. Parrino, e per Cavallo, Michele Luigi Mutio.

In-4.° di carte due ; nella parte superiore del frontispizio una rozza incisione del Vesuvio. [B. V.]

Rarissimo opuscolo, riportato dal Soria sotto Parrini, e dallo Scacchi, il quale non lo aveva veduto, sotto Parrino ; però il frontispizio non dice che quest' ultimo ne sia l'autore. Il P. della Torre lo riporta col titolo: « Relazione d'altra eruzione del 1696, » senza nome di autore.

SUESS Eduard.

Die Erdbeben des südlichen Italien. Mit drei Tafeln. Wien 1874, Staatsdruckerei.

In-4.°

— L'aspetto della terra. Traduzione dal tedesco dal Dott. P. E. Vinassa de Regny. Pisa 1894, E. Spoerri.

In-8.º Parte prima, capitolo quarto: *Vulcani; Vesuvio e Monte Nuovo*, pag. 173 e seg.

SUPPLE Richard.

An account of the Eruption of Mount Vesuvius, from its first beginning to the 28. Oct. 1751.

Philos. Transact. of the R. Soc. of London, vol. 47. pag. 315-317. London 1751-52. Abr. X. pag. 220. Confr. An Account of the eruption ecc., a pag. 2 di questa Bibliografia.

— Lo stesso, in italiano.

Vedi: Compendio delle Transazioni filosofiche, Venezia 1793.

Supplica alla Maestà del Re delle Due Sicilie in nome de' possessori de' territorii nel contorno del Monte Vesuvio.

In-16.º di pag. 14. S l. n. d. [B.V.]

Tratta di un progetto di società di assicurazione contro i danni del Vesuvio, presentato al re Carlo III.

Sur l'eruption du Vésuve en Juillet et Août 1832.

Biblioth. univ. des Sciences etc., vol. 52. pag. 376-388. Genève 1833. [B. S.] Anonimo.

SWINBURNE Henry.

Travels in the Two Sicilies in the years 1778-80. Second edition. London 1790, Nichols.

Due vol. in-8.º con tav. Nel primo vol., da pag. 73 a pag. 92, si parla del Vesuvio.

SZEMBECK Federico (gesuita polacco).

Relazione composta di varie relazioni intorno all'ultimo incendio del Vesuvio. Cracovia 1632.

In-4.º In lingua polacca.

Riportato dal Soria. Di questo opuscolo furono fatte due edizioni; un esemplare di esse trovasi nella Biblioteca di Varsavia.

T

[TADINI Faustino.]

L'eruzione del Vesuvio nella notte de' 15 Giugno 1794 poeticamente descritta dal C. F. T.

In-8.º di pag. 30, compr. sei pag. di annotazioni, con una bella tavola in rame rappres. l'eruzione [B. N.). S. l. (Napoli 1794). Le iniziali significano Conte Faustino Tadini.

TARGIONI TOZZETTI A. G.

Dei Monti ignivomi della Toscana e del Vesuvio.

Vedi: Dei Vulcani o Monti ignivomi, Livorno 1779.

TARI A.

Reliquie di lava sul lido di Resina.

In-16.º di pag. 3. S. l. n. d. [B. V.]

TATA abate Domenico.

Descrizione del grande incendio del Vesuvio successo nel giorno otto del mese di Agosto del corrente anno 1779. Napoli 1779, per V. Mazzola-Vocola, impressore di S. M.

In-8.º di pag. 38. L'antiporta ha nel recto *Del Monte Vesuvio* e nel verso una citazione da *Ovid. Metamorph. lib. XV.* [B. N.].

Il nome dell'autore sta appiè della dedica al Principe di Torella.

« Kurzer guter Bericht über den Ausbruch. » (Roth.)

Hoepli 2 L.; Dura 2 L.

— Relazione dell'ultima eruzione del Vesuvio accaduta in Agosto di quest'anno, secondo le osservazioni del S. A. T. Estratta dal Giornale Enciclopedico d' Italia o sia Memorie scientifiche e letterarie, T.º V. no. 24 e 25. Napoli 1787. Presso Donato Campo, impres. di S. M.

In-8.º di pag. 16. [B. N.]

Anonimo; le iniziali significano Signor Abate TATA.

Rarissimo. Dura 5 L.

— Breve relazione dell'ultima eruttazione del Vesuvio. In Napoli 1790, nella Regia Stamperia del Real Seminario di Educazione.

In-8.º di pag. 24. [B. N.]

Raro. Hoepli 4 L.

A questa relazione fa seguito la

— Continuazione delle notizie riguardanti il Vesuvio.

In-8.º di pag. 24. S. l. ñ. d. (Napoli 1790.)

« Beide Berichte sind gut geschrieben und wichtig als die einzigen über diesen Ausbruch gedruckten. » (Roth).

— Relazione dell'ultima eruzione del Vesuvio della sera de' 15. Giugno. Napoli 1794. Presso Aniello Nobile e Comp. Si vende grana dieci alla rustica.

In-8.º di pag. 42. [B. N.]

« Guter, klarer Bericht. » (Roth.)

Dura 3 L.; Prass 4 L.

— Lettera dell' abate Domenico Tata al signore D. Bernardo Barbieri. Napoli 1794. Presso Aniello Nobile e Comp.

In-8.º di pag. 26. [B. N.]

Interessante relazione che descrive la figura, larghezza e profondità della voragine dopo l' eruzione del 1794. Vedi VISCARDI.

Dura 3 L.; Prass 2 L.

— Memoria sulla pioggia di pietre avvenuta nella Campagna Sanese il dì 16 di Giugno 1794. Napoli 1794. Presso Aniello Nobile e Comp.

In-8.º di pag. 74. Il dotto autore in questa memoria manifesta la sua contraria opinione a tutti coloro che vogliono, che questa pioggia fosse cagionata dal Vesuvio. Confr. Gilbert's Annalen, vol. VI. pag. 156-168.

Dura 2 L.

TAVERNA ENRICO.

Cenni descrittivi di Torre del Greco.

In-8.º di pag. 12, con 8 incisioni in legno.

Estratto dall'Opera illustrata « La Patria, » Geografia dell'Italia, edita dall'Unione Tipogr.-Edit. Torinese, Torino 1896.

TCHIHATCHEFF P. de.

Sur l' éruption du Vésuve du 1. Mai 1855.

Compt. rend. de l'Acad. d. Sciences, vol. 40. pag. 1227-28. Paris 1855.

— Nouvelle éruption du Vésuve.

Ibid., vol. 53. pag. 1090-92. Paris 1861.

— Bericht über den neuesten Ausbruch des Vesuvs. (Aus einem Schreiben an Herrn G. Rose, dat. Neapel, 25. Dec. 1861.)

Zeitsch. d. geolog.Ges., vol. XIII. pag. 454-461. Berlin 1861.

— Der Vesuv im December 1861. (Aus einem Schreiben an W. v. Haidinger.)

Verhandl. d. geol. Reichsanst., vol. XII. Wien 1861-62.

— On the recent eruption of Vesuvius in December 1861. Communicated by Sir R. J. Murchison. (Abstract).

Quart. Journ. of the Geol. Soc. of London, vol. XVIII. pag. 126-127. London 1862.

— Ausbruch des Vesuv.

Neues Jahrb. f. Mineral. etc., Stuttg. 1862, pag. 69-73.

TENORE Gaetano.

Notizia di una gita al Vesuvio nel giorno 10 Febbrajo 1850.

Rendiconto d. R. Accademia d. Scienze fis. e mat., vol. VIII. pag. 379-380. Napoli 1849; Annali di fis., chimica ecc., vol. II. Torino 1850.

— Il Tufo vulcanico della Campania e la sua applicazione alla costruzione.

Bullett. del Colleg. degli ingegn. ed archit. di Napoli, anno X. 1892, no. 5 e 8.

TENORE Michele.

Relation de l' éruption du Vésuve aux premiers jours de 1839.

Bullet. de la Soc. géol. de France, vol. X. Paris 1839.

« Verglichen mit Pilla's und Philippi's Angaben eine ziemlich ungenaue Beschreibung des Ausbruches. » (Roth).

—Notizia sullo spruzzolo vulcanico caduto in Napoli il dì 1. Gennajo 1839.

Il Lucifero, anno I. no. 50. Napoli 1839.

— Congetture sull' abbassamento altra volta avvenuto nel Vesuvio e l'innalzamento avuto luogo successivamente nelle posteriori eruzioni. Nota letta nella tornata della R. Accademia delle Scienze. Napoli 16 Giugno 1846.

Annali civili del Regno delle Due Sicilie, fasc. 73. Napoli 1846.

— Storia del Vesuvio. Intorno ad un passo del « Cosmos » concernente l'altezza del Vesuvio.

Il Lucifero, anno IX. no. 36. Napoli 1847.

« Gegen die Behauptung im Cosmos (deutsche Ausg. 1845, Bd. I. S. 242) gerichtet, dass die Kraterränder weniger Veränderungen unterworfen seien, als man vermuthen sollte. » (Roth).

TERME VESUVIANE MANZO (Torre Annunziata). Acqua termominerale « Cestilia. » Premiate ecc. Torre Annunziata 1894, tip. Gius. Maggi.

In 16.º di pag. 22.
Guida per i bagnanti.

[TERSALGO LIDIACO.]

Stanze a Crinatéa.

Vedi FILOMARINO.

THOMSON GUGLIELMO.

Notizia sul marmo bianco del Vesuvio.

Giornale letterario, vol. 89. pag. 98-102. Napoli 1781. Traduz. francese nella Biblioth. Britan., tome VII. Paris 1798.

Nella bibliografia del Roth il nome di questo autore è scritto THOMPSON.

— Breve notizia di un viaggiatore sulle incrostazioni silicee termali d'Italia, e specialmente di quelle dei Campi Flegrei nel Regno di Napoli.

In-8.º di pag. 36. Da pag. 28 a 35: *Breve Catalogo di alcuni prodotti ritrovati nell' ultima eruzione del Vesuvio.* [B. V.]

Questo catalogo venne ristampato nel Giornale letterario vol. 102 pag. 51-55. Napoli 1794.

— Sur l'origine de l'oxigène nécessaire pour entretenir le feu souterrain du Vésuve.

Ibid., vol. 106. pag. 3-46. Napoli 1798.

— Abbozzo di una classificazione de' Prodotti Vulcanici.

Vedi D' ANCORA, Prospetto storico-fisico degli Scavi di Ercolano e di Pompei. Ristampato sulla edizione anonima di Firenze 1795 e nel Giornale letterario di Firenze, vol. 41. pag. 59-81.

TOMASELLI (abate).

Ricerche sulla natura e generi delle lave compatte. Lettera al signor abate Olivi, con la risposta del medesimo.

Giornale letterario di Napoli, vol. I. pag. 85-93. Napoli 1793.

TOMMASI [DE] DOMENICO.

Esperienze ed osservazioni del sale ammoniaco vesuviano. Di Domenico De Tommasi, chimico della R. Accad. delle Scienze e delle Lettere di Napoli. 1794.

In-8.º di pag. 16. [B. N.]
S. l. (Napoli 1794.) Dura 3 L.

— Avviso al Pubblco (*sic*) sull'analisi della cenere eruttata dal Vesuvio.

Anonimo. Una carta in fol. s. l. (Napoli), impressa solo nel recto. Nel testo è la data del 16 Giugno 1794. [B. V.]

— Altro Avviso al Pubblico sulla nuova analisi delle ceneri eruttate dal Vesuvio ne' dì 16, 17, e 18 del corrente mese di Giugno 1794.

Anonimo. Una carta in-fol. s. l. (Napoli), impressa solo nel recto. [B. V.]

TORCIA MICHELE.

Relazione dell' ultima eruzione del Vesuvio accaduta nel mese di Agosto di quest'anno 1779. (Di fronte:) Rélation de la dernière éruption du Vésuve arrivée au mois d'Août de cette année 1779. In Napoli, presso i Raimondi, dietro il Banco della Pietà.

In-8.° di car. v, pag. 135 ed una n. n. per le correzioni, con una tavola incisa in rame, disegnata da Volaire. [B. N.]

Libro bilingue. Il nome dell'autore appare nella dedica. Nelle note si trovano i seguenti articoli:

Una *Lettera* del P. DELLA TORRE *sull'eruzione dell' 8 Agosto 1779*, pag. 43 e seguenti; una *Lettera* di LIONARDO TORTORELLI *intorno alla pioggia delle ceneri e lapilli vesuviani accaduta in Foggia nell'eruzione del 1779*, pag. 61 e seg.; una *Lettera* sulla stessa eruzione di D. BASILIO GIANNELLI, pag. 79-81; una *Lettera* del P. VUOLO, pag. 81-83; una *Relazione di ciò che accadde in questa provincia di Principato-Ultra nella eruzione del Vesuvio in Agosto 1779* dell'avv. D. ANIELLO URCIUOLI, pag. 84-89.

« Text ohne Bedeutung; in den Noten wichtige briefliche Berichte über die Verbreitung der Asche. » (Roth.)

Hoepli 6 L.; Dura 8 L.

— Lettera al sig. D. Biagio Michitelli, regio assessore sulla piazza di Longone. Napoli 1795.

In-8.° di pag. 16. [B. N.]

Interessante lettera, estratta dal no. 89 del Giornale letterario, nella quale si parla di un vulcano estinto in Longone, negato dal Michitelli; vi si parla pure del Vesuvio e di altre cose naturali.

— Breve cenno di un giro per le provincie meridionali ed orientali del Regno di Napoli. Napoli 1795.

In-8.° Vi si menziona spesso il Vesuvio.

TORRE [DELLA] GIOV. MARIA.

(Cher. reg. somasco, prof. di fis.)

Scienza della natura. Napoli 1748, Serafino Porsile

Due vol. in-4.°, con tavole.

Nel vol. I., da pag. 250 a 271: *Dei Vulcani e Tremuoti.*

— Narrazione del torrente di fuoco uscito dal Monte Vesuvio nell'anno 1751. Del Padre D. Gio. Maria Della Torre, C. R. S. In Napoli, nella stamperia di Benedetto Gessari.

In-4.° di pag. 23 ed una bianca. [B. V.]

Ristampato nella Storia e Fenomeni ecc. (vedi appresso) e nelle Novelle letterarie fiorentine 1752, col. 230 e seg.

Molto raro.

— Storia e Fenomeni del Vesuvio esposti dal P. D. Gio: Maria Della Torre, Cher. Reg. Somasco, Professore di Fisica dell'Accademia Arcivescovale di Napoli, e Corrispondente dell'Accademia Reale di Francia. In Napoli 1755. Presso Giuseppe Raimondi.

In-4.° di car. IV e pag. 120, con 8 tavole incise in rame. [B. N.]

Prima edizione.

I capitoli III e IV contengono un ragguaglio delle eruzioni vesuviane con copiose citazioni, segnatamente dagli autori antichi. Alla fine del cap. IV, da pag. 85 a pag. 87, si trovano alcune note bibliografiche, non sempre esatte, col titolo: *Serie cronologica degli Autori, che parlano del Vesuvio dal 1631.*

Le tavole in-fol. piccolo, sono disegnate ed incise da Giuseppe Aloja. Tav. I: *Prospetto del Vesuvio da Napoli.* Tav. II: *Veduta del Vesuvio dalla terza parrocchia di Bosco Tre Case detta La Nunziatella.* Tav. III: *Veduta del Vesuvio dalla sec. parrocchia di Bosco Tre Case, detta l' Oratorio.* Tav. IV: *Veduta del Vesuvio da un sasso nel bosco di Ottajano, detto La Pietra Rossa.* Tav. V: *Veduta dell' Atrio del Cavallo, e del Vesuvio.* La Tav. VI contiene quattro piccole vedute del Vesuvio con le relative spiegazioni. Tav. VII: *Veduta del piano interiore del Vesuvio alli 23 di Feb.ro 1755.* Tav. VIII: *Grottone in forma di un tempio rotondo formato dalla lava d'Ottajano.*

Ne esistono delle copie in carta reale del formato in-fol. piccolo, che sono piuttosto rare. La B. N. ne possiede una.

« Für die Zeit von 1749 an ist P. della Torre Augenzeuge. Bis 1760 ist seine fleissige gelehrte Geschichte der Vesuvausbrüche neben Mecatti und Hamilton die Hauptquelle. » (Roth.)

Cioffi 5 L.; R. Friedl. & S. 3 M. 50 Pf.; Marghieri, esempl. in carta reale, 10 L.

— Histoire et Phénomènes du Vesuve, exposés par le Père Don Jean-Marie Della-Torre, Clerc Régulier Somasque etc. Traduction de l'Italien par M. l' Abbé Péton. A Paris 1760, chez Jean-Thomas Herissant libraire.

In-8.° di pag. XXIV - 399 ed una bianca, con 6 tavole. Nel frontisp. un verso di Marziale. [B. V.]

Questa edizione, dedicata al marchese di Becdelièvre, contiene, oltre il testo dell' edizione originale, la *Dissertation critique sur les opinions courantes touchant les phénomènes du Vésuve* del P. Gaetano D' Amato, tradotta in francese, seguita dal *Système* del medesimo autore. Vi è pure la bibliografia vesuviana dell'edizione italiana del 1755, intitolata: *Catalogue des Auteurs Modernes qui parlent du Vésuve; depuis l' an 1631*, nella quale i titoli sono curiosamente tradotti in francese, ciò che ha dato luogo in seguito a diversi malintesi.

Vale 4 a 5 Lire. Vedi Dulac.

—Supplemento alla Storia del Vesuvio. Napoli 1761.

In-4.° di pag. 15 ed una bianca, con una tavola. [B. V.]

— Incendio del Vesuvio accaduto li 19. d' Ottobre del 1767, e descritto dal P. D. Gio: Maria Della Torre. Napoli 1767. Nella stamperia e a spese di Donato Campo.

In-4.° di pag. XXX, compresa la dedicatoria alla Contessa d'Orford, con una tavola: *Incendio del Vesuvio li 19. d'Ottobre 1767.*

Ristampato nella Storia e Fenomeni ecc., ediz. del 1768.

Hoepli 5 L.; Cioffi 5 L.

— Storia e Fenomeni del Vesuvio esposti dalla sua origine sino al MDCCLXVII. Napoli 1768. Nella stamperia e a spese di Donato Campo.

In-4.° di car. III e pag. 120, seguite da un *Supplemento alla Storia del Vesuvio del P. Della Torre, diretto al signor abbate Peiton* (sic), di pag. 39 con numerazione distinta.

Ristampa inalterata dell'edizione del 1755. Il Supplemento è conforme a quello pubblicato nel 1761 e contiene inoltre la descrizione dell'Incendio del 19 Ottobre 1767 (vedi sopra).

Questa edizione ha dieci tavole: le prime otto sono le medesime che si trovano nell' edizione del 1755, ma meno chiare; la IX^a porta l'iscrizione: *Veduta del Uesuvio e dei Monticelli dai quali uscì la maggior parte della lava il dì 23. Decembre 1760, Come compariu.^no il dì 25. Gennaio 1761;* la X^a raffigura l'*Incendio del Vesuvio li 19. d' Ottobre 1767.*

Hoepli 12 L.; Prass 10 L.

— Histoire et Phenomenes du Vesuve exposés par le Pere Dom Jean-Marie de la Torre, Clerc Régulier Somasque, Garde de la Bibliothèque et du Cabinet, et Directeur de l'Imprimerie du Roi des Deux Siciles, et Correspondant de l'Académie Royale des Sciences de Paris. A Naples 1771, chez Donato Campo.

In-8.° di pag. XII-298 e car. III num. per l' indice, con 11 tavole incise in rame. Le tav. I a VIII sono quelle stesse della prima edizione; la IX^a porta la leggenda: *Veduta del Uesuvio e dei Monticelli dai quali uscì la maggior parte della lava il dì 23. Decembre 1760, Come compariu.^no il dì 25. Gennaio 1761;* la tav. IX^a no 1. (che vale come X^a): *Vue du Plan intérieur du Vésuve du 30 Avril 1759;* la tav. XI^a (senza numerazione): *Incendio del Vesuvio li 19. d'Ottobre 1767.*

Da pag. 291 a pag. 298 vi è il *Catalogue des Auteurs Modernes qui parlent du Vésuve depuis l'an 1631,* bibliografia poco esatta. Terza edizione (dall'autore così chiamata, ma veramente è la quarta), dedicata al marchese di Salsa, e condotta sotto la direzione dell' autore su quella dell'abate Péton, Paris 1760. Essa contiene molte addizioni, la descrizione delle eruzioni fino al 1770 nel capitolo IV° e tre tavole aggiunte; vi mancano però i due articoli del P. D' Amato, che si trovano nell'edizione del 1760.

A pag. VII l' autore dice: « *J'ai fait pendant plusieurs années de 1749 jusqu'a tout 1770 par l'espace de 21 ans sur ce Volcan un si grand nombre d'Observations, que si je n'ai pas trouvé la vraie cause des Phénomènes surprenans qu'on y observe, je me flatte du moins de ne m'être pas éloigné de la verité et d'avoir applani aux autres Phisiciens la route pour y arriver.* » (Ortografia testuale, come quella del frontispizio).

Hoepli 7 L.; Prass, bell' esemplare, 8 L.

— Incendio trentesimo del Vesuvio accaduto gli 8. Agosto 1779. Napoli. Presso Giuseppe Campo.

S. d. In-4.º di car. II e pag. 15 con numeraz. rom., seguite da una bianca. [B. N.]

Continuazione della Storia e Fenomeni ecc., pubblicata senza il nome dell'autore. Dapprima era stata scritta in una lettera a Michele Torcia, il quale l'inserì nella sua Relazione, pag. 43 e seg. Un estratto di essa si trova nella Raccolta di monumenti ecc. (vedi pag. 150 di questa Bibliografia).

« Il P. della Torre, eccetto il di lui semplicissimo stile italiano, ha tutte le belle qualità del Serao. » (Vetrani.)

Dura 5 L.

— Geschichte und Naturbegebenheiten des Vesuvs. Aus dem Italienischen mit Anmerkungen von L.... Altenburg 1783.

In-8.º di pag. LX-222, con due tavole. La traduzione è di Lentin.

Weg (Bibl. Roth) 2 M.

TORRE [DELLA]. (Duca sen.)

Lettera Prima sull' Eruzione del Vesuvio de' 15. Giugno 1794.

In-8.º di pag. 14. S. l. Il nome dell'autore si trova alla fine. [B. V.]

Ne furono tirate delle copie in carta cerulea.

« Vorzüglichster Bericht über diesen Ausbruch. » (Roth.)

— La medesima.

In-8.º di pag. 8, senza frontisp. proprio. Ristampa. [B. N.]

— Lettera Seconda sull'Eruzione del Vesuvio de' 15. Giugno 1794. In Napoli 1794. Presso Domenico Sangiacomo.

In-8.º di pag. 52. Il nome dell' autore si trova alla fine. [B. V.]

Ne furono tirate delle copie in carta cerulea.

Hoepli 2 L. 50 c.

— La medesima.

In-8.º di pag. 34. S. l., con la data: *Napoli 8 Luglio 1794.* [B. V.]

Dura 2 L.

Edizione ristampata a Firenze nel 1795.

— Lettere Due sull'Eruzione del Vesuvio de' 15. Giugno 1794. In Napoli 1794. Presso Domenico Sangiacomo.

In-8º di pag. 44. [B. N.]

Non porta nome di autore nel frontispizio, ma ambo le lettere sono firmate: *Il Duca della Torre.* Ne furono tirate delle copie in carta cerulea; Prass 4 L. 50 c.

Traduzione tedesca in D'ONOFRIO, Ausführl. Bericht (vedi pag. 128 di questa Bibliografia).

— Le medesime.

Altra edizione del 1794, in-8.º senza frontispizio. La prima lettera è di pag. 8 num., la seconda di car. VIII n. n. ed in caratteri più minuti. [B. V.]

Serviva questa edizione per la distribuzione tra gli amici e corrispondenti dell'autore.

— Estratto della prima lettera di Sua Eccellenza il Sig. Duca Della Torre sull'eruzione del Vesuvio de' 15. Giugno 1794.

In-8.º di pag. 8, firmato: *Il Duca della Torre*. Senza frontisp. proprio. [B. N.]

Dura 2 L. 50 c.

— Auszug eines Briefes aus Neapel über die Eruption des Vesuvs in der Nacht vom 15. Juni 1794.

Deutscher Merkur 1794, St. 8. pag. 420.

Ristampato in SPALLANZANI, Reise in Beide Sicilien (vedi pag. 187 di questa Bibliografia).

— Breve descrizione de' principali incendij del Monte Vesuvio e di molte vedute di essi, ora per la prima volta ricavate dagli storici contemporanei, ed esistenti nel gabinetto del Duca della Torre. Napoli 1795, presso Domenico Sangiacomo.

In-8.º di pag. 46 e car. III per l' *Indice delle Eruzioni e delle Vedute*. [B. N.]

Vale come prima edizione del Gabinetto Vesuviano (vedi appresso), ma non ha tavole.

Raro. Dura 2 L.

— Gabinetto Vesuviano del Duca Della Torre. Edizione seconda. Napoli 1796. Presso Domenico Sangiacomo.

In-8.º di pag. II-108 e car. V per l'*Indice delle Eruzioni e delle Vedute* e le correzioni, con 22 tavole num. incise in rame. [B. N.]

Seconda edizione della Breve Descrizione sopra menzionata.

Essa è divisa in quattro parti. La prima contiene la *Descrizione dei principali incendj del Monte Vesuvio e di molte vedute di essi*, pag. 3-68; la seconda il *Catalogo delle pietre vesuviane esistenti nel Gabinetto*, pag. 69-82; la terza la *Biblioteca vesuviana esistente nel Gabinetto*, pag. 83-108, che consiste in un breve catalogo, non sempre esatto; indi seguono, come quarta parte, gli indici sopra menzionati.

Le prime venti tavole raffigurano altrettante vedute del Vesuvio e delle sue eruzioni dal 1631 al 1794, copiate dai quadri esistenti nel Gabinetto del Duca e disegnate egregiamente da Olivio d'Anna e da Pasq. Degola. Queste tavole si vendevano anche come Atlante separato presso Vincenzo Taliani a Napoli (vedi Raccolta); esse nel seguito e fino ai tempi nostri hanno servito ad illustrare altre opere consimili. Le tavole 21 e 22 contengono la *Pianta della città della Torre del Greco distrutta dall' eruzione del 1794*, e la *Pianta del Vesuvio e sue vicinanze.*

« Wegen der Tafeln und der kritischen Zusammenstellung ausserordentlich brauchbar. » (Roth.)

Opera pregiata, diventata rara.

Dura 25 L.; Hoepli 20 L.

— Gabinetto Vesuviano del Duca Della Torre. Edizione terza. Napoli 1797, presso Gaetano Raimondi.

In-4.º di pag. IV-86 e 2 per l'*Indice delle Eruzioni e delle Vedute*, con le 22 tavole della seconda edizione. [B. V.]

Ristampa inalterata, però in altro formato ed inferiore per carta e stampa alla seconda edizione.

Vale 12 a 15 L.

TORRE [DELLA]. (Duca jun.)

Relazione prima dell' eruzione del Vesuvio degli 11. Agosto fino ai 18 Settembre 1804.

In-16.º di pag. 61 ed una bianca. S. l. (Napoli 1804.)

« Vortrefflicher Bericht über den Ausbruch mit vielem Detail über den Fortschritt der Lava an den einzelnen Tagen. Der chemische und mineralogische Theil ist unklar. » (Roth.)

Non comune. Cioffi 4 L.; Prass, esempl. in carta cerulea, 4 L.

— Observations sur les dernières éruptions du Vésuve.

Journal de Phys., de Chim. ecc. vol. LI. Paris 1805. [B. S.]

— Lettera a Domenico Catalano sulla eruzione del 1806.

Giornale enciclop. di Napoli no. 7, agosto 1806, pag. 155-171. [B. V.]

« Der vom 28. Juni 1806 datirte Brief enthält eine Beschreibung des Ausbruches im Mai und Juni 1806 in klarer Darstellung, sowie Beschreibungen des Kraters am 25. October 1805 und am 12. Juni 1806. » (Roth.).

In questa lettera l'autore si scusa col suo amico Catalano di non aver potuto ancora pubblicare la seconda parte della sua operetta sopra le ultime eruzioni vesuviane. Questa seconda parte non venne mai pubblicata.

Dura 3 L.

— Précis du Journal de l' éruption du Vésuve depuis le 11 Août jusqu'au 18 Septembre 1804, publié à Naples par M. le duc Della Torre; traduit et rédigé par M. Toscan.

Ann. du Mus. d'hist. nat., tome XV. pag. 448-461. Paris 1810. [B. S.]

—Catalogue abrégé de la collection vésuvienne de M. le Duc de la Torre.

S. d. (Napoli 1820.) Carte due in fol. [B. V.]

— Veduta di una apertura formatasi ecc., e

—Pianta topogr. dell'interno del cratere ecc.

Vedi tra Carte e Vedute, a p. 216.

TORRE [LA] DEL GRECO. Ode. Presso Gioacchino de Bonis.

Foglio volante in 4.º S. l. n. d. (Napoli 1794.) Poesia anonima. [B. N.]

TORTORELLI LIONARDO.

Lettera intorno alla pioggia delle ceneri e lapilli vesuviani ecc.

Vedi TORCIA, Relazione.

TOULA FRANZ.

Die vulkanischen Berge. Wien 1879, Alfr. Hoelder.

In-16.º, con una veduta del Vesuvio ed una carta. Pag. 14-37: *Eine Vesuvbesteigung*; pag. 38-67: *Geschichte der Vesuvausbrüche.*

Fa parte della Geogr. Jugend-und Volks-Bibliothek.

TREGLIOTTA LUDOVICO.

Descrittione | Dell'Incendio | Del Monte Vesuvvio, | E suoi marauigliosi effetti. | Principiato la notte delli 15. di Decembre | MDCXXXI. | Composta per il R. P. M. Ludouico Tregliotta | da Castellana dell'Ordine dei Minori | Conuentuali. | In Napoli, Per Lazzaro Scoriggio, 1632.

In-16.° di pag.40, con un'incisione in legno nel frontispizio. [B. N.]

Contiene poco sull'eruzione.

TROYLI abate D. PLACIDO.

Istoria generale del Reame di Napoli. Napoli 1747 e seguenti.

Undici vol. in-4.° Nel primo, da pag. 119 a pag. 136, l'autore parla del Vesuvio con una certa larghezza, enumerando le sue eruzioni. Mecatti lo chiama TROILO, Palmieri TROILI.

TSCHERMAK G.

Biotit-Zwillinge vom Vesuv.

Jahrb. d. geol. Reichsanst., vol. 26. Mineralog. Mittheil, pag. 187. Wien 1876.

— Die Glimmergruppe. (Meroxen vom Vesuv.)

Zeitsch. f. Krystallog. u. Mineralog., vol II. pag. 18. Leipzig 1878.

TURBOLI D.

Supplica et memoria al Signor Duca di Caivano ecc. Con un brevissimo racconto d'alcune sentenze di Seneca, cavata dai libri de Beneficiis e Providentia, e d'altre materie gradibili. Napoli 1632.

In-4.°. Parla dell' eruzione del 1631. [B. N.]

TUTINI CAMILLO

Memorie della vita, miracoli, e culto di San Gianvario, Martire. In Napoli 1633, appresso Ottavio Beltrano.

In-4.° con una tav. e fig.

Cap. X: *Come S. Gennaro liberò la città di Napoli dagli incendj del Monte Vesuvio*, ecc.

Nell'edizione di Napoli del 1710, l'editore MICHELE LUIGI MUTIO (o MUZIO), scrittore anche lui, aggiunse la descrizione delle eruzioni dal 1660 al 1707. Una nuova edizione dello stesso libro venne fatta a Napoli nel 1856.

Vedi RICCIO, Prodigiosi portenti del Monte Vesuvio.

U

UEBER DIE AUSBRUECHE DES VESUV.

Taschenb. f. d. ges. Mineral., anno III. pag. 211-212. Frankfurt, 1809. Anonimo.

UEBER DEN ZUSAMMENHANG der Meereswasser mit den Herden der Feuerberge.

Ibid., anno XIII. pag. 194-198. Frankfurt 1819. Anonimo; tratta anche del Vesuvio.

ULLOA E SEVERINO NICCOLÒ (anche Nicolaus de Ulloa Severino).

Lettere erudite. Napoli 1700, per Mutio e Cavallo.

In-16.°. Da pag. 166 a pag. 194 trovasi una Lettera scritta al sig.

Antonio Lupis, nella quale si descrive il Vesuvio dalla sua origine ed i suoi incendi.

UNTERGANG der Stadt Messina nebst ihrer Geschichte, Topographie und Statistik. (Mit Einschluss: Reggio und vieler Oerter und Gegenden in Sicilien und Neapel). Ingleichen eine kurze Beschreibung von den beyden feuerspeyenden Bergen Vesuv und Aetna. Mit Kupfern. Im Jahr 1783.

In-4.° di pag. 28, con 2 tav. incise in rame. S. l. Dalla pag. 14 alla pag. 27 vi è la descrizione del Vesuvio.

URCIUOLI ANIELLO.

Relazione di ciò che accadde in questa provincia di Principato Ultra nella eruzione del Vesuvio in Agosto 1779.

Vedi TORCIA, Relazione.

URSO [DE] JO. BAPT. (S. J.)

Vesevi Montis Epitaphivm.

S. l. n. d. (Napoli 1632). Foglio volante in 4.° in versi latini. [B.V.]

Rarissimo. Trovasi pure alla fine del « Breve Trattato del Terremoto » di GIULIO AMODIO.

—Inscriptiones.Neapoli 1642.

In-fol. Vedi pag. 14, 24, 26, 39, 99 a 101, 111, 331 a 336.

V

VACHMESTER M.

Analyse de la Sodalite du Vésuve.

Annales des Mines etc., vol. X. pag. 262-263. Paris 1817.

VALENTIN LOUIS.

Voyage médical en Italie fait l'année 1820, précédé d' une excursion au volcan du Mont Vésuve , et aux ruines d' Herculanum et Pompéi. Nancy 1822.

In-8.° Seconda edizione, Paris 1826, in 8.° [B. V.]

VALENZIANI MATTIA.

Indice spiegato di tutte le produzioni del Vesuvio, della Solfatara, e d'Ischia, raccolti da Mattia Valenziani Romano. Napoli 1783, per Vincenzo Mazzola-Vocola, e dal medesimo si vende.

In-4.° di pag. LII-135 ed una bianca; nel frontispizio una citaz. di *Procop. Gaz. de Bel. Goth. lib. II cap. 4.* [B. N.]

Descrizione di una Raccolta di Minerali Vesuviani, divisa in 21 classi. Da pag. VII a pag. LII: *Lettera proemiale del sig.* D. GIAMBATTISTA BASSO BASSI, *Accademico Ercolanese.*

L'autore enumera fino al 1631 dodici, e fino al 1779 venticinque eruzioni, e crede che Ercolano sia coperta dalla lava. L' opera è di poco valore per la mineralogia.

Bocca 6 L.; Prass 6 L.; Dura 8 L.

— Dissertazione della vera Raccolta o sia Museo di tutte le produzioni del Monte

Vesuvio. Ritrovata dal fù Tomaso Valenziani, capo ristauratore dell' antichità del R. Museo di Portici, che presentemente la suddetta Raccolta si conserva dal suo figlio Mattia Valenziani.

In-4.° di pag. 12 ed una tavola per la misura delle pietre. S. d. (Napoli, verso il 1790.)

Catalogo di 659 oggetti vesuviani. [B. N.]

Dura 7 L.

— Note de la collection complète des diverses espèces des productions du Mont Vésuve.

Una carta in-fol. S. l. n. d. [B.V.]

VALETTA Jos.

Epistola de incendio et eruptione montis Vesuvii anno 1707.

Philos. Transact. of the R. Soc. of London, vol. XXVIII pag. 22-25. London 1713.

— An account of the eruption of Mount Vesuvius in 1707. Translated from the Latin.

Ibid., Abr. vol. VI. pag. 12.

VARONE Salvatore.

Salvatoris | Varonis | E Societate Jesv | Vesvviani Incendii | Historiae | Libri Tres|. Neapoli 1634. Typis Francisci Sauij Typographi Curiae Archiep.

In-4.° di car. VIII e pag. 400, seguite da car. VI per l' Indice. [B. N.]

« Copiosa relazione dell'incendio, ma fastidiosissima a leggersi per la lingua e per la disordinata esposizione dei fatti, spesso futili o superstiziosi. » (Scacchi.)

Cioffi 4 L. Nel catalogo Bocca sta erroneamente sotto Varo.

VAUQUELIN L. N.

Analyse des cendres du Vésuve etc.

Mém. du Mus. d'hist. nat., vol. IX. pag. 381-384. Paris 1822; Ann. de Chim., vol. XXV. Paris 1824; Archiv f. d. ges. Naturl., vol. I. Nürnberg 1824.

VELAIN Charles.

Les Volcans, ce qu' ils sont et ce qu'ils nous apprennent. Paris 1884, Gauthier-Villars.

In-8.° con fig.

VENTIGNANO (Duca di).

Il Vesuvio. Poema. In Napoli 1810, dai torchi di Angelo Trani.

In-8.° di pag. 126 e 2 n. n. per le correzioni. Nel frontisp. l'epigrafe: *Monstrantur Veseva juga, atque in vertice summo Depasti flammis scopuli. Sil.* [B. N.]

Poema in cinque canti in ottava rima.

Dura 2 L. 50 c.; Hoepli 3 L.

Vera, e distinta relazione dell'incendio ed eruzione del Monte Vesuvio cominciato al primo di Luglio per fino li 13 del presente Anno 1701. Per quello che n' hà ocularmente osservato, e diligentemente notato un curioso de' Deputati della Terra d' Ottajano. In Nap. Per Dom. Ant. Parrino, e per Cavallo Michele Luigi Mutio.

In-4.° di carte due. [B. N.]

Rarissimo. Nel catalogo Vulcani e tremuoti del libraio - antiquario Giuseppe Dura di Napoli, pubblicato nel 1866, si trova la seguente nota:

« Debbo alla cortesia dell'ottimo amico ed egregio letterato sig. D. Bartolomeo Capasso avermi ceduto il presente rarissimo opuscolo, che appartenne ad Antonio Bulifon, e forse da lui scritto; il quale venne staccato dalla fine del primo tomo di un suo Autografo in due volumi in-4.° dal sullodato signor Capasso posseduto, ed intitolato: Giornale delle cose più memorabili accadute nella Città, e Regno di Napoli l'anno 1701 e 1702, scritto da Antonio Bulifon. Nell' ultima pagina del presente opuscolo vi è una nota autografa del Bulifon così espressa: *Si vidde la Montagna tutta coperta d'un sale bianchissimo, e grosso in alcune parti più d'un tetto, io ne conservo, e non vi trovo alcuna dissimilitudine al puro sale comune in quanto al sapore.*

Ignoto allo Scacchi, al Palmieri ed al Perrey.

Nel catalogo sopra menzionato del Dura questo esemplare è segnato 25 Lire.

Veraenderungen [Die] des Vesuv-Gipfels.

Petermann's Mittheilungen. Gotha 1859, pag. 206-207. Anonimo.

Verbreitung [Die graphische] der thätigen Vulkane I.

Globus, vol. XXI. pag. 311-313, con 5 illustr. Braunschweig 1872. Anonimo.

VERNEUIL E. de.

Sur l' état du Vésuve au commencement de Janvier 1858.

Compt. rend. de l'Acad. d. Sciences, vol. 46. Paris 1858; Bullet. de la Soc. Géol. de France, vol. XV. Paris 1858.

— Excursions au Vésuve le 30 Avril et le 7 Mai 1868.

In-8.° di pag. 9. Estratto dal Bullet. de la Soc. géol. de France vol. XXV. Paris 1868.

— Sur l'éruption du Vésuve de 1867-68.

Ibid., nello stesso volume.

—Sur les phénomènes récents du Vésuve.

Compt. rend. de l'Acad. d. Sciences, vol. 67. Paris 1868.

— Note sur l'altitude du Vésuve le 26 Avril 1869.

Ibid., vol. 68. Paris 1869.

— Sur la dernière éruption du Vésuve.

Bullet. de la Soc. Géol. de France, vol. XXIX. Paris 1872.

Vesuv [Der], Pompeji und Herculanum, übers. von Fr. Kottenkamp. Stuttg. 1852, Rieger.

In-8.° di pag. 40. Wochenbände für das geistige und materielle Wohl des deutschen Volkes etc., no. 121.

Vesuv [Der] seit dem Ausbruch im December 1861 und die Zerstörung von Torre del Greco.

Globus, vol. II. pag. 106-113, con 7 illustr. Hildburghausen 1862. Anonimo.

VÉSUVE [Le].

Articolo anonimo nel Journal de l'Empire, Parigi 7 e 16 novembre 1807.

VESUVIANI INCENDII ELOGIVM.

In-4.° di carte due con Iscrizioni. S. l. n. d. (Napoli 1631.) [B. N.]

Rarissimo.

[VESUVINO CRISIPPO.] Dichiarazione genealogica fisico-chimica ecc.

Vedi SPINOSA.

VESUVIO [Il]. Articolo nell'Album di Roma, distribuzione 14.ª, anno 1834.

In-4.° di pag. 8.

Estratto dalle pag. 105-107 del suddetto Album; Dura 1 L.

VESUVIO [Il]. Foglio periodico Anno I. no. 1-16. Napoli, Gennajo a Maggio 1835.

In-fol. Non ha del Vesuvio che il nome.

VESUVIO. Strada di Portici-Resina e il romitorio del Vesuvio.

Omnibus pittoresco, anno II. no. 51 e 52, con due incisioni in rame. Napoli, 5 e 12 Febbrajo 1840. Sono due articoli nei quali un Anonimo racconta una gita fatta al Vesuvio, e descrive il vulcano ed il romitorio.

VESUVIO [Il]. Strenna pel capo d'anno del 1844. Anno primo. Napoli.

In-16.° di car. III e pag. 72, seg. dall'indice, con una litografia. Contiene tra altro: *Al Vesuvio*, poesia di P. DE' VIRGILII, pag. 1-4.

VESUVIO [Il]. Strenna pel 1869 pubblicata a pro de' danneggiati dall'eruzione. Napoli 1869, tipogr. della vedova Migliaccio.

In-16.° di pag. 200, con una piccola pianta del Vesuvio.

Contiene tra altro: L. PALMIERI, *il Vesuvio nel 1868*, pag. 8-11; Q. GUANCIALI, *Vesuvius et Aetna, carme*, pag. 12-13; V. FORNARI, *Iscrizione scolpita in Torre del Greco* (ricord. l'eruz. del 1861), pag. 18; CAMILLO MINIERI RICCIO, *l'Eruzione del 1631*, pag. 20-23; NICOLA ALIANELLI, *intorno ad alcune antichità pompeiane, dialogo famigliare seguito durante l' eruzione del Vesuvio in Novembre 1868*, pag. 69-77.

Hoepli 3 L.

VESUVIO. Gazzetta dei Comuni Vesuviani. Anno XX°, 1897. Portici, Stab. Tip. Vesuviano.

Periodico settimanale, contenente notizie dei comuni vesuviani e del Vesuvio.

VESUVIO ED ETNA. S. Giorgio a Cremano Agosto 1892.

In-fol. piccolo di pag. 25 e 2 n. n. per l'Indice. Nella copertina sta: *R. Tipografia De Angelis Bellisario.*

Albo pubblicato a scopo di beneficenza per i danneggiati dell'Etna, con 17 contribuzioni di diversi autori, tra le quali una sola, *Teste David cum Sibylla* di A. SOGLIANO, si ferisce al Vesuvio.

VESUVIUS.

The Cornhill Magazine, vol. XVII. pag. 282-292. London 1868.

Anonimo.

VESUVIUS.
The Journal of Science, vol. VI. pag. 188-196. London 1869.
Anonimo.

VESVVIO [Il]. Anacreontica.
In-8.º di pag. 8, con una incisione in rame di Cecilia Bianchi: *Eruzione del Vesuvio seguita la sera de'15 Giugno nel1794.* S. l. [B. N.]
Raro.

VETRANI ANTONIO (sacerd.).
Sebethi vindiciae, sive dissertatio de Sebethi antiquitate, nomine, fama, cultu, origine, prisca magnitudine, decremento, atque alveis, adversus Iacobum Martorellium. Neapoli 1767, ex typ. Paciana.
In-8.º con due tavole. Nell'antiporta vi è una stampa, che rappresenta il Sebeto dietro il quale sorge il Vesuvio. Si parla dell'Etna e se comunica col Vesuvio, se Ercolano e Pompei furono sepolte dalle sue ceneri, della Solfatara e se comunica col Vesuvio e di altre curiosità storico-naturali. L'autore afferma pure che Leone Marsicano fu il primo che avesse parlato di lave vesuviane, e che l'acqua del 1631 non proveniva dal Vesuvio.

— Il Prodromo Vesuviano. In cui oltre al nome, origine, antichità, prima fermentazione, ed irruzione del Vesuvio, se n'esaminano tutt'i sistemi de'Filosofi, se n'espone il parere degli antichi Cristiani, si propongono le cautele da usarsi in tempo degl' Incendj, e si dà il giudizio sul valore di tutti gli scrittori vesuviani. Napoli 1780, nella Stamperia de' Fratelli di Paci.
In-8.º di pag. VIII-238.
Il nome dell'autore trovasi nella licenza. A pag. 222 e seg. la descrizione di 106 opere vesuviane
« Il P. Vetrani scrive con vivacità ed erudizione. Ei combatte tutti i sistemi dei filosofi sopra il Vesuvio; e vedendo inutili gli sforzi della fisica a poterne spiegare le proprietà e gli accidenti, si rivolge alla teologia ed inclina a credere, che i vulcani siano *piccioli buchi dell' Inferno.* Cosa molto edificante in verità, ma non so come possa piacere al secolo XVIII.º » (Soria.)
« Mit Verachtung der Naturwissenschaft geschrieben — der Vesuv ist ein Eingang zur Hölle etc. aber nicht ohne Gelehrsamkeit, wie das Kapitel IV über Herkulanum und Pompei beweist. Vergl. das Urtheil in Hoff's Gesch. d. Veränd., Bd. II. S. 185. » (Roth.)
Dura 5 L.; Prass 4 L 50 c.

VISCARDI FERDINANDO.
Breve risposta alla lettera del Signor Abate Tata de' 21 Agosto 1794. Di Ferdinando Viscardi, regio operatore di fisica sperimentale.
In-4.º di pag. XVI e 2 per le correzioni. [B. N.]
S. l. (Napoli 1794).
Riguarda la lettera scritta dall'abate Tata a Bernardo Barbieri.
Raro. Dura 2 L. 50 c.

VITOLO-FIRRAO AUGUSTO.
La Città di Somma Vesuviana illustrata nelle sue fa-

miglie nobili, con altre notizie storico-araldiche. Napoli 1886, tip. Fr. Mormile.

In-8.º di car. II e pag. 106. Ediz. di 150 esemp. Prass 4 L.

VITTORIA Gaetano.

Studii sulla resistenza delle lave vesuviane più comunemente usate nell'arte delle costruzioni. Napoli 1870.

In-8.º di pag. 11. Si riferiscono le analisi delle lave del 1631, 1855 e 1868.

VOGEL Joh. Heinr.

Ueber die chemische Zusammensetzung des Vesuvians. Inaugural-Dissertation. Göttingen 1887.

In-8.º di pag. 58.

VOGT Prof. Carl.

Ueber Vulkane. Vortrag. Basel 1875, Schweighauser.

In-8.º Il Vesuvio pag. 6, 10-12.

VOLPE Camillo.

Breve Discorso | Dell' Incendio | Del Monte Vesuuio, Et de gli suoi Effetti | Per il molto Reuerendo | D. Camillo Volpe | V. I. D. | Et Primicerio della Maggiore Colleggiata | Insigne de S. Nicolò di Gesualdo. | In Napoli Per Lazzaro Scoriggio, 1632.

In-16.º di pag. 58, con una incisione in legno nel frontispizio. [B. N.]

Contiene quattro sonetti di Danussio, Pisapia, Carlo Volpe e Favale, ed un Elenco delle eruzioni e terremoti.

VOLPI Dr. A. von.

Der Ausbruch des Vesuvs im April 1872.

Unsere Zeit, N. F. anno VIII. pag. 393-403, Leipzig 1872. Confr un altro articolo dello stesso autore, intitolato « Neapel und die internat. maritime Ausstellung, » ibid., anno VII. pag. 637 e seg Leipzig 1871.

VOLPICELLA Filippo.

Il Vesuvio bocca dell' inferno. Leggenda.

In-8.º di pag. 16. S. l. n. d. (Napoli, verso il 1840). Pag. due di prefazione, seguite dalla Leggenda divisa in quattro canti in terza rima. [B. N.]

Dura 1 L.

— Notizie storiche delle eruzioni del Vesuvio per F. V.

Annali Civili delle Due Sicilie, vol. VII. pag. 31-38. Napoli 1833.

VOLPICELLA Scipione.

Gita ad Amoretto, S. Giorgio a Cremano, S. Sebastiano, Massa di Somma e Pollena Trocchia.

Nell' « Albo artistico napoletano per cura di Mariano Lombardi », Napoli 1853. Ristampato negli « Studi di letteratura, storia ed arti », pubbl. dall'autore, Napoli 1876.

Descrizione « dei villaggi e terriciuole che s'adagiano tra mezzogiorno e ponente in sulle falde dei congiunti monti Vesuvio e Somma», come dice l'erudito scrittore.

Vor dem Ausbruch des Vesuvs.

Die Gartenlaube 1869, pag. 492, con una inc. in legno. Anonimo.

VULCANI [DEI] o Monti Ignivomi più noti, e distintamente del Vesuvio. Osservazioni fisiche e notizie istoriche di uomini insigni di varj tempi, raccolte con diligenza. Divise in due tomi. Livorno 1779, per Calderoni e Faina, all' insegna di Pallade in Via Verrazzana.

Due vol. in-16.° Vol. I. di pag. LXX-150, l' ultima bianca; vol. II. di pag. VIII-228 con una tavola in-fol. incisa dal Fambrini: *Prospetto del Vesuvio dal Palazzo Regio,* la stessa che trovasi nell'opera del Serao sull'incendio del 1737.

Raccolta pubblicata dall' abate Ferdinando Galiani. Esso contiene i seguenti articoli sul Vesuvio:

Nel vol. I.: *Dei Monti ignivomi della Toscana e del Vesuvio.* Saggio di A. GIO. TARGIONI-TOZZETTI, pag. VII-LIX. *Osservazioni sopra il Vesuvio e delle materie appartenenti a questo vulcano, e ad altre contenute nel Museo.* Del march. abate FERDINANDO GALIANI, autore dell' opera presente e delle note, pag. LXIII-LXX e 1-149. Le note bibliografiche dalla pag. 126 alla fine.

Nel vol. II.: *Lettera di Plinio il Giovine a Tacito*, pag. 1-9. *Lettera del conte* LORENZO MAGALOTTI *a Vincenzo Viviani*, pag. 11-16. Un articolo di M. de BOMARE sopra il Vesuvio ed altri vulcani, pag. 99-124. *Istoria dell'incendio del Vesuvio accaduta nell'an. 1737* scritta da FRANCESCO DARBIE.P.I. Numero I. Giornale dell'incendio pag. 125-156. Numero II. Delle mofete eccitate dall'incendio del Vesuvio, pag. 157-188. Questi due articoli non sono altro che una ristampa (con qualche variante ed una nota aggiunta a pag. 164) dei capitoli I e VI dell' opera « Istoria dell' incendio del Vesuvio accaduto nel mese di Maggio dell'Anno 1737, scritta per l'Accademia delle Scienze », e poichè l'autore di quest'opera è Francesco Serao, non si arriva a capire come vi sia entrato il nome di Darbie, se non è forse per equivoco con Francesco Darbes, a cui spese fu stampata la seconda edizione dell'opera del Serao. *Lettera* di D. ANTONIO DI GENNARO, duca di Belforte, sopra l' ultima eruzione del Vesuvio dell'anno 1779, pag. 217-225. Una *Lettera* sopra la medesima, dell'abate D. CIRO SAVERIO MINERVINO, pag. 226-228.

Dura 10 L.; Weg (Katal. Roth) 3 M.

VUOLO P.

Lettera sull' eruzione del Vesuvio nel 1779.

Vedi TORCIA, Relazione.

W

WAIBLINGER WILHELM.

Der Vesuv im Jahre 1829.

Abendzeitung, Dresden 1829, no. 212; Gesammelte Werke, Hamburg 1839, vol. IX.

WALKER KATHARINE C.

Vesuvius and Pozzuoli.

Harper's Magazine, vol. 31. pag. 756-761. New-York 1865.

WALLNER Franz.

Am ewigen Feuerheerd.

Die Gartenlaube 1866, pag. 548-549, con due incisioni in legno.

WALTHER Johannes.

Brief an Herrn Beyrich.

Zeitsch. d. geol. Ges., vol. 38. pag. 537-539. Berlin 1886.

Sopra un'eruzione vesuviana.

— Studien zur Geologie des Golfes von Neapel.

Zeitsch. d. geol. Ges., vol. 38. pag. 295-341. Berlin 1886.

Con Paul Schirlitz.

Menziona spesso le eruzioni vesuviane.

WARBURTON M.

Dissertation sur les tremblements de terre et les éruptions de feu. Paris 1764, Tilliard.

Due vol. in-8.

WEDDING G. T. A.

Beitrag zu den Untersuchungen der Vesuvlaven.

Zeitsch. d. geolog. Ges., vol. X. pag. 375-411. Berlin 1858.

— De Vesuvii Montis Lavis. Dissertatio inauguralis geologica etc. Berolini 1859, typ. Trowitzsch et filii.

In-4.º di pag. 30 e 2 n. n. per la biogr. dell'autore. [B. V.]

Hoepli 1 L. 50 c.

WELSCH Hieronymus.

Warhafftige Reiss-Beschreibung auss eigener Erfahrung von Teutschland, Croatien, Italien, denen Insuln Sicilia, Maltha, Sardinia, Corsica, Majorca ecc. Nicht weniger was sich bey denen wunderbahren brennenden Bergen als dem Vesuvio bey Neaples, la Solfatara bey Puzzuolo, dem Stromboli und Vulcano ecc. ecc. begeben und zugetragen. Auff der eilffjährigen Reise Hieronymi Welschen fürstl. Würtemberg. Rent-Commer-Rahts von ihme selbsten beschrieben und verfertiget. Gedruckt zu Stuttgart bey Joh. Weyrich Rösslin in Verlegung Wolffgang dess Jüngern und Joh. Andr. Endters. Anno 1658.

In-4.º di car. XII e pag. 427, con frontisp. inciso in rame ed il ritratto dell'autore. [B. S.]

Nel Cap. XIV: *Was sich bey der erschröcklichen Entzündung dess Bergs Vesuvio, Montagna di Somma genant, allernächst gegen der Stadt Neaples über gelegen, begeben*, pag. 80-83, l'autore descrive l' incendio del 1631, del quale fu spettatore, e lo stato del cratere vesuviano quando lo visitò un anno dopo.

WENTRUP Fr.

Der Vesuv und die vulkanische Umgebung Neapels. Vortrag. Wittenberg 1860, W. Herrosé.

In-8.º di pag. 36. Prezzo 75 Pf.

WERNLY Pfarrer R.

Von den Alpen zum Vesuv. Reisebilder aus Italien. Aarau 1892, Sauerländer.

In-8.º

WIET.

Reprise actuelle d'activité du Vésuve.

Compt. rend. de l'Acad. d. Sciences., vol. CXI. pag. 404. Paris 1890.

È l' estratto di una lettera del sig. Wiet, reggente il Consolato generale francese a Napoli, indirizzata al ministro degli affari esteri di Francia. Contiene brevi notizie sulle manifestazioni di maggiore attività del Vesuvio cominciate nel Settembre 1890.

WINGARD F. C. von.

Die chemische Zusammensetzung der Humitmineralien. (Chondrodit vom Vesuv.)

Zeitsch. f. analyt. Chemie, vol. XXIV. pag. 344-356. Wiesbaden 1886. Confr. Zeitsch. f. Krystallog. u. Mineralog., vol. XI. pag. 444. Leipzig 1886.

WINSPEARE Antonio.

Vedi Breislak e Winspeare, Memoria sull'Eruzione del Vesuvio.

WOLF H.

Vesuvlaven, eingesendet von Frau Marie Schmetzer in Brünn.

Verhandl. d. geolog. Reichsanst., Wien 1869, pag. 53.

— Das Schwefelvorkommen zwischen Altavilla und Tufo O. N. O. von Neapel.

Ibid., pag. 195.

— On the lavas of Mount Vesuvius.

Quarterly Journal of the Geol. Soc., vol. XXV. pag. 16. London 1869.

— Suite von Mineralien aus dem vulcanischen Gebiete Neapels und Siciliens.

Verhandl. d. geolog. Reichsanst., Wien 1870, pag. 219.

— Il giacimento zolfifero di tufo ad Altavilla all'E. N. E. di Napoli.

Bollet. del R. Comit. geolog. ital., vol. I. pag. 160-162. Firenze 1870.

WOLFFSOHN Lily.

The Railway up Vesuvius.

The Daily News, London, March 30, 1880.

— A night ascent of Vesuvius by rail.

Ibid., June 30, 1S80.

— Geological surveying on Monte Somma.

Ibid., June 1, 1882.

— Mount Vesuvius.

Ibid., January 13, 1882.

— Vesuvius; new breaking forth of lava.

Ibid., May 10, 1889.

— A visit to Vesuvius in eruption.

Ibid., June 17, 1891.

Z

ZACCARIA DA NAPOLI (Padre).

Discorso Filosofico sopra l' incendio del Monte Vesuvio ecc.

Vedi PERROTTI, Discorso Astronomico.

ZANNICHELLI G. J.

Considerazioni intorno ad una pioggia di terra caduta nel Golfo di Venezia, e sopra l' incendio del Vesuvio.

Raccolta di opuscoli scientifici e filosofici (per Angelo Maria Calogerà), 51 vol. in-16.° Venezia 1727 e seg. Tomo XVI. pag. 87-134.

Hoepli 2 L.

ZECH A.

Das Observatorium auf dem Vesuv.

Illustrirte Welt, Stuttgart 1876 fasc. 15, con una illustr.

ZEZZA barone MICHELE.

Na chiammata alle peccature. Canzona ncoppa l' eruzione de lo Vesuvio a l'anno 1855. Napoli 1855, stamp. de Marco.

Una carta in-fol. (B. S.)

Dura 1 L.

ZINNO SILVESTRO.

Analisi chimica sopra una importante sublimazione ecc.

Vedi: Annali del R. Osservat. Meteorol. Vesuv.. anno IV. 1870.

—Acqua termo-minerale Montella acidola-alcalina-ferrugginosa di Torre-Annunziata. Analisi chimica.

Atti d. R. Istit. d' Incoraggiamento di Napoli, ser. IV. vol. I. Napoli 1888.

Vedi CASORIA.

ZITO VINCENZO.

Sonetti due sull' incendio vesuviano del 1631.

In Scherzi lirici, Napoli 1631, pag. 401-402.

ZORDA GIOACCHINO.

Discorso contro l' opinione dell' assorbimento volcanico dell'acqua de' pozzi e del mare. Napoli 1805.

In 8.° di pag. 16.

— Relazione dell'eruzione del Vesuvio dei 31 Maggio 1806.

In-4.° di pag. 22, senza frontisp. proprio. Alla fine la data: *Napoli 16 Giugno 1806.* [B. V.]

« Kurzer guter Bericht über den Ausbruch. » (Roth.)

Hoepli 3 L.

— Continuazione dei fenomeni del Vesuvio dopo l'eruzione del 1806 sino al principio della primavera del 1810 Napoli 1810.

In-8.° di pag. 16.

« Kurzer guter Bericht über diese Zeit, mit vielen wunderlichen Ansichten über die vulkanische Thätigkeit. » (Roth.)

[ZUPO GIOVANNI BATTISTA] (Padre gesuita e matematico).

Principio, e Progressi | del Fvoco del Vesvvio | osseruati giorno per giorno dalli tre fin'alli venticinque di Luglio in quest'anno 1660. | et esposti alla curiosità de' Forestieri.

In-4.° di carte otto. Senza frontispizio. [B. V.]

Anonimo, ma riconosciuto dal Prof. Palmieri essere di questo autore.

Un altro esemplare di questo rarissimo opuscolo si conserva nella Biblioteca Casanatense di Roma, ricordato dal prof. M. Baratta a pag. 42 del suo libro « Il Vesuvio e le sue eruzioni, » Roma 1897. Vedi nelle Aggiunte.

— Giornale | dell' Incendio dell' Vessvvio | dell' anno MDCLX. | Con le osseruatio ni matematiche. | Al molto illustre e molto eccell. Sig. mio | padrone osservand. il sig. | D. Givseppe Carpano | dottore dell'vna e l'altra legge, | e nella Sapienza di Roma primario professore | A. C. | In Roma. Per Ignatio de' Lazari 1660.

In-4.° di pag. 15 ed una bianca. Alla fine la data: *Napoli questo dì 30. Agosto 1660.* Le iniziali *A. C.* nel frontispizio significano *Accademico Cosentino.* [B. V.]

Ristampa dell' opuscolo precedente, con variazioni importanti. È anche anonimo e pare stampato a Napoli; almeno il fregio in testa al cap. I. è identico a quello che s'incontra allo stesso luogo nella

— Continvatione | De' Svccessi | Del prossimo Incendio | del Vesvvio, | Con gli effetti | Della cenere, e pietre da quello vomitate, | E con la dichiaratione, et espressione | Delle Croci Maravigliose | Apparse in varij luoghi dopo l' Incendio. | In Napoli, Per Gio: Francesco Paci 1661.

In-4.° di carte dodici, con una tavola incisa in rame raffigurante le forme delle croci; inoltre vi è un ritratto di S. Gennaro, protettore della fedelissima città di Napoli, ed un disegno del cratere vesuviano.

Anonimo opuscolo, pubblicato per cura di Gio. Alberto Tarino, e dedicato ad Ascanio Filomarino duca della Torre. [B. N.]

Questi tre opuscoli sono rarissimi. Essi mancavano anche al Duca della Torre e nessuno dei bibliografi vesuviani li aveva veduti. Il Mecatti avrebbe dovuto avere sott' occhio almeno quello intitolato Continvatione, perchè riporta a pag. 118 del suo Racconto storico filosofico del Vesuvio il disegno del cratere in esso contenuto e cita l'opera col titolo di « Giornale dell' Incendio » ecc., dichiarandone autore il dott. GIUSEPPE CARPANO. In altro luogo la cita di nuovo in piè di pagina con lo stesso titolo, e la dice dedicata al Carpano, facendone autore il MACRINO. Ricorda finalmente la terza volta l' opera medesima, sempre con lo stesso titolo, ma senza nome di autore, nel riportare il catalogo del conte Catanti.

Il Vetrani nel suo Prodromo Vesuviano la cita anche col titolo di « Giornale ecc., per un P. matematico di Napoli. » Galiani ne fa autore il P. Bartoli, e la lettura di questi opuscoli è bastante a provare che l' autore fu un gesuita, ma non il Bartoli. Il Macrì in alcune postille manoscritte apposte ad un esemplare stampato del Gabinetto Vesuviano del Duca della Torre cita la sola « Continuazione dei Successi » e ne dichiara autore il P. Supo, matematico gesuita. Scacchi in fine, seguendo il Mecatti, l'ascrive al dott. Giuseppe Carpano.

E pure sarebbe stato facile riconoscere il vero autore di questi opuscoli, riscontrando la Diatribe del P. Kircher (vedi pag. 88 di questa Bibliografia), nella quale a pag. 37 non solo è detto che il P. Zupo riferì sui fenomeni delle croci, ma vi è pure aggiunta la versione latina della detta relazione.

Un'altra prova, dice il Prof. Palmieri, che il P. Zupo è l'autore di questi opuscoli, si trova in una Relazione manoscritta sullo stesso incendio, conservata nella B. V. e redatta da Francesco Perrotta, nativo di Piedimonte d'Alife, che in quel tempo esercitava la professione della medicina in Torre del Greco, il quale non solo fu spettatore il più prossimo dell'incendio, ma arditamente tentò più volte di visitare il cratere. Da questo autore si è saputo che gli opuscoli sopra citati appartengono al P. Zupo (il Perrotta scrive Supo), giacchè egli ebbe cura di farsi una copia manoscritta del lavoro del matematico gesuita, che pose insieme alla relazione sua propria, formandone un solo quaderno.

Aggiungo che nel frontispizio dell'esemplare della Continvatione conservato nella B. N. è scritto a penna ed in caratteri del 18.° secolo il nome *Jo. Bpta. Zupus S. J.*

ZURCHER F. et E. MARGOLLÉ

Volcans et tremblements de terre. Paris 1866, Hachette.

In-16.°, con incis. in legno.

Fa parte della Bibliothèque des Merveilles.

CARTE E VEDUTE

PER ORDINE CRONOLOGICO

Eruzione del Vesuvio del 1631. Amsterdam, P. Mortier.

Tavola in-fol. [B. S.]

Vero Ritratto dell' Incendio della Montagna di Somma altrimenti detto Mons Vesuvii, distante da Napoli sei miglia, successo alli 16 di Dicembre 1631.

Tavola in-fol., incisa in rame. Napoli 1632.

Veduta del Vesuvio in Eruzione con spiegazione dei diversi effetti prodotti dalla eruzione del 1631.

Tavola in-fol. obl., incisa da Corbone. [B. S.]

SANDRART Joachim.

Warhaffte Contrafaktur des Bergs Vesuuij und desselbigon Brandt sambt der umbligenden Gegend nach dem Leben gezeichnet. 1631.

Tavola in-fol. piccolo obl., con spiegazione al piede. Al sommo della tavola sta: *Vesuvius Mons Neapoleos.* [B. S.]

PASSE C. de.

Uvaerachtige af-beeldinge van den schricklijcken Brandende Bergh Somma (anders genoemt Vesuvi,) gelegen vande wijtberoemde Stadt Neapolis ecc.

Tavola in-fol. dell' eruzione del 1631, con spiegazione in tre colonne. [B. S.]

BRONZUOLI Gaetano.

Veduta del Monte Vesuvio dalla parte di mezzogiorno, 24 Ottobre 1751.

Tavola in-fol. con descriz. [B. V.] Nella Dissertaz. del conte Corafà.

VILLEFORE J. de.

Vue du Mont Vésuve et de son éruption arrivée le 25 Octobre 1751.

Tavola in-fol con iscriz. incisa. [B. V.]

— Veduta del Monte Vesuvio e dell' eruzione accaduta alli xxv. d'Ottobre 1751, a ore 10 della sera dell' Orivollo Franzese, e alle 4 ore d' Italia; Designata, e Dedicata a Sua Eccellenza Il Signor Marchese Fogliani, primo secretario di stato, dal Signore de Villefore, uficiale ed ingegniere al servizio di Sua Maesta Siciliana

In-fol con spiegazione. [B. S.]

L' ERUPTION du Vésuve en 1754.

Tavola in-fol., incisa da Monaco. [B. S.]

LAVES qui sortaient des flancs du Vésuve à la suite de l'éruption de 1754.

Tavola in-fol. [B. S.]

BRACCI GIUSEPPE.

Veduta interiore del Vesuvio nel 1755.

Tavola in-4.°, che appartiene ad una Raccolta d'interessanti vedute di Napoli. [B. V.]

VEDUTA interiore del Vesuvio nel 1755.

Tavola in-4.° obl., incisa in rame da Antonio Cardon e dedicata al principe de Butera. [B. S.]

SCLOPIS F.

Prospetto generale della Città di Napoli, dedicato a S. E. Giorgiana, vicecontessa Spencer.

Due panorami in 6 fogli, colla veduta dell'eruzione vesuviana del 1760. Nella collezione del Sig. Tell Meuricoffre.

PIANTA e Veduta del Monte Vesuvio dalla parte meridionale. Co'varj Corsi più recenti del Bitume, e colla situazione de' Villaggi, ed altri luoghi circomvicini, secondo lo stato dell'Anno 1761. E coll' accurata descrizione della eruzione fatta in X^{bre} 1760.

Tavola in-fol. gr., senza nome del disegnatore, incisa da C. Oraty Nel margine sta: *Fatta a spese di Nicola Petrini e da lui si vendono*. [B. S.]

LUBENS P. H.

Napoli e Vesuvio nel 1765.

Due tavole in-fol., con spiegazione italiana e latina, incise da A. Cardon jun. e dedicate a Sir William Hamilton.

ERUZIONE del Monte Vesuvio nell'anno 1767 veduta da Portici.

Tavola in-fol. [B. S.]

VEDUTA del Vesuvio. (Con l'epigrafe:) Oblate ad Sebeti ponteno simulacro Januari Coelestis patroni contra erumpentes flammas stetit incendium vesuvianum; tantique beneficii ergo anno 1767 statua martyri dicatur quam cuitor eius Gregorius Roccus Dominicanus populo in spem salutis demonstrat.

Tavola in-4.° [B. V.]

L'ERUPTION du Mont Vésuve du 14 Mai 1771.

Tavola in-fol., incisa da H. Guttenberg a Napoli. [B. S.]

D'ANNA ALESSANDRO.

Eruption du Mont Vésuve de 1779. Gravée d' après le dessin original del signor Alexandre D' Anna par J. B Chapuy.

In-fol. gr.

Fr. Müller & Co., Amsterdam, estampe capitale, imprimée en couleurs, 7 fl. 50.

VUE de la sommité et du cratère du Vésuve au moment de l'éruption du 8 Août 1779.

Tavola in-fol., incisa da H. Guttenberg a Napoli. [B. S.]

PIANO del Volcano di Napoli denominato il Vesuvio; colle vieppiù rimarchevoli eruzioni seguite in più tempi. Dedicato alla Principessa Jablonouka nata Principessa Sapieha, Palatina di Breslavia.

Tavola in-fol., incisa da Filippo Morghen, pubblicata verso il 1779. Nella collezione del Dr. Johnston-Lavis.

ERUZIONE del Vesuvio nella notte degli otto Agosto 1779.

Tavola in-fol, incisa da Filippo Morghen. [B. S.]

ERUZIONE del Vesuvio accaduta alli 8 d'Agosto dell'anno 1779.

Tavola in-fol., incisa da Aloja. [B. S.]

VOLAIRE.

Veduta dell' eruzione del Vesuvio accaduta a 1 1/2 di notte la sera degli 8 Agosto 1779.

Tavola in-fol., incisa in rame da L. Boilly. [B. S.]

Sta anche nella Relazione del TORCIA.

FABRIS P.

Eruzione del Vesuvio succeduta il giorno 8 di Agosto dell' anno 1779, all' ora 1 1/2 di notte o circa, veduta da un luogo vicino al Real Casino in Posilipo.

Tavola in-fol., incisa in rame da F. Giomignani. [B. S.]

PIAGGIO P. ANTONIO.

Idea dell'Incendio del Vesuvio dell'anno 1779, abbozzata dal P. Antonio Piaggio delle Scuole Pie, e dedicata a S. E. la Signora D. Giulia duchessa Giovane nata Baronessa di Mudersbach.

Tavola in-fol., incisa in rame [B. S.]

— Furentis anno MDCCLXXIX Vesuvii prospectus.

Tavola in-fol., incisa da Cataneo. Nel verso un sonetto di ANTONIO DE GENNARO duca di Belforte.

WRIGHT J.

View of Mount Vesuvius from the shore of Posilipo at Naples, by J. Wright; engraved by W. Byrne. London 1778.

Tavola in-fol.

VEDUTA del Vesuvio in eruzione con fuga dei Torresi.

Tavola in-fol. (1794), bene disegnata. [B. V.]

VEDUTA del monte Vesuvio disegnata dal mare dirimpetto alla Torre del Greco dopo che la medesima fu quasi interamente distrutta dalla formidabile eruzione dei 15 Giugno 1794.

Tavola in-fol. con descrizione, senza nome di disegnatore. [B. V.]

D'ANNA ALESSANDRO.

Veduta della Torre del Greco incendiata, e distrutta nella maggior parte dall' eruzione, che fece il Monte Vesuvio alli 15 di Giugno, 1794, essendo arrivata la laua sino al mare. In Napoli, presso Francesco Scafa.

Tavola in-fol. , incisa da Gugl. Morghen. [B. S.]

— Eruzione di cenere accaduta nel Monte Vesuvio alli 19 di Giugno 1794, la quale continuò sino al giorno 21, ecc. In Napoli, presso Francesco Scafa.

Tavola in-fol., incisa in rame da Vincenzo Aloja. [B. S.]

CIOFI ANTONIO (Regio archit.)

Dimostrazione scenografica e iconografica di tutti gli effetti prodotti dall'eruzione del Vesuvio succeduta nella notte de' 15 Giugno del corrente anno 1794 colla Pianta della Città di Torre del Greco, e colle dovute corrispondenti descrizioni. Dedicata a S. A. R. il Principe Ereditario.

Tavola in-fol. gr., incisa in rame. [B. V.]

Con tre buone figure: la pianta di Torre del Greco , in parte distrutta dalla lava ; la prospettiva del Vesuvio con la veduta di Torre del Greco sorpresa dalla lava; e la carta topografica del Vesuvio, con molti dettagli della eruzione nelle spiegazioni.

ORME W.

View of the last eruption of Mount Vesuvius from an original painted at Naples. Dedicated to Sir W. Hamilton.

Tavola in-fol., pubblicata probabilmente a Londra nel 1794.

Nella collezione del Signor L. Sambon a Napoli.

DELLA TORRE (Duca sen.)

Gabinetto Vesuviano, 1796.

Vedi pag. 198 di questa Bibliografia.

CARTA de' Crateri esistenti tra il Vesuvio e la spiaggia di Cuma.

Tavola in-fol., incisa da G. Guerra. Napoli 1797.

BREISLAK SCIPIONE.

Carta topografica del cratere di Napoli e dei Campi Flegrei, colla pianta speciale del Vesuvio, ecc.

Vedi BREISLAK, Topografia fisica della Campania 1798, a pag. 23 di questa Bibliografia.

DELLA TORRE (Duca jun.)

Veduta di una apertura formatasi all'orlo del Vesuvio nella eruzione del 22 Novembre 1804.

Tavola in - 4.° con descrizione. [B. V.]

— Pianta topografica dell'interno del cratere del Vesuvio

formata nel mese di Giugno 1805.

Tavola in-4.° con descrizione. [B. V.]

Riprodotta in ROTH, der Vesuv und die Umgebung von Neapel, nella tav. III.

RACCOLTA di tutte le Vedute che esistevano nel Gabinetto del Duca della Torre rappresentanti l'Eruzioni del Monte Vesuvio ecc. Napoli 1805.

Vedi pag. 151 di questa Bibliografia.

ROCCA ROMANA.

Cratere del Vesuvio.

Tavola in-fol. Napoli 1805. [B.V.]

CARTA TOPOGRAFICA ed idrografica dei contorni di Napoli, levata per ordine di S. M. Ferdinando I. Re del Regno delle Due Sicilie dagli Uffiziali dello Stato Maggiore e dagli Ingegneri Topografi negli anni 1817-1819. Disegnata ed incisa nell'Officio Topografico di Napoli.

È costituita da 15 grandi fogli, di cui il 3.° contiene il Vesuvio, coi golfi di Pozzuoli e di Napoli e le isole di Procida, Vivara, Ischia e Capri.

AUDOT.

Quattro vedute del Vesuvio.

Tre tavole in-8.°, con le eruzioni del 1751, 1804 e 1822. [B. V.]

GRIFONI HECTOR.

Vue du cratère du Vésuve après l' éruption d' Octobre 1822, prise du côté occidental.

Tavola in-fol., eseguita in bistro e incisa in rame da Ferdinando Mori, con testo di MARCO DI PIETRO. [B. V.]

ISABEY J.

Le Cratère du Vésuve après l'éruption de 1822.

Tavola in-fol. [B. S.]

SCAFA FRANCESCO.

Vedute del Monte Vesuvio sino al 1822. Napoli.

Album di 29 tav. in-fol. S. d. [B. V.]

BLICK auf die Phlegraeischen Gefilde und den Vesuv vom Epomeo auf Ischia.

Tavola in-fol. S. l. n. d., fatta verso il 1830.

ERUPTION OF VESUVIUS, January 3.rd 1839.

Tavola in-fol. con testo. [B. S.]

CAVOLINI FILIPPO.

Piano del Volcano di Napoli denominato il Vesuvio colle più rimarchevoli eruzioni seguite in più tempi.

Tavola in-fol. Nelle sue « Opere postume », Napoli 1854.

CARTA della regione perturbata dai fenomeni vesuviani, cominciati il dì 8 Decembre 1861. Rapporto al vero 1: 20,000. B. Colao dis. Napoli 1862.

CRATERE del Vesuvio in Febbrajo 1862. Scala 1 : 10,000. F. Verneau levò, B. Colao litografò.

Tavola in-fol. Napoli 1862.

COSTA Oronzio Gabriele.

Memoria da servire alla formazione della Carta Geologica delle Provincie Napoletane. Napoli 1864.

Vedi pag. 41 di questa Biblio grafia.

Éruption du Vésuve en Avril 1872.

Diverse illustrazioni nel giornale « La Presse illustrée, » Paris, 4 Mai 1872, con testo.

A Map of Vesuvius and the surrounding Country; with a list of the principal Eruptions from the year 79 to the present date. London 1872, J. Wyld.

In-fol.

Der Vesuv von Pompeji aus.

Disegno in Ueber Land u. Meer, anno XIV. no. 40, con testo, Stuttgart 1872.

Carta topografica del Monte Vesuvio rilevata e disegnata dagli Allievi dell' Istituto Topografico Militare negli anni 1875-76 alla Scala di 1: 10,000. Firenze 1877, Istituto topografico militare.

Riproduzione fotozincografica di levate eseguite negli anni 1875-76, colle curve di livello di 5 in 5 metri.

Le dimensioni di un foglio (misurate entro il quadro disegnato) sono di 69×49 centimetri.

Questa carta, che consiste di sei fogli, fu pubblicata nel 1877; riconosciuta e messa al corrente nel 1887. Prezzo 5 Lire.

Carta della provincia di Napoli. Firenze 1861-1875, Istituto topografico militare.

Sei fogli alla scala di 1: 10,000. Il foglio 3 contiene il Vesuvio ed i Campi Flegrei.

Carta topografica ed idrografica dei contorni di Napoli. Firenze 1818-1870, Istituto topografico militare.

Quindici fogli alla scala di 1: 25,000. Il foglio 9 contiene il Vesuvio.

Tavolette rilevate per la costruzione della Carta del Regno d'Italia. Firenze 1873-79, Istituto topografico militare.

I fogli 184 (I-II) e 185 (III-IV) contengono il Vesuvio, alla scala di 1 : 50,000.

PISTOJA Giocondo.

Monte Vesuvio modellato nell'Istituto Topografico Militare da Giocondo Pistoja, col sistema del maggiore Pistoja 1878 Scala per le orizzontali 1 a 25,000; per le verticali 1 a 20,000. Eseguito in bronzo da Emilio Benini, Firenze.

Riproduzione in zinco fuso ricoperto di ramatura galvanica. [B.S.]

Dimensioni: 60 centim. di altezza per 50 centim. di larghezza.

FRANCO Pasquale.

Memorie per servire alla Carta Geologica del Monte Somma. Napoli 1883.

Vedi pag. 57 di questa Bibliografia.

HOSANG E.

Am Vesuvkrater.

Disegno originale inciso in legno. Nella Illustrirte Zeitung no. 2185, pag. 486, con testo. Leipzig 1885.

JOHNSTON-LAVIS Dr.H.J.

Geological Map of Monte Somma & Vesuvius.

Vedi pag. 85 di questa Bibliografia.

TASCONE Luigi.

Somma - Vesuvio. Modello eseguito dall' ingegnere Luigi Tascone, coadiutore del R. Osservatorio Vesuviano e del Gabinetto di fisica terrestre nella R. Università di Napoli. 1894.

Modello in gesso, della dimensione di 25 × 32 centimetri.

Prezzo 10 Lire.

ALFANO capitano G.

Rilievo del Monte Vesuvio.

Modello in carta pesta della dimensione di 40×42 centimetri, eseguito nel 1896 sulla Carta dell' Istituto topografico militare alla scala di 1 : 25,000 e colorata a mano, con le indicazioni manoscritte.

Prezzo 25 Lire. In deposito nella Libreria F. Furchheim di E. Prass a Napoli.

AGGIUNTE

ABICH Dr. HERMANN.

Vulkanische Forschungen in Italien.

Neues Jahrb. f. Mineral. etc., Stuttgart 1837, pag. 439-442.

— Ueber Erhebungskratere etc.

Ibid., 1839, pag. 334.

ARTHENAY [D'].

Des laves et des inondations qui accompagnent quelquefois les embrasements du Vésuve.

In **Mémoire** sur la ville souterraine découverte au pied du Mont Vésuve, pag 10-15. Paris 1748.

ARZRUNI A.

Vergleichende Beobachtungen an künstlichen und natürlichen Mineralien.

Zeitsch. f. Krystallog. u. Mineralog., vol. XVIII. pag. 55 (Eisenglanz von S. Sebastiano). Leipzig 1891.

—Forsterit vom Monte Somma.

Ibid., vol. XXV. pag. 471-476. Leipzig 1895.

BALZANO GIOVANNI.

Città di Torre del Greco. La popolazione e la mortalità del quinquennio 1889-1893. Torre Annunziata 1894.

In-8.° L'autore dà un breve cenno del Vesuvio e delle sue eruzioni e tratta di Torre del Greco come stazione climatica.

BAGLIVI GIORGIO.

Opera omnia. Lugduni 1704.

Vedi pag. 502-504, che si riferiscono alla Relazione del BRACCINI, riportata a pag. 22 di questa Bibliografia.

BARATTA MARIO.

Alcune osservazioni su l'attuale fase eruttiva del Vesuvio.

Annali dell'ufficio centr. di meteorol. e geodinam., vol. XII. Roma 1893.

— Alcune osservazioni fatte sul Vesuvio il 21 Giugno 1895.

Bollettino della Società sismologica italiana, vol. I. fasc. 5. Roma 1895.

— Il Vesuvio e le sue eruzioni dall' anno 79 d. C. al 1896. Roma 1897, Società editrice Dante Alighieri.

In-16.° di car. VI e pag. 202, con 33 figure in zincografia, tolte da disegni originali del tempo, ed una carta topografica del Vesuvio. Alla fine vi è un elenco dei Minerali Vesuviani.

Prezzo, legato in tela, 3 L.

BARTELS Joh. Heinr.

Briefe über Kalabrien und Sicilien. Göttingen 1791.

Vedi pag. 314 e seg., dove si parla del Vesuvio.

BARTOLI P. Daniele (della Comp. di Gesù).

Prose scelte. Nuova edizione. Napoli 1859, tipogr. del Vesuvio.

Tre volumi in-16.° Nel II., da pag. 112 a 118: *Cap. LI. Il Vesuvio*; *cap. LII. Eruzione del Vesuvio* (dell' anno 79, secondo Dione Cassio).

BECKE F.

Bemerkungen zur Thätigkeit des Vesuvs im Jahre 1894.

Mineralog. u. petrograph. Mittheil. vol. XV. pag. 89-90. Wien 1895.

BIASE [Di].

Sonetto ed Ode sul Vesuvio, con note

In-16.° di pag. 3. Estratto dalle Poesie dello stesso.

Riportato così s. l. n. d. nel catalogo « Vulcani e Tremuoti » di Gius. Dura (1866).

BIDERA Emmanuele.

Passeggiata per Napoli e contorni. Napoli 1844, all'insegna di Aldo Manuzio.

Due vol. in-8.° Nel vol. II, pag. 201-218: *Storia del Vesuvio. Una gita al Vesuvio. Album del romitaggio del Vesuvio. Viaggio per l'erta del Vesuvio.* Seconda edizione, Napoli 1857.

Bibliographie Géologique et Paléontologique de l'Italie.

Par les soins du comité d'organisation du 2. congrès géologique international à Bologne 1881. Bologne, Nicolas Zanichelli 1881.

In-8.° di pag. VIII-630.

Il capitolo XII°, concernente il Vesuvio, da pag. 219 a pag. 266, è stato compilato dal Prof. P. Zezi e contiene 667 scritti brevemente catalogati.

Bollettino della Società Sismologica Italiana pubblicato per cura del Prof. Pietro Tacchini in unione al Ministero di Agricoltura, Industria e Commercio.

Vol. I. e II. in-8.°, con illustr. Roma 1895-1896.

BORNEMANN J. G.

Gegenwärtiger Zustand der aktiven Vulkane Italiens. (Protokoll.)

Zeitsch. d. geol. Ges., vol. VIII. pag. 534-535. Berlin 1856.

— Brief an H. Beyrich.

Ibid. vol. IX. pag. 21. Berlin 1857.

Contiene qualche osservazione sull'eruzione vesuviana del 1857.

— Bericht über eine Reise in Italien. (Aus einem Briefe an Herrn v. Humboldt, dat. Neapel, den 29. August 1856.)

Ibid., nello stesso vol., pag. 464-469. Contiene una relazione sull'eruzione del 1855.

BRACCHI D. A.

Una gita al Vesuvio nella notte del 19 al 20 Maggio.

Poliorama pittoresco, anno XVI. no. 16, con due illustrazioni. Napoli 1855.

BRUNO FRANCESCO SAV.

L' Osservatore di Napoli, ecc. Napoli 1854, Stamperia del Vaglio.

In-16.° Da pag. 379 a pag. 386: *Descrizione del Vesuvio e Regolamento del prefetto di polizia per le guide volgarmente dette Ciceroni.*

BULIFON ANTONIO.

Vedi : Vera, e distinta Relazione dell'incendio ecc.

CALÀ CARLO.

Memorie historiche dell'apparitione delle croci prodig.

Si aggiunga alle note a pag. 29. Raro ; Dura 8 L Confr. KIRCHER.

CAPACCIO A.

Il Vesuvio nel Luglio, Agosto e Settembre 1893.

Bollett mens. dell'Osservat. cent. di Moncalieri, vol. XIII. pag. 152, 174, 191.

CAPECE-MINUTOLO FABR.

Al sempre invitto protettore della Città di Napoli, S. Gennaro.

Sonetto. Foglio volante del 1794. [B. N.]

Rettifica della nota a pag. 31.

CAPOCCI ERNESTO.

Investigazioni delle interne masse vulcaniche dai loro effetti sulla gravità.

Atti d. R. Istit. d' Incoraggiamento alle Scienze nat., tomo IX. pag. 215-229. Napoli 1861.

CASORIA EUGENIO (prof. di chimica).

L'analisi dell'acqua termominerale Montella a Torre Annunziata, pubbl. dal prof. Silvestro Zinno, confutata.

L'idrologia e la climatol. medica, anno XI. no. 11-12. Firenze 1889.

In questa nota l'autore, dopo discussi i risultati dell' analisi fatta dal prof. Zinno, indica i metodi da lui seguiti nell' analizzare la stessa acqua.

— Le acque della regione vesuviana.

Si aggiunga a pag. 34: Ricerche chimico-idrologiche ed igieniche. Estr. dall'Annuario della R. Scuola Sup. di Agricoltura di Portici, vol. V. fasc. 3 Portici 1891.

— I nitrati nelle acque dei pozzi nei comuni vesuviani. Analisi chimiche e considerazioni igieniche.

L'Agricoltura Meridionale, anno XIV. no. 5. Portici 1. marzo 1891. Ristampato nel giornale « Vesuvio » Portici 8 marzo 1891.

CASORIA FILIPPO.

Mineralogia Vesuviana. Osservazioni sul rame ossidato.

Il Lucifero, anno I. no. 43. Napoli 1838.

CERTAIN IPPOLITO.

Il Vesuvio a mezza altezza.

Poliorama pittoresco, anno XVI. no. 8, con un'illustr. litogr. di G. Festa. Napoli 1855.

CIRILLO, CALABRESE e SAVASTANO.

Raccolta di osservazioni cliniche su l'uso dell'acqua termo-minerale Nunziante del 1832. Fascicolo 1.° Napoli 1834.

In-8.°

COLAMARINO D. e MAZZEI-MEGALE G.

Ragioni del comune di Torre del Greco contro il comune di Resina in materia di circoscrizione territoriale. Portici 1887, tipog. Vesuviana.

In-8°.

Tratta la quistione dell' esatta delimitazione dei due comuni, che si agita sin dal 1807, e che è ancor viva per successivi cambiamenti avvenuti a causa delle eruzioni e della disparizione dei termini lapidei.

CONSIDERAZIONI su i prodotti del Vesuvio.

Compendio delle Transazioni filosofiche della Società Reale di Londra, 20 vol. in-8.° Venezia 1793, vol. XVI. pag. 491-495. Anonimo. Aggiunta all'articolo Compendio a pag. 39 di questa Bibliografia.

CORAFÀ conte GIORGIO.

Dissertazione istorico-fis. ec.

Si aggiunga alla nota a pag. 41: Con una tavola in-fol. gr. intitolata *Veduta del Monte Vesuvio dalla parte di Mezzogiorno* ecc., disegnata da Gaet. Bronzuoli ed incisa da Aloja. Questa tavola mancava nell'esemplare della B. N. da me descritto e la vidi più tardi in un altro appartenente al Sig. Prass.

DAMIANO PIETRO.

Breve Narratione ecc.

Quest'opuscolo si trova per errore registrato due volte, sotto Damiano (la copia della B. S.) e sotto Breve Narratione (quella della B.N.)

DAMOUR A.

Relation de la dernière éruption du Vésuve en 1850.

Si aggiunga alla nota a pag. 44: Vedi SCACCHI.

DENZA F.

Eruzioni del Vesuvio.

Annuario scientifico ed industr., anno XXVIII. Milano 1892.

L' autore riporta le comunicazioni fattegli dal prof Palmieri sull'eruzione del Vesuvio del 7 giugno 1891.

DESCRIZIONE del Viaggio pittorico, storico e geografico da Roma a Napoli e suoi contorni. Napoli 1824.

In-8.° Da pag. 187 a pag. 100 : *Pianta di una parte dell'antico Cratere ed il Vesuvio.*

Anonimo.

DICKERT.

Relief du Vésuve et du Somma avec dessins géognostiques. Bonn 1849.

Riportato nella Bibliogr. géolog. et paléontolog. de l'Italie, Bologna 1881, senz'altra indicazione. È introvabile nei cataloghi.

DISTINTA RELATIONE de' portentosi effetti ecc. (1694).

Si aggiunga alle note a pag. 47: Benedetti, bell'esempl., 8 L. 50 c.

[DOCTOR MYSTICUS].

Vesuvio. Appunti di viaggio di un congressista della

pace venuto a Napoli per veder Partenope, il Vesuvio e Pompei.

Vesuvio Gazzetta dei Comuni Vesuviani, anno XIV. Portici 29 Nov. 1891. Relazione di una gita al Vesuvio, con la descrizione del monte, delle strade, dell' Osservatorio e della Funicolare.

DOLOMIEU DÉODAT de.

Mémoire sur les Iles Ponces et catalogue raisonné des produits de l'Etna, pour servir à l' histoire des volcans. Paris 1788, Cuchet.

In-8.° A pag. 450 parla delle lave del Vesuvio.

DRAMMA [UN] al Vesuvio.

Articolo nel Corriere di Napoli, 2 Luglio 1891, riprodotto dal giorn. « Vesuvio », Portici, 5 Luglio 1891.

Relazione di una ascensione al Vesuvio fatta da tre Brasiliani con una guida il 1. Luglio 1891, in cui rimase vittima della sua temerità il dottor Silva Jardin da Rio de Janeiro.

DUE LETTERE di Plinio il Giovane. Concernente : una la morte di Plinio il Vecchio suo Zio soffogato nella prima Eruzione del 79 dell'Era Volgare, e l'altra la Descrizione ed osservazioni da lui fatte in Miseno su la medesima Eruzione. A proposito dell'ultima Eruzione de' 15. Giugno 1794, di cui da valente Persona anonima si dà succinta relazione, con descrizione de' danni da essa cagionati e figura in rame. In Napoli 1794. A spese di Vincenzo d'Aloysio.

In-8.° di pag. 30. [B. N.]

DUGIT E.

Une ascension au Vésuve et à l'Etna.

Annuaire de la Soc. des Touristes du Dauphiné, no. 6. Grenoble 1880.

EUGENIJ [DE] frate ANGELO.

Il maraviglioso e tremendo Incendio ecc.

Si aggiunga alle note a pag. 52: Benedetti, bell. esempl., 8 L. 50 c.

FALB RUDOLPH.

Gedanken und Studien über den Vulkanismus, etc. Graz 1875, Leykam.

In-8.° con tavole.

FARIA LUIS.

Relacion cierta, y verdadera ecc.

Si aggiunga alle note a pag. 53: Benedetti, esempl. smarg., 8 L. 50 c.

FERTIGSETLLUNG der Drahtseilbahn auf den Vesuv.

Globus, vol. 37. pag. 144. Braunschweig 1880.

FISCHER L. H.

Eine Reise nach dem Vesuv.

Oestr. Touristen-Zeitung, vol. II. Wien 1882.

FORTUNATO G.

Ascensione notturna al Vesuvio.

In Ricordi di Napoli. Milano 1877, Treves, in 16.° pag. 135-145.

FOUGEROUX de BONDAROY.

Observations sur le Vésuve près de la ville de Naples.

Compt. rend. de l'Acad. d. Sciences. Paris 1765.

FOUQUÉ F.

Conférence sur les volcans. Lille 1885.

In-8.°

FRANCO PASQUALE.

Fonolite trasportata dalla lava del Vesuvio nella eruzione del 1872.

Bollet. d. Soc. dei Naturalisti in Napoli, ser I. vol. IV. Napoli 1890.

— Sull'Aftalosa del Vesuvio.

Giornale di mineralog., cristallog. e petrogr., vol. IV. fasc. 2. Milano 1893.

—Studi sull' Idocrasia del Vesuvio. Sunto di una memoria pubblicata nel Bollettino della Società geologica italiana pel 1893.

Ibid., vol. IV. fasc. 3. Milano 1893.

FREDA GIOVANNI.

Sulla costituzione chimica delle sublimazioni saline vesuviane.

Gazzetta chim. ital., anno XIX. fasc. 1. Palermo 1888.

— Sulla composizione di alcune recenti lave vesuviane.

Ibid., nello stesso fascicolo.

FUCHS C. W. C.

Die Veränderungen in der flüssigen und erstarrenden Lava.

Mineralog. Mittheil., Wien 1871, con tav.

GERARDI ANTONIO.

Relatione dell'horribil Caso ecc.

Si aggiunga alle note a pag. 64: Benedetti, belliss. esempl., 9 L.

GICCA A.

Dei prodotti minerali del Regno delle Due Sicilie.

Annali civ. d. Regno d. Due Sicilie, vol. 51. pag. 31. Napoli 1854.

GIORDANO G.

Fossili marini sul Vesuvio.

Riportato dal Dr. Johnston-Lavis senz'altra indicazione.

GIUDICE [DEL] FRANCESCO.

Dei più importanti fenomeni naturali ecc.

Si aggiunga a pag. 68: Annali civ. d. Regno d. Due Sic., vol. 56.

Pubblicato colle iniziali F. D. G.

GRANDE DE LORENZANA FRANCISCO.

Brebe Conpendio Del Lamentable Ynzendio ecc.

Si aggiunga alle note a pag. 70: Benedetti, belliss. esempl., 8. L.

GUISCARDI GUGLIELMO.

Briefliche Mittheilung an Herrn Roth. Neapel, 27. Sept. 1857.

Zeitsch. d. geolog. Ges., vol. IX. pag. 383-386. Berlin 1857.

Contiene una relazione sull'eruzione vesuviana nel Settembre 1857, con una incisione in legno.

— Drei Briefe an Herrn Roth, dat. Neapel 23 Nov. 1857, 19. Dec. 1857 und 20. Jan. 1858.

Ibid., nello stesso volume, pag. 562-564.

Notizie sull' eruzione del 1857.

—Briefliche Mittheilungen an J. Roth (8. Aug. und 15. Sept. 1858).

Ibid., vol. X. pag. 374. Berlin 1858.

Notizie sull'eruzione del 1858.

— Brief an Herrn Roth, dat. Neapel, 16. Juni 1861.

Ibid., vol. XIII. pag. 147. Berlin 1861.

Relazione di una escursione al Vesuvio il 21 maggio 1861.

— Ueber Erscheinungen am Vesuv. Neapel, den 8. Februar 1880.

Ibid., vol. XXXII. pag. 186. Berlin 1880. Lettera al sig. Roth.

Rettifica della nota a pag. 73.

HEIM Albert.

Der Vesuv im April 1872.

Zeitsch. d. geol. Ges., vol. XXV. pag. 1-52, con quattro tavole. Berlin 1873.

Rettifica dell'articolo a pag. 77.

IMPERATO Giuseppe.

L' enologia delle falde del Vesuvio.

L'Agricoltura Meridionale, anno III. no. 19-22. Portici 1880.

Istruzione al Forastiere e al Dilettante intorno a quanto di antico e di raro si contiene nel Museo del Real Convento di S. Caterina a Formello de' P. P. Domenicani. Napoli 1791.

In-4.°

Nel catal. Dura (1866) trovasi la seguente nota: *La scanzia III. di questo celebre Museo contiene una intera raccolta di circa trecento pezzi di lava, ossia di differenti produzioni del Monte Vesuvio.*

JOHNSTON-LAVIS Dr. H. J.

Le ultime trasformazioni del Vesuvio.

Bollett. del R. Comitato Geologico, Roma 1889 fasc. 3-4.

È un riassunto della nota « L'état actual du Vésuve », riportata a pag. 84 di questa Bibliografia.

— On eozoonal structure in ejected blocks from Monte Somma.

Quart. Journ. of the Geol. Soc., vol. 49. no. 195. London 1893.

—The volcanic phenomena of Vesuvius and its neighbourhood. Report of the Comittee.

Geolog. Magaz. London 1894.

Sono, sommariamente esposte, alcune osservazioni fatte al Vesuvio nel 1894.

— On the formation at low temperatures of certain fluorides, silicates and oxides etc. in the piperno, a tuff of the Campania; with a note on the determination of some of the species by Prof. P. Franco.

Ibid., London 1895.

KNUETTEL S.

Bericht über die vulkanischen Ereignisse im engeren Sinne während des Jahres 1893, nebst einem Nachtrag zu dem Bericht vom Jahre 1892.

Mineralog. u. petrogr. Mittheil, Wien 1895, pag. 196 e seg. Le pag. 246-249 trattano del Vesuvio.

KUDERNATSCH.

Analyse des Augit.

Ann. d. Phys. u. Chem., vol. 37. pag. 577. Leipzig 1838.

LABAT.

Le Vésuve et les sources thermo-minérales.

Compt. rend. de la Soc. géol. de France, no. 10. Paris 7 Mai 1894. È una breve comunicazione fatta evidentemente, benchè non sia detto, in seguito ad una recente visita al Vesuvio e dintorni.

LANELFI.

Incendio del Visvvio ecc.

Si aggiunga alle note a pag. 91: Benedetti, bell'esempl., 9 L. 50 c.; Dura 10 L.

LANZA Vincenzo.

Parere sulle facoltà salutifere dell'acqua termo-minerale vesuviana Nunziante. Napoli 1835.

In-8.°

Lettera seconda del danno accaduto nel paese detto Somma non già del foco; ma di acqua pietre arena e saette che hanno spianato detto paese con Ottajano sin' oggi li 27 Giugno 1794.

In-8.°

LOZZI Carlo.

Biblioteca istorica dell'antica e nuova Italia Imola 1887, Galeati.

Due vol. in-8.°

Nel vol. II., da pag. 480 a 483, si trovano alcuni cenni di bibliografia vesuviana.

LUCA [De] Ferdinando.

Nuove considerazioni sui vulcani ecc.

Si aggiunga a pag. 97: Parla del Vesuvio a pag. 17, 18, 22 e 28. Afferma un fenomeno singolare, cioè che il piccolo lago di Ansante nella provincia di Avellino in ogni eruzione del Vesuvio si agita ed emette delle emanazioni sulfuree. Confr. Santoli.

MARCHINA Marta.

Musa posthuma. Neapoli 1701, Bulifon.

In-16.° Alla pag. 118: *De incendio Montis Vesuvii Ode.*

MARCILLAC prof. A.

Une ascension au Vésuve.

La Lumière Electrique, Paris 28 Août 1885.

MATTEUCCI R. V.

Der Vesuv und sein letzter Ausbruch von 1891-94.

Mineralog. u. petrogr. Mittheil., vol. XV. fasc. 3-4, con 4 tavole. Wien 1895.

MELLONI Macedonio.

Discorso per la inaugurazione del Reale Osservatorio Meteorologico Vesuviano, pronunziato dal direttore cav. Macedonio Melloni.

Nel volume « Atti della settima adunanza degli Scienziati italiani tenuta in Napoli dal 20 di settembre ai 5 di ottobre del 1845. »

— Sulla polarità magnetica delle lave e rocce affini. Sopra la calamitazione delle lave in virtù del calore, ecc.

Memorie della R. Accad. d. Scienze, vol. I. pag. 121-164. Napoli 1857.

MESSINA Nicolò Maria.

Relatione dell'Incendio del Vesvvio ecc.

Si aggiunga alle note a pag. 111: Benedetti, bell'esempl., 6 L. 50 c.

MILO [De] Domenico Andrea.

Lettera all' ill. sig.ra Maria Selvaggia Borghini ragguagliandola del Monte Vesuvio, e de' suoi incendj.

In Bulifon, Lettere memorabili, raccolta terza, pag. 176-185. Napoli 1698, Bulifon, 5 vol. in-16.°

MONTALLEGRI M. de.

Sur l' éruption du Vésuve de l'année 1737.

Memoria comunicata all'Accademia Reale di Parigi. Montallegri fu testimonio dell'eruzione: » Egli osservò con orrore uno di questi fiumi di fuoco, e vedde, che il suo corso era di 6 in 7 miglia dall'alta sua sorgente sino al mare, la sua larghezza di 50 a 60 passi e la sua profondità di 25 a 30 palmi. » (M. de Bomare, articolo sul Vesuvio nell'opera Dei Vulcani o Monti ignivomi, vol. II., pag. 113 e seg.)

MUSUMECI Mario.

Sopra l'attitudine delle materie vulcaniche alle arti sussidiarie dell'architettura.

Atti dell'Accad. Gioenia di Scienze naturali, vol. XV. Catania 1839. Parla anche delle lave del Vesuvio.

NAPOLI Raffaele.

La cenere vesuviana dell'eruzione del 1855.

Esame chimico fatto dietro richiesta del Prof. Palmieri e da esso pubblicato negli Annali del R. Osservat. Meteorol. Vesuv., anno I. pag. 74-75.

Notizie storiche delle eruzioni del Vesuvio, per F. . . V. . .

L'autore di questo articolo riportato a pag. 125 è Filippo Volpicella.

NOVI Giuseppe (colonnello d'artiglieria).

Gl' Idrocarburi liquidi e solidi.

Atti dell'Accad. Pontaniana, vol. XVI. parte I. Napoli 1884.

In questa memoria vi è una parte intitolata *Le pendici del Vesuvio*, in cui si parla dei saggi fatti in varii punti dei fianchi del vulcano per rinvenire zone petroleifere.

PALMIERI Luigi.

L'eruzione del Vesuvio del 1850.

Giornale costituz. del Regno delle Due Sicilie, Napoli, 9 ed 11 febbrajo 1850.

Anonimo. L'autore ne fa menzione nell'anno I. degli Annali del R. Osservatorio Meteor. Vesuviano.

PENCK Albrecht.

Studien über lockere vulkanische Auswürflinge.

Zeitsch. d. geol. Ges., vol. XXX. pag. 97-129, con una tav. Berlin 1878. Contiene qualche notizia sulla composizione dei lapilli vesuviani.

PFAFF Friedrich.

Die vulkanischen Erscheinungen. München 1871, R. Oldenbourg.

Die Naturkräfte, vol. VII., con illustrazioni.

RACCOLTA compita ossia Lista delle differenti produzioni del Monte Vesuvio (Di fronte:) Collection complète ou Liste des différentes productions du Mont Vésuve.

Tavola doppia in-fol., in italiano ed in francese. Appiè sta l'indirizzo del venditore Nicola Amitrano, Napoli, a S. Lucia a Mare. [B. N.]

S. l. n. d. (Verso il principio di questo secolo).

REIMER H.

Die Ausbrüche des Vesuv. 1872.

In-8.° di pag. 16. Trovato in un catal. di G. Fock di Lipsia. Ritaglio d'ignota provenienza.

RELAZIONE della Giunta al Consiglio sui provvedimenti adottati per la Eruzione del Vesuvio 1872 ed Atti relativi. Napoli 1872. stab. tip. di P. Androsio.

In-4.° di pag. 30 e 2 n. n.

Pubblicazione fatta dal Municipio di Napoli.

STUDI SUL VESUVIO ed altre località nel contorno di Napoli.

Fa parte della « Biblioteca scientifica diretta dai prof. Mario Lessona e Lorenzo Camerano. » Roma 1885, Perino, in-16.°

INDICE METODICO

Storia generale. Topografia.

Alvino, Il Vesuvio; istoria di tutte l'eruzion .
Amato [D'], Givdizio filosofico intorno a'fenomeni del Vesvvio.
– Divisamento crit. sulle correnti opin. int. a fenomeni del Vesuvio.
Ancora [D'], Prospetto dell'antico e presente stato del Vesuvio.
— Lettera a S. E. il sig. priore Francesco Seratti.
Anderson, The Volcanoes of the two Sicilies.
Augerot, [D'], Le Vésuve. Description du Volcan et de ses envir.
Auldjo, Sketches of Vesuvius. With short accounts of its princ. erup.
— Vues du Vésuve. Avec un précis de ses éruptions principales.
Balzano, L'antica Ercolano, overo la Torre del Greco, tolta all'obblio.
Banier, Des embrasements du Mont Vésuve.
Baratta, Il Vesuvio e le sue eruzioni.
Bellicard, Dissertation upon the eruptions of Mount Vesuvius.
— Exposition de l'état actuel du Mont Vésuve.
Beaumont, Remarques que le cône du Vés. a été formé par soulèvement.
Bomare, Articolo sopra il Vesuvio ed altri vulcani.
Bottis [De], Istoria di varj incendj del Monte Vesuvio.
Bottoni, Pyrologia topographica.
Bourke, Le Mont Somma et le Vésuve.
Bourlot, Etude sur le Vésuve. Son histoire jusqu'à nos jours.
Breislak, Topografia fisica della Campania.
— Voyages physiques et lythologiques dans la Campanie.
— Physische und lithologische Reisen durch Campanien.
Breve resùmen historico de las erupciones del Vesubio.
Bulifon, Compendio istorico degl' incendj del Monte Vesuvio.
Bylandt, Résumé préliminaire de l'ouvrage sur le Vésuve.
Cangiano, Sur la hauteur du Vésuve.
Capaccio, De Vesuvio Monte.
Catanti, Introduzione al Catalogo delle eruzioni del Vesuvio.
Chavannes, Le Vésuve.
— Histoire du Vésuve.

— History of Vesuvius and Mount of Somma.
Sorrentino, Istoria del Monte Vesuvio.
Stoppa, Memorie fisico-istor. sulle Vesuvian'Eruzioni.
Studi sul Vesuvio ed altre località nel cant. di Napoli.
Tenore, Congetture sull'abbassamento avven. nel Vesuvio.
— Storia del Vesuvio.
Torre [Della] (Gio. M.), Storia e Fenomeni del Vesuvio. (Due ediz.)
— Histoire et Phénomènes du Vésuve. (Due ediz.)
— Supplemento alla Storia del Vesuvio.
— Geschichte und Naturbegebenheiten des Vesuvs.
Torre [Della] (Duca sen.), Breve descr. de'princ. incend. del M. Vesuvio.
— Gabinetto Vesuviano. (Due edizioni.)
Ueber die Ausbrüche des Vesuv.
Die Veraenderungen des Vesuv-Gipfels.
Vetrani, Sebethi vindiciae.
— Il Prodromo Vesuviano.
Walker, Vesuvius and Pozzuoli.
Walther, Studien zur Geologie des Golfes von Neapel.
Wentrup, Der Vesuv und die vulkanische Umgebung Neapels.

Storia e Descrizione delle singole Eruzioni per ordine cronologico.

I. Lo stato del Vesuvio e le sue eruzioni fino all'anno 1630. Autori antichi e del Medio Evo.

Berosus, sacerdote in Babilonia nel terzo secolo avanti G. C. (*Narra di una eruzione avvenuta nell'anno 1787 av. G. C. Nel Catalogo del conte Catanti è invece indicato l'anno 2970, mentre che Fra Annio di Viterbo, monaco domenicano del 15° secolo, pone questa eruzione nell'anno 1283 av. G. C. Nessuna delle tre date ha sussistenza.*)
Polybius, Histor., lib. II. III.
Marcus Terentius Varro, De re rustica lib. I. cap. 6: « *Et eo in Apulia loca calidiora, et graviora ; et ubi Montana, ut in Vesuvio, quod leviora, et ideo salubriora.* »
T. Lucretius Carus, De rerum natura, lib. VI: « *Qualis apud Cumas locus est montemque Vesevum Oppleti calidis ubi fumant fontibus auctus.* »
Publius Virgilius Maro, Georgica II:... « *et vicina Vesevo ora jugo.* »

Diodorus Siculus, Biblioth. histor., lib. IV. cap. 21. *(Il Vesuvio ai tempi di Giulio Cesare e di Augusto.)*

Strabonis Rerum Geogr., lib. I. e V. (*Descrizione del Vesuvio ai tempi di Augusto e di Tiberio.)*

M. Vitruvius Pollio, De Architectura, lib. II. cap. 6. (*Parla del Vesuvio e della pozzolana vesuviana*)

Dionysii Halicarn. Antiq. rom. lib. I.

Gajus Valerius Flaccus, Argonautica III: « *Ut magis Inarime magis, ut mugitor anhelat Vesbius.* »— Ibid. IV : « *Sic ubi prorupti tonuit cum forte Vesevi Hesperiae letalis apex, vix dum ignea montem Torsit hyems...* »

Silius Italicus, Punica lib. ult.°: « *Evomuit pastos per saecula Vesbius ignes.* »

Pomponius Mela, De situ orbis lib. II. « *Vesuvii montis adspectus.* »

Marcus Valerius Martialis, Epigr. lib. IV: « *Hic est pampineis viridis modo Vesvius umbris.* »

Publius Papinius Statius, Epitome ad Marcell.:... « *ubi Vesbius egerit iras.* » — Epicedium Pil. Ursi:.. .« *si vel fumante ruina, Ructassent dites Vesuvina incendia Locros.* » — Ad Claud. Uxorem: « *Non adeo Vesuvius apex et flammea diri Montis hyems, trepidas exhausit civibus urbes.* » — In Epicedio in Patrem : « *Jamque et fiere pio Vesuvina incendia cantu Mens erat et gemitum patriis impendere damnis.* »—Ad Jul. Men.: *Tertia jam soboles procerum tibi nobile vulgus Crescit, et insani solatur damna Vesevi.* »

Lucius Annaeus Seneca, Quaest. nat., lib. VI. cap. I. (*Sul terremoto dell' anno 63.*)

C. Velleius Paterculus, Hist. rom., lib. I. (*Descrive la fuga di Spartaco sul Vesuvio nell'anno 73 av. G. C.*)

Plutarchi Paralellum Vitae, Crassus. (*Spartaco.*)

Lucius Annaeus Florus, Epitom. hist. rom., lib. I. cap. 16. (*Spartaco*); lib. III. cap. 20: « *Prima veluti ara viris mons Vesuvius placuit. Ibi quum etiam obsiderentur a Clodio Glabrio per fauces cavi montis vitigineis delapsi vinculis ad imas ejus descendere radices,* » ecc.

Appianus Alexandr., De Bello Civ., lib. I. (*Spartaco.)*

C. Suetonius Tranq. Opera. (*Nel lib. VIII., Vita di Vespasiano, accenna al Vesuvio, chiamandolo Vesebio.)*

C. Plinius Secundus (detto il vecchio), Hist. nat., lib. III. cap. 5.

C. Plinius Caecilius Secundus (detto il giovane), Epistolar. libri X. (*Celebre descrizione dell' eruzione dell' anno 79 nel lib. VI. epist. 16 e 20.)*

Claudius Galenus Pergam., Meth. medendi, lib. V. cap. 12 e 18. « *Con-*

jungitur illi in imo sinu alter collis non parvus, quem veteres Romani in monumentis suis, et item, qui nunc accuratius loqui volunt, Vesuvium vocant » ecc. — « *Vesuvius mons obiicitur multumque cineris ab eo ad mare usque pervenit; reliquiae videlicet materiae, tum quae in eo combusta est, tum quae nunc etiam uritur.* »

Dio Cassius, Hist. rom., compend. da Xifilinus, lib. 66 e 76. (*Le eruzioni del 79 e del 203.*)

— Vesaevi Montis Conflagratio, Gio. Merula interpret. Mediolani 1503 e Florent. 1508.

Gaius Julius Solinus, Collect. rerum memor., cap. VII: « *Inter haec Vesevum flagrantis animae spiritu vaporantem.* »

Eusebius, Chronica sub Tit. ann. 82. (*L'eruzione del 79.*)

Flavius Eutropius, Hist. rom., lib. IX. (*Spartaco; l'eruzione del 79.*)

Sextus Aurelius Victor, Vit. Imp. Rom. (*L'eruzione del 79.*)

Decimus Magnus Ausonius , Idillia X: « *Perque vaporiferi graditur vineta Vesevi.* »

Claudius Claudianus, De Rapt. Proserpinae lib. III... « *fractane jugi compage Vesevi Alcioneus per stagna pedes Tyrrhena cucurrit ?.* »

Paulus Orosius, Historiar. adv. pagan. lib. V. cap. 24 De Gladiator: « *Qui continuo Ducibus Chryso et Inomao Gallo et Spartaco Thrace Vesuvium Montem occuparunt.* »

Severinus Boetius, De consolat. philosoph. lib. I. met. 4: « *Nec ruptis quotiens vagus caminis Torquet fumificos Vesevus ignes.* »

Magnus Aurelius Cassiodorus, Variar., lib. IV. epist. 50. (*Descrizione dettagliata dell'eruzione del 512.*)

Fregulfus, Chron. tom. II. lib. 3: « *Huius tempore Mons Hesbius in Campania ardere coepit.* » (*Nel libro 6. parla di Spartaco.*)

Procopius Gazeus, De Bello Gothorum, lib. IV. cap. 4 e 35. (*Le eruzioni del 472 e del 512.*)

Marcellinus Comes, Chronica. (*L'eruzione del 472.*)

Emanuele (monaco), Vita S. Januarii. (*Alla fine descrive le eruzioni del 472 e del 685.*)

Paulus Diaconus , Hist. miscell. , ed. Muratori , Script. Rerum. Ital. vol. I. lib. 9. (*Sull' eruzione del 685.*)

Nicephorus, Hist. eccles., lib. II. cap. 2. (*L' eruzione del 79.*)

Baronius, Annales. (*Nel citare Glabrus Ridolphus, monaco di Cluny, parla di una eruzione del 982 o 993.*)

Anonymus Cassinensis Chronicon, ed. Muratori, Script. Rerum Ital. vol. IV. (*L' eruzione del 1036.*)

Petrus Damianus, Breve narratione de' meravigl. esempi ecc. Napoli 1632. (*Si riferisce all'eruzione del 982 o 993, secondo Recupito' oppure a quella del 1036, secondo Giuliani.*)

Leone Marsicano, (detto Leone Ostiense), Chronicon Cassinense. (*Sulle eruzioni del 1036, 1049 e 1138. Leone Marsicano era prima monaco di Monte Cassino e dopo divenne Vescovo di Ostia.*)

Giovanni Zonara, Annales, tom. I. lib. 11. (*L'eruzione del 79.*) Tom. II. In Titi Imperio: « *Vesuvius enim mons juxta Neapolim, copiosos ignis fontes continens, in medio dumtaxat ardet, exteriora carent igni,* » ecc.

Falcone Beneventano (scrittore del Papa Innocenzo II.), Chronicon 1102-1140. (*L'eruzione del 1139.*)

Tommaso d'Aquino (l'angelico dottore), Comm. in Boetium: « *Vesevus est Mons Italiae intrinsecus ardens, qui quandoque ruptis cavernis emittit ignem, qui loca vicina consumit.* »

Francesco Petrarca, Itiner. Syr.: « *Vesevus autem mons est multarum rerum, sed in primis vini ubertate mirabilis* » ecc.

Giovanni Boccaccio, De Montibus: « *Vesevus Campaniae Mons est, nulli montium conjunctus, undique vinetis, atque fructetis abundans.* »

Gabriello Altilio, Delit. Italic. Poet. :.. « *Bacchaea tenent quae rura Vesevi* ».

Girolamo Borgia, Ibid.: « *Huic pinguia culta Vesevi.* »

Sebastiano Minturno, Ibid. : « *Cui praedives agri pulcro vicina Vesevo Nola perantiquo subditur imperio* ».

Bernardino Rota, Eleg. lib. II. ad Salvat. Fratrem: « *Arsit pampinea redimitus vite Vesevus, Cui nova fumanti vertice flamma micet.* — *His et implebo calathum ligustris, Quem modo intexit Pholoe, Vesevi nata et intextum mihi misit* » ecc.

Leonardo Bruni (Aretino), De Bello Italico contra Gothos lib. IV: « *Vesuvius Campaniae mons, per cujus verticem caligo, et flamma quandoque evomitur.* »

Giovanni Gioviano Pontano, Hist. neap. pompa VI: « *Laudantem plausu sequitur Vesuvina juventus.* » — Pompa Lepidina II: « *Messibus et summi curatis rura Vesevi.* » — Ibid. : « *Ecce venit Resina aviae carissima nostrae, Tristior illa quidem patris de clade Vesevi.* » — Pompa V: « *Ipse etiam monte a summo sua dona Vesevus.* »

Sabellicus, Opera omn., tom. II. ann. 8. lib. 6. (*L'eruzione del 685.*)

Platina, De Vita Benedicti II. (*L'eruzione del 685.*)

Oviedo y Valdes, Storia di Nicaragua. (*Narra di un' ascensione al Vesuvio nel 1501.*)

Jacopo Sannazaro , Ecloga Prot : « *Aut ut terrifici sonitus, ignemque Vesevi.* » — Ecloga 12: « *Herculis ambusta signabat ab arce Vesevus.* »

Flav. Blondii Foriliv., De Roma instaurata ecc., et conflagratio Vesaevi montis ex Dione, G. Merula transtulit pro Suetonio Tranq. Venet. 1510.

Ambrogio Leone da Nola (med. e filos., detto Nolano), La Storia di Nola. Venezia 1514. (*Contiene la più antica figura del Vesuvio. Sull' autorità di questo scrittore si adagiano coloro che contano una eruzione nel 1500.*)

Leandro Alberti (dominicano), Descrizione dell' Italia. (*Fa menzione di una eruzione nel 1306*, recte *1036*.)

Georgius Agricola (med. e filos. ted. del 16.° secolo), De re metallica lib. XII. (*Accenna alla eruzione del 79.*) De natura eorum quae effluunt ex terra, lib. IV: « *Verticis pars sinistra altior est, et angustior* (monte di Somma); *dextra humilior et latior*: *unde procul eum aspicientibus apparet biceps esse.* » Il Vesuvio era dunque in quel tempo meno elevato del monte di Somma.

R. Solenandri De caloris fontium ecc. Lugd. 1558. (*Alla pag. 86 di quest'opera è menzionato il Vesuvio.*)

Daniele Barbaro (scoliaste di Vitruvio).(*Narra di una eruzione di lava nel 1568. È insussistente.*)

H. Turleri De peregrinatione et Agro Neapolitano. Argent. 1574. (*Parla del Vesuvio da pag. 104 a pag. 107.*)

Carolus Sigonius, Hist. Imp. Occid., lib. 14 e 16. (*Accenna alle eruzioni del 472, 512 e 685.*)

Francesco Scoto, Itinerario d'Italia. (*Nella parte terza, estr. da Stefano Pighio, si parla delle eruzioni del 1036 e del 1049.*)

Steph. Pighius, Vinandus Campensis. Antverp. 1587; Colon. 1609. (*Libro importante, nel quale si trova descritto lo stato del cratere vesuviano prima della eruzione del 1631.*)

Bacci, De Thermis lib. VII. Venet. 1588. (*Descrive il Vesuvio e l'Etna.*)

Giambatt. Marini, la Sampogna: « *Ho tante agnelle anch'io, che fan le cime Biancheggiar di Vesuvio al par di neve* » (*prima del 1631*).

Doglioni, Anfiteatro d'Europa ecc. Venezia 1623. (*A pag. 694 parla del Monte di Somma e della sua storia.*)

Autori moderni.

Beulé, Le drame du Vésuve. (*L'eruzione del 79.*)

Franco [P.], Il Vesuvio ai tempi di Spartaco e di Strabone.

Gallo, Cenno della fondazione di Ercolano e sua distruzione.

Garrucci, la catastrofe di Pompei sotto l'incendio del 79 ed il Vesuvio. Un incendio sconosciuto del Vesuvio (nell'anno 787.)

Lippi, Fu il fuoco o l'acqua che sotterrò Pompei ed Ercolano?
— Esposizione de' fatti ecc.

Monnier [Marc], le Vésuve en 79.

Palmieri, Sepolcri antichi scoperti sul Vesuvio.

II. L'Eruzione del 1631.

III. Dal 1632 al 1700.

Ayrola, l'Arco Celeste. (Il Vesuvio nel 1660).
Calà, memorie historiche dell' apparizioni delle croci (1660.)
Gaudiosi, Sonetto per l' incendio del Vesuvio del 1660.
Kircher, Diatribe. De prodigiosis Crucibus (1660).
Zupo, Principio, e Progressi del Fvoco del Vesvvio 1660.
— Giornale dell' Incendio del Vesuvio 1660.
— Continvatione de'successi, 1660.
Magalotti, Lettera al Sig. Vincenzo Viviani (1663).
Fer, Description du Mont Vésuve en 1667.
Extrait d' une lettre écrite de Naples en Janvier 1682.
Messina, Relatione Dell' Incendio Del Vesvvio nel 1682.
Relazione Dell' Incendio del Vesuuio seguito l' anno 1682.
Lettre touchant le mont Vésuve (1688).
Bulifon, Lettera al M. Rev. P. D. Gio. Mabillon (1689).
— Lettera dell' incendio nell' Aprile 1694.
— Raguaglio istorico dell' incendio del Monte Vesuvio (Aprile 1694).
Cassini, Breve notizia dell' incendio del 1694.
Distinta Relatione De' portentosi effetti (1694).
Connor, De Montis Vesuvii incendio (1694).
— Noviss. Vesuvii Montis Incend. 1694.
Latini, Lo scalco alla moderna (1694).
Parrino, Relazione dell' eruzione del Vesuvio nel 1694.
— Succinta relazione dell' incendio del Vesuvio nel 1696.
— Della moderna distintissima Descrizione di Napoli ecc.
Succinta Relazione Dell' Incendio Del Monte Vesuvio (1696).
Bulifon, Compendio istorico ecc. (Eruzione del 1697-1698).
Distinta Relazione Del grande Incendio 1698. (Due edizioni.)

IV. Dal 1701 al 1736.

Vera, e distinta relazione dell' incendio del Monte Vesuvio 1701.
Diario della portentosa eruzione del Vesuvio 1707.
Relazione de' meravigliosi effetti cagionati ecc. (1707).
Valetta, Epistola de incendio et eruptione montis Vesuvii anno 1707.
— An account of the eruption of 1707.
Berkeley, Extract of a letter (1717).
Cirillo, An extraordinary eruption of Mount Vesuvius (1732).
— Lo stesso, in italiano.

V. L'Eruzione del 1737.

VI. Dal 1738 al 1778.

Stiles, Eruption of Mount Vesuvius on the 23. December 1760.
Mackinlay, Letter dated at Rome the 9th January 1761.
Eyles, An account of an eruption of Mount Vesuvius (1762).
Arthenay [D'], Journal d' Observat. pour l'éruption du Vésuve (1763).
Fougeroux de Bondaroy, Observations sur le Vésuve (1765).
Mecatti, Discorsi stor. filos. sopra il Vesuvio (fino al 1766).
Pigonati, Descrizione delle ultime eruzioni (1766).
— Descrizione dell' ultima eruzione de' 19 ottobre 1767.
An Account of the eruption of Mount Vesuvius in 1767.
Ardinghelli, Éruption du Vésuve en 1767.
Bottis [De], Ragionamento istorico dell'incendio del 1767.
Catani, Lettera crit.-filos. su della Vesuviana Eruttazione nel 1767.
Lancellotti, Epistolae tres (1767).
Moccia, de Vesuviano incendio anni 1767.
Orimini, Nella eruttazione della Montagna di Somma del 1767.
Pepe, Il medico clinico ecc. (1767).
Torre [Della] (Gio. M.), Incendio del Ves. accad. li 19 d'Ot. del 1767.
Bottis [De], Ragionamento istorico dell' Incendio del 1770.
Brydone, Lettre sur une éruption du Vésuve (1776).

VII. L'Eruzione del 1779.

Attumonelli, Della eruzione del Vesuvio accaduta nel mese di Agosto.
Bottis [De], Ragionamento istorico intorno all' eruzione.
Cicconi, Il Vesuvio. Canti anacreontici tra Fileno e Fillide.
Denon, Eruption du Vésuve de l' anné 1779.
Duchanoy, Détail sur la dernière éruption du Vésuve.
— Esatta descrizione dell' ultima eruzione.
Faujas, Sur l' éruption du Vésuve de l'anné dernière (1779).
Galiani, Spaventosissima Descrizione dello Spaventoso Spavento.
Gennaro [De], Lettera sopra l' ultima eruzione del Vesuvio.
— Il Vesuvio. Poema in tre canti.
— Sonetto sul Vesuvio, diretto al P. Antonio Piaggio.
Hamilton, Supplement to the Campi Phlegraei.
Leo [Di], Il Vesuvio nell' ultima eruzione. Canto.
Lalande, Relation de la dernière éruption du Vésuve.
Minervino, Lettera sopra la ultima eruzione del Vesuvio.
Pigonati, Relazione della straordinaria Eruzione nel dì 8 agosto 1779.
Raccolta di monumenti sopra l' eruzione del Vesuvio.
Ragguaglio di una nuova eruzione fatta dal Monte Vesuvio.
Relazione o sia descrizione della spaventevole eruzione.

VIII. Dal 1780 al 1793.

IX. L' Eruzione del 1794.

X. Dal 1795 al 1821.

XI. L'Eruzione del 1822.

Eruption of Mount Vesuvius. Letter from Naples, 21 October 1822.
Guillaumanches-Duboscage. Rel. de l'érupt. du Vésuve en 1822.
Laugier, Examen chim. d'un fragment d'une masse saline.
Mauri, Memoria sulla Eruzione Vesuviana de' 21 Ottobre 1822.
Minto, Notice of the barom. meas. of Vesuv., and the new cone of 1822.
Monticelli e Covelli, Observat. et expériences faites 1821 et 1822.
— Storia de' Fenomeni del Vesuvio avvenuti negli anni 1821-1823.
— Der Vesuv in seiner Wirksamkeit während der Jahre 1821-1823.
Nobili [De], Analisi chimica ragion. del lapillo eruttato 1822.
Piccinni, Per la eruzione del Vesuvio, accad. nell'anno 1822.
Salvadori, Notizie sopra il Vesuvio e l'eruzione del 1822.
— Notizen über den Vesuv und die Eruption v. Oct. 1822.
Schnetzer, Sur l'éruption du Vésuve du 22 Octobre 1822.
Scrope, An account of the eruption of Vesuvius in October 1822.

XII. Dal 1823 al 1854.

Covelli, Cenno su lo stato del Vesuvio dal 1822 in poi.
Costa, Rapporto sull'escursioni fatte al Vesuvio in Agosto 1827.
Remarques sur le Vésuve (1827).
Der Ausbruch des Vesuv (1828).
Donati, Phenomena observed at the last eruption in 1828.
Morgan, On some phenomena of Vesuvius (1829).
Nestemann und Felber, Notizen über den Vesuv im Mai 1830.
Reynaud, On the ancient and present state of Vesuvius (1831).
Lambruschini, L'éruption du Vésuve en 1832.
Luca [De], Memoria sull'eruzione del 1832.
Prevost, Notes sur l'ile Julia. (Lo stato del cratere nel 1832).
Sur l'éruption du Vésuve en Juillet et Août 1832.
Eruzione del Vesuvio (1833).
Monticelli, Lettera sullo stato del Vesuvio nel Marzo 1831.
— Ausbrüche des Vesuv's seit April 1835.
— Memoria sulle vicende del Vesuvio.
— Memoria sopra la eruzione del 28 Luglio 1833.
— Memoria sopra altre vicende del Vesuvio del 1835.
Pilla, Narrazione d'una gita al Vesuvio il 26 Gennajo 1832.
— Sur l'éruption du Vésuve en Juillet et Août 1832.
— Osserv. int. a' cangiamenti avvenuti nel corso dell'anno 1832.
— Ausbrüche des Vesuvs im Anfange Aprils 1835.
— Ventesimo viaggio al Vesuvio il 21 e 22 Agosto 1834.
— Ventitreesima gita al Vesuvio nel Settembre 1834.

Abich, Vues illustratives de quelques phénomènes géologiques.
— Erläuternde Abbildungen geologischer Erscheinungen (1833-34).
— Sur les phénomènes volcaniques du Vésuve et de l'Etna.
Dana, On the condition of Vesuvius in July 1834.
Daubeny, Some account of the Eruption of Vesuvius, August 1834.
Domnando, Sur l'éruption du Vésuve en Août 1834.
Gemmellaro, Eruzione del Vesuvio (1834).
Noeggerath, Der Ausbruch des Vesuv am 16. April 1834.
Saracinelli, Guerra della Montagna ossia Eruzione del 1834.
Bellani, Salita al Vesuvio (1835).
Pilla, Relazione de' principali fenomeni avvenuti nella eruz. 1838.
— Relazione dei fenomeni avvenuti nel Vesuvio nel 1839.
— Ausbruch des Vesuvs Anfangs Januar 1839.
— Sur l'éruption du Vésuve en Janvier 1839.
— Observations relatives au Vésuve (1841).
Desverges, Sur l'éruption du Vésuve en Janvier 1839.
Tenore, Relation de l'éruption du Vésuve aux premiers jours de 1839.
— Notizia sullo spruzzolo vulc. caduto in Nap. il dì 1. Genn. 1839.
Philippi, Nachricht über die letzte Eruption des Vesuvs (1841).
James, Voyage scientif. à Naples en 1843.
La-Cava, Rapporto sui cambiamenti avvenuti al Vesuvio nel 1843.
Schafhaeutl, Ueber den gegenw. Zustand des Vesuvs (1845).
Scacchi, i Vulcani. Notizie sull'ult. eruz. del Vesuvio (1846).
— Eruzioni di cristalli di Leucite avvenute nel Vesuvio (1847).
— Notizie su l'ultima eruzione del Vesuvio (1847).
— Relazione dell'incendio accaduto nel Vesuvio nel 1850.
— Relation de la dern. éruption du Vésuve arrivée en 1850.
Bailleul, Remarques sur l'éruption de 1850.
Palmieri, l'eruzione del Vesuvio del 1850.
Notes on Vesuvius. (Sull'eruzione del 1850).
Tenore, Notizia di una gita al Vesuvio nel giorno 10 Febbrajo 1850.
Silliman, Miscell. notes. Pres. condit. of Vesuvius (1851).
Guiscardi, Relazione sulla nuova bocca del 14 dicembre 1854.

XIII. L'Eruzione del 1855.

Bornemann, Bericht über eine Reise in Italien. (Sull'eruz. del 1855).
Bracchi, Una gita al Vesuvio nella notte del 19 Maggio 1855.
Castrucci, Breve cenno della eruzione del Maggio 1855.
Certain, Il Vesuvio a mezza altezza (1855).
Eruption of Vesuvius 1855.

XIV. Dal 1856 al 1860.

XV. L'Eruzione del 1861.

— Ausbruch des Vesuv 1861.
Der Vesuv seit dem Ausbruch im December 1861.

XVI. Dal 1862 al 1871.

Palmieri, Il Vesuvio dal 10 Febbraio al 5 Marzo del 1865.
— Faits pour servir à l'histoire éruptive du Vésuve.
— Berichte über die Thätigkeit des Vesuv.
— Dell'incendio del Vesuvio cominciato il 13 Nov. 1867.
— Dell'Incendio Vesuviano com. il 13 novembre del 1867.
— Ultime fasi della conflagrazione vesuviana del 1868.
Rath [vom], Der Zustand des Vesuv am 3. April 1865.
— Der Vesuv am 1. und 17. April 1871.
— Ueber die letzte Eruption des Ves. und über Erdbeben.
— Ueber den Zustand des Vesuv vor der letzten Eruption.
Pignant, Sur une éruption du Vésuve le 11 Mars 1866.
Cotta, Der Ausbruch des Vesuv am 17. December 1867.
Grove, The Eruption of Vesuvius in December 1867.
Mauget, Récit d'une excurs. au sommet du Vésuve le 11 Juin 1867.
Silvestri, Sulla eruzione del Vesuvio incominciata il 12 Nov. 1867.
— Sur l'éruption actuelle du Vésuve.
Arconati Visconti, Appunti sull'Eruzione del Vesuvio del 1867-68.
Regnault, Ascension au Vésuve le 10 Janvier 1868.
Franco [D.], Excursion au cratère du Vésuve le 21 Février 1868.
— Excursion faite le 17 Mars 1868 à la nouvelle bouche.
Boernstein, Der Ausbruch des Vesuvs vom 16. bis 20. Nov. 1868.
Verneuil, Excurs. au Vésuve le 30 Avril et le 7 Mai 1868.
— Sur l'éruption du Vésuve de 1867-68.
— Sur les phénomènes récents du Vésuve.
— Note sur l'altitude du Vésuve le 26 Avril 1869.
Sainte-Claire D., De la succes. des phénomènes éruptifs après 1861.
— Observat. relat. à une communication de M. Palmieri.
— Réflexions au sujet de deux communicat. de M. Diego Franco.
— Observat. sur la proch. phase d'activité probable.
Gorceix, Etat du Vésuve au mois de Juin 1869.
Mantovani, Un'escursione al Vesuvio dur. l'eruz. del Gennaio 1871.
Dohrn, Besteigung des Vesuv während des Ausbruchs im Nov. 1871.

XVII. L'Eruzione del 1872.

Armfield, At the crater of Vesuvius in eruption.
Der Ausbruch des Vesuv am 26. April 1872.
Beobachtungen am Vesuv.
Betocchi, Sulla cenere lanciata nella straordinaria eruz.
Black, An account of the eruption of Mount Vesuvius of April 1872.
Brignone, Versi sulla eruzione vesuviana del 1872.
Cantalupo, Reminiscenze Vesuviane di un profugo.
Clerke, Il Vesuvio in eruzione.
Conrad, Am Fusse des Vesuvs.
— Die jüngste Eruption des Vesuvs.
Convito di Carità a favore de' danneg. della terr. lava del Vesuvio.
Dormann, Ein Vesuvausbruch. Erinnerung an den April 1872.
Emilio [D'], La conflagraz. vesuv. del 26 Aprile 1872. (Due ediz.)
The Eruption of Mount Vesuvius (April 1872).
Florenzano, Accanto al Vesuvio. Salmo.
Franco [D.], Sur l'éruption du mois d'Avril 1872.
Franco [P.], Fonolite trasportata dalla lava.
Guiraud, L'éruption du Vésuve en Avril 1872.
Guiscardi, Lettres sur la dernière éruption du Vésuve.
Heck, Das Sicherheitsventil Italiens.
— Der Ausbruch des Vesuv am Nachmittag des 26. April.
Heim, Der Ausbruch des Vesuv im April 1872.
— Der Vesuv im April 1872.
Jacobucci, Un episodio della eruzione vesuviana del 1872.
Johns, Vesuvius previous to and during the eruption of 1872.
Kaden, Der Ausbruch des Vesuv am 26. April 1872.
Mantovani, La pioggia di cenere e la lava del Ves. dell'Apr. 1872.
Mastriani, L'Eruzione del Vesuvio del 26 Aprile 1872.
Munson, About Vesuvius.
Palmieri, Dell' incendio vesuviano del 26 Aprile 1872,
— Conferenza sull' incendio vesuviano del 26 Aprile 1872.
— L' incendio vesuviano del 26 Aprile 1872. Conferenza.
— Incendio Vesuviano del 26 Aprile 1872. Relazione.
— Der Ausbruch des Vesuv's vom 26. April 1872.
— La conflagrazione vesuviana del 26 Aprile del 1872.
— The Eruption of Vesuvius in 1872.
— Sopra alcuni fenomeni notati nell'ultimo incendio vesuviano.
— Cronaca del Vesuvio. Napoli 1874.
— Sulle fumarole eruttive osservate nell' incendio del 1872.

Pisani, Rapport sur l'éruption du Vésuve du 24 au 30 Avril 1872.
Relaz. della Giunta com. di Napoli su' provved. adott. per la eruz.
Rossi [De], Intorno all'ultima eruzione vesuviana.
Saussure, Sur l'éruption du Vésuve en Avril 1872.
— La dernière éruption du Vésuve en 1872.
Sautelet, Étude sur l'Éruption du Vésuve en 1872.
Scacchi, Sulla origine della cenere vulcanica.
— Ueber den Ursprung der vulkanischen Asche.
— Sopra l'eruzione di ceneri vulcan. avven. nell'Apr. 1872.
— Contribuz. mineralog. per serv. alla storia dell'incendio.
— Durch Sublimationen entstandene Mineralien.
— Notizie preliminari di alcune specie mineralogiche.
— Vorl. Not. über die bei dem Vesuvausbruch gefund. Mineral.
— Contrib. miner. per serv. alla storia dell' incend. del 1872.
— Appendice alle Contribuzioni mineralogiche.
— Seconda Appendice alle Contribuzioni mineralogiche.
Scrope, Notes on the late eruption of Vesuvius.
Stoppani, Osservazioni sulla eruzione vesuviana del 26 Aprile 1872.
Verneuil, Sur la dernière éruption du Vésuve 1872.
Volpi, Der Ausbruch des Vesuvs im April 1872.

XVIII. Dal 1873 al 1896.

Chiarini, Il cratere del Vesuvio nel di 8 Novembre 1875.
Netti, Il Vesuvio (1875-76).
Dawkins, The condition of Vesuvius in January 1877.
— Vesuvius in January 1877.
Durier, Le Vésuve en Septembre 1878.
Siemens, Beobachtungen der Thätigkeit d. Vesuvs im Mai 1878.
Rodwell, On the recent erupt. and pres. cond. of Vesuvius.
— The History of Vesuvius 1868-1878.
— The History of Vesuvius during the year 1879.
Semmola, Sulle presenti condizioni del Vesuvio (1879).
— Relazione sullo stato dell'attività vesuviana (1882).
Guiscardi, Ueber Erscheinungen am Vesuv (1880).
Rath [vom], Mittheil. über den Zustand des Vesuv im März 1881.
— Ueber den Zustand des Vesuv am 18. März 1881.
— Ueber den Zustand des Vesuvs im December 1886.
Johnston-Lavis, A visit to Vesuvius during an eruption.
— Diary of Vesuvius from Jan. 1. to July 16. 1882.
— The late changes in the Vesuvian Cone.

Prodotti Vesuviani.

Minerali, Lave, Ceneri. Studii chimici e mineralogici.

Tomaselli, Ricerche sulla natura e generi delle lave compatte.
Tommasi [De], Esper. ed osservaz. del sale ammoniaco vesuviano.
— Avviso al Pubblico sull'analisi della cenere eruttata dal Vesuvio.
— Altro Avviso al Pubblico sulla nuova analisi delle ceneri.
Torre [Della] (Duca sen.), Gabinetto Vesuviano. (Due edizioni).
Torre [Della] (Duca jun.), Catalogue abr. de la collection vésuvienne.
Tschermak, Biotit-Zwillinge vom Vesuv.
— Die Glimmergruppe. (Meroxen vom Vesuv.)
Vachmester, Analyse de la Sodalite du Vésuve.
Valenziani, Indice spiegato di tutte le produzioni del Vesuvio.
— Dissert. della vera Racc. o sia Mus. di tutte le prod. del M. Ves.
— Note de la collect. compl. des. div. espèces des prod. du Mont Vés.
Vauquelin, Analyse des cendres du Vésuve.
Vittoria, Studii sulla resistenza delle lave vesuviane.
Vogel, Ueber die chem. Zusammensetzung des Vesuvians.
Wedding, Beitrag zu den Untersuchungen der Vesuvlaven.
— De Vesuvii Montis Lavis
Wingard, Die chem. Zusammensetz. der Humitmineralien.
Wolf, Vesuvlaven, eingesendet von Frau Schmetzer in Brünn.
— On the lavas of Mount Vesuvius.
— Suite von Mineralien aus dem vulcanischen Gebiete Neapels.
Zinno, Analisi chimica sopra una importante sublimazione.

Fauna e Flora.

Comes, le lave, il terreno vesuviano e la loro vegetazione.
— Die Laven des Vesuv, ihr Fruchtboden und dessen Veget.
Costa [Ach.], Osservaz. sugl' insetti che rivengonsi nelle fumarole.
Costa [O. G.], Fauna Vesuviana, ossia descrizione degl' insetti ecc.
Covelli, su la natura de' fummajoli.
Gaudry, sur les coquilles fossiles de la Somma.
Gerbino, nota su di una pianta vesuviana.
Giordano, Fossili marini sul Vesuvio.
Guiscardi, Fauna fossile vesuviana.
Imperato, l' Enologia delle falde del Vesuvio.
Licopoli, Storia nat. delle piante crittog. che nascono s. lave vesuviane.
— Le Crittogame delle lave vesuviane.
Meschinelli, la flora dei tufi del Monte Somma.
Monticelli, qual sia l'influenza del Vesuvio sulla vegetazione.
— Mem. sopra i danni che il fumo del Vesuvio reca ai vegetab.
Novi, il Vesuvio e l' apparizione di vegetali esotici.

Pasquale, Flora Vesuviana, 1842.
— Flora Vesuviana o Catal. ragionato delle piante, 1869.
Pilla, sur des coquilles trouvées dans la *Fossa Grande* de la Somma.
Prevost, sur les coquilles marines trouvées à la Somma.
Semmola, delle varietà de' Vitigni del Vesuvio.

Acque Vesuviane.

Cappa, delle proprietà dell' acqua termo-minerale vesuviana.
Casoria, l' acqua della fontana pubblica di Torre del Greco.
— Composiz. chim. e mineralizzaz. delle acque potabili vesuviane.
— Predominio della potassa nelle acque termo-minerali vesuv.
— L' analisi dell' acqua termo-minerale Montella a Torre Anunziata.
— I nitrati nelle acque dei pozzi nei comuni vesuviani.
— Le acque della regione vesuviana.
— L'acqua carb.-alcal. della Bruna di Torre del Greco.
Cirillo, raccolta di osservaz. su l' uso dell'acqua termo-min. Nunziante.
Cucurullo, Torre Annunziata: Cenni intorno alle terme.
Kernot, l' acqua Filangieri minerale acidola alcalina.
Lanza,parerere sulle facoltà salutif.dell'acqua termo-minerale vesuviana.
Liberatore, delle nuove ed antiche terme di Torre Annunziata.
Majone, della esist. del Sebeto nella pend. settent. del Monte di Somma.
Labat, le Vésuve et les sources thermo-minérales.
Monaco [Di], lettera analitica sull' acqua della Torre del Greco.
Novi, Idrologia. Acque irrigue, balneari e potabili in Torre del Greco.
Raccolta di osservaz. sull'uso dell'acqua termo-min. Vesuviana Nunz.
Ricci, Analisi chimica dell' acqua ferrata e solfurea.
— Analisi dell' acqua termo-min. della Torre dell' Annunziata.
— Analisi dell' acqua termo-minerale Vesuviana-Nunziante.
Semmola, analisi chimica delle acque potabili dei dintorni del Vesuvio.
Terme Vesuviane Manzo (Torre Annunziata).
Zinno, acqua termo-minerale Montella di Torre-Annunziata.

Studii meteorologici e barometrici.
L'Osservatorio vesuviano.

Minto, Notice of the barometrical measurement of Vesuvius.
Paci, Osservazioni di meteorologia elettrica.
Palmieri, Studii Meteorologici fatti sul R. Osserv. Vesuv.

—Sulle scoperte vesuviane atten. alla elettricità atmosferica.
—Elettricità atmosferica. Continuazione degli studi meteor.
—Osservaz. di meteorol. e di fisica terr. fatte dur. l'eruz. del 1855.
—Annali del Reale Osservatorio Meteorologico Vesuviano.
—Notizie sulle scosse di terremoto segnate dal sismografo.
—Sur les secousses de tremblement de terre.
—Scosse risentite al Vesuvio in occas. dell'ult. eruz. dell'Etna.
—Delle scosse di terrem. avven. all'Osserv. Met. Vesuv. nell'anno 1863.
—Indicazioni del Sismografo dell'Osservatorio Vesuviano.
—Sismographes électro-magnétiques.
—Specchio comparativo della quantità di pioggia caduta.
—Le correnti telluriche all'Osservatorio Vesuviano.
—La corrente tellurica ed il dinamismo del cratere vesuviano.
—Osservazioni simultanee sul dinamismo del cratere vesuviano.
—Neue Untersuch. über den Ursprung der atmosphär. Elektrizität.
—L'ettricità negl'incendi vesuviani stud. dal 1855 fin' ora.
—Ripetizione di fenomeni notati all'Osservatorio Vesuviano.
—Rivelazioni delle correnti tellur. studiate all'Osservat. Vesuv.
—Der Leiter des vesuvian. Observatoriums.
Pessina, Questioni naturali e ricerche meteorologiche.
Forbes, The Observatory on Mount Vesuvius.
Kaden, Das Observatorium auf dem Vesuv.
Malpica, Inaugurazione del R. Osservatorio Meteorologico.
Melloni, Discorso per la inauguraz. del R. Osservat. Meteor. Vesuv.
Relazione dell'inauguraz. dell'Osservatorio Meteorolog. sul Vesuvio.
Zech, Das Observatorium auf dem Vesuv.

Gite ed Escursioni.

La funicolare vesuviana.

Allers, Der Vesuv.
Bidera, Passeggiata per Napoli e contorni.
Binnet-Hentsch, Une excursion au Vésuve.
Doctor Mysticus, Vesuvio. Appunti di viaggio di un congressista.
Dugit, Une ascension au Vésuve et à l'Etna.
Escursion al Vesubio en la primavera de 1838.
Fischer, Eine Reise nach dem Vesuv.
Forbes, A Visit to Vesuvius.
Fuchs, Ueber einen Ausflug von Ischia nach dem Vesuv.
Fucini, Napoli a occhio nudo. (Gita notturna).

Storia e Topografia dei Comuni Vesuviani.

Provvedimenti contro i danni delle lave.

Componimenti poetici, Romanzi, Novelle, ecc.

Bibliografie. Raccolte. Periodici.

Spettatore (Lo) del Vesuvio e dei Campi Flegrei. Napoli 1832-33.
Spettatore (Lo) del Vesuvio e dei Campi Flegrei. Nuova Serie.
Vesuvio, Gazzetta dei Comuni Vesuviani.
Vulcani (Dei), o Monti Ignivomi più noti e distinti del Vesuvio.

Opere e Memorie scientifiche, Descrizioni di viaggi ecc., contenenti materiale vesuviano.

Abich, Geolog Beobacht. über die vulkan. Erschein. und Bildungen.
—Vulkanischo Forschungen in Italien.
—Ueber Erhebungkratere etc.
Andreae, Dissertatio inauguralis de montibus ignivomis.
Arago, Liste des Volcans actuellement enflammés.
Baglivi, Opera omnia.
Bartels, Briefe über Kalabrien und Sicilien.
Bartoli, Prose scelte. Nuova edizione.
Belli, Applicazioni alle eruzioni vulcaniche.
Bergman, Dei prodotti vulcanici considerati chimicamente.
Bianconi, Storia naturale dei terreni ardenti.
Bischof, On the natural history of volcanoes and earthquakes.
Bischoff, Vulkane.
Blake, A visit to the Volcanoes of Italy.
Bonito, Terra tremante ovvero Continuazione dei terremoti.
Bornemann, Ueber den Zustand der Vulkane Italiens.
Boscowitz, Les Volcans et lcs tremblements de terre.
Breislak, Institutions géologiques.
—Lehrbuch der Geologie.
Buch, Geognostische Beobachtungen auf Reisen.
—Lettre à M. Pictet sur les volcans.
—Physik. Beschreibung der canarischen Inseln.
Bylandt-Palstercamp, Théorie des Volcans.
Campagne, Volcans et tremblements de terre.
—Le feu central et les volcans.
Capocci, Investigazioni delle interne masse vulcaniche.
— Catalogo de' Tremuoti nel Regno delle Duo Sicilie.
— Memoria Seconda sul Catalogo de' Tremuoti ecc.
— Memoria Terza. Seconda epoca dall'invenzione della stampa.
Capoa [di], Lezioni intorno alla natura delle Mofete.
Carletti, Storia della regione abbruciata in Campagna Felice.
Casartelli, A wave of volcanic disturb. in the Mediterranean.
Collini, Considérations sur les montagnes volcaniques.

INDICE ALFABETICO

DEI NOMI DEGLI AUTORI, TRADUTTORI E DISEGNATORI
CONTENUTI IN QUESTA OPERA.

CORREZIONI

Pag. 1, col. I, lin. 22, si legga formation invece di fermentation.
» 6, » II, » 30, si legga 7 Décembre invece di 17.
» 29, » I, » 19, si legga meteorologico.
» 30, » II, » 34, si legga 1634 invece di 1630.
» 50, » I, » 13, si legga 1765 invece di 1755.
» 71, » II, » 3, si legga Vedi pag. 23-26.
» 75, » I, » 4, si legga la pag. 90 è.
» 78, » II, » 8, si legga Berghaus.
» 87, » II, » 11, si legga 26 invece di 28.
» 91, » II, » 24, si legga Leipzig invece di Berlin.
» 185, » II, » 34, si legga 621 invece di 651.

Printed in the United States
By Bookmasters